普通高等教育"十二五"规划教材
电工电子基础课程规划教材

电工电子实训教程

薛向东　黄种明　主　编
张小英　林建凡　副主编

电子工业出版社
Publishing House of Electronics Industry
北京·BEIJING

内 容 简 介

本书是根据普通高等学校电工电子实训课程的教学基本要求而编写的，分为电工技术实训部分和电子技术实训部分，主要内容包括：安全用电、电工常用工具及仪表、电工用图的识读、导线的连接、室内布线与电气照明、常用低压电器及电动机控制、可编程序控制器及其应用、常用电子元器件和电子仪器、电子焊接以及 DT830B 数字万用表安装与调试。本书着重于实用技术的传授和实践能力的培养提高，突出实践性和实用性，使学生在学习课程内容的过程中提高解决实际问题和处理实际问题的能力。本书还设置了实训作业和设计内容，以备学生更全面地掌握实训的知识和技能。

本书可作为普通高等学校和各类成人教育工程类专业学生的教材，还可作为从事电类各专业技术工作的工程技术人员参考用书。

未经许可，不得以任何方式复制或抄袭本书之部分或全部内容。
版权所有，侵权必究。

图书在版编目（CIP）数据

电工电子实训教程 / 薛向东，黄种明主编．— 北京：电子工业出版社，2014.11
ISBN 978-7-121-24491-9

Ⅰ．①电… Ⅱ．①薛…②黄… Ⅲ．①电工技术－高等学校－教材②电子技术－高等学校－教材 Ⅳ．①TM②TN

中国版本图书馆 CIP 数据核字（2014）第 232355 号

策划编辑：袁　玺
责任编辑：底　波
印　　刷：北京虎彩文化传播有限公司
装　　订：北京虎彩文化传播有限公司
出版发行：电子工业出版社
　　　　　北京市海淀区万寿路 173 信箱　邮编：100036
开　　本：787×980　1/16　印张：17　字数：435.2 千字
版　　次：2014 年 11 月第 1 版
印　　次：2025 年 2 月第 12 次印刷
定　　价：35.00 元

凡所购买电子工业出版社图书有缺损问题，请向购买书店调换。若书店售缺，请与本社发行部联系，联系及邮购电话：(010)88254888。
质量投诉请发邮件至 zlts@phei.com.cn，盗版侵权举报请发邮件至 dbqq@phei.com.cn。

前　言

　　本书是根据普通高等学校电工电子实训课程的教学基本要求而编写的，旨在培养学生树立安全用电的意识，初步掌握电工电子技术的基本技能，培养工程意识。经过十多年的教学实践证明，本书对于培养学生工程概念和基本技能有极好的效果，目前已成为各理工科专业学生重要的必修实践环节之一。

　　本书的编写遵照本科教学的规律，以培养应用型人才为目标，以强化基础、突出能力培养和注重实用为原则，注重学生工程实训能力的培养。在内容选择上，既保留传统、基础性内容和工艺知识，同时增加了新型器件和工艺知识；在实际训练上，严格按照工程要求进行训练，要求学生掌握基本技能和工艺要求，从工程实际的角度培养学生的工程素养、动手能力、分析问题和解决问题的能力。

　　本书在编写中还同时考虑到工科类本科学生"电工电子实训"课程的教学周数，从教学实用的基础出发，在集美大学原有讲义的基础上，并结合作者多年的教学经验，进行补充完善，精心组织教材内容，强调概念，突出能力的培养，并保证全书有一定的深度。全书共10章，分电工技术实训和电子技术实训两部分，重点放在电工技术实训的基本知识和基本技能训练上。电工技术实训内容包括：安全用电、电工常用工具及仪表、电工用图的识读、导线的连接、室内布线与电气照明、常用低压电器及电动机控制、可编程序控制器及其应用。电子技术实训内容包括：常用电子元器件和电子仪器、电子焊接以及 DT830B 数字万用表安装与调试。

　　本教材由薛向东、黄种明担任主编，并负责全书的统稿工作。第1章、第3章、第4章和第5章由薛向东执笔；第6章和第7章由黄种明执笔；第2章和第8章由张小英执笔；第9章和第10章由林建凡执笔。各章的实训题目由薛向东、黄种明执笔。

　　本书在编写过程中，参考和引用了许多专家、学者的论著、教材和资料，在此谨向原作者表示衷心的感谢。

　　由于时间短，加上编者水平有限，书中可能有错漏和不妥之处，恳请读者批评指正。

编　者
2014年5月

目 录

第1章 安全用电 ··· 1
1.1 供用电基本知识 ··· 1
1.1.1 电力系统 ··· 1
1.1.2 配电系统 ··· 3
1.2 触电及其对人体的危害 ··· 5
1.2.1 触电的种类及形式 ··· 5
1.2.2 触电的危害 ··· 7
1.2.3 安全电压和安全用具 ··· 9
1.3 触电的原因与救护 ··· 10
1.3.1 触电原因 ··· 10
1.3.2 触电预防 ··· 11
1.3.3 触电救护 ··· 11
1.4 电气防火防爆防雷 ··· 14
1.4.1 防火 ··· 14
1.4.2 防爆 ··· 15
1.4.3 防雷 ··· 15
1.5 电气安全操作规程 ··· 17
1.5.1 电工安全操作规程 ··· 17
1.5.2 实训课堂安全规程 ··· 18
1.6 实训项目 ··· 18
1.6.1 实训一：触电急救 ··· 18

第2章 电工常用工具及仪表 ··· 20
2.1 常用电工工具 ··· 20
2.1.1 螺丝刀 ··· 20
2.1.2 电工刀 ··· 21
2.1.3 剥线钳 ··· 21
2.1.4 钢丝钳 ··· 21
2.1.5 尖嘴钳 ··· 22

		2.1.6　斜口钳 ··· 22
		2.1.7　活络扳手 ··· 22
		2.1.8　验电笔 ··· 23
	2.2　常用电工仪表 ··· 23
		2.2.1　电工仪表概述 ··· 24
		2.2.2　电流表 ··· 24
		2.2.3　电压表 ··· 25
		2.2.4　数字万用表 ··· 26
		2.2.5　钳形电流表 ··· 28
		2.2.6　兆欧表 ··· 29
		2.2.7　功率表 ··· 31
		2.2.8　电度表 ··· 32
		2.2.9　转速表 ··· 34
	2.3　实训项目 ··· 36
		2.3.1　实训一：常用电工工具的使用 ·· 36
		2.3.2　实训二：常用电工仪表的使用 ·· 37

第3章　电工用图的识读 ··· 41
	3.1　电工用图绘制标准 ··· 41
		3.1.1　电工用图的分类 ··· 41
		3.1.2　电工用图的要求 ··· 41
		3.1.3　常用电器的图形符号与文字符号 ·· 43
	3.2　电工用图的识读 ··· 44
		3.2.1　识读电气图的基本要求和步骤 ·· 44
		3.2.2　电气原理图识图步骤和注意事项 ·· 47
		3.2.3　电气接线图识图步骤和方法 ··· 50
	3.3　电气照明图的识读 ··· 53
		3.3.1　概述 ·· 53
		3.3.2　电气照明供电系统图 ·· 53
		3.3.3　电气照明平面布置图 ·· 54
		3.3.4　电气照明施工识图 ·· 58
	3.4　实训项目 ··· 60
		3.4.1　实训一：电气元器件的图形识别和画法 ·· 60
		3.4.2　实训二：电工识图训练 ·· 61

第4章 导线的连接 ... 63
4.1 导线的分类和结构 ... 63
4.1.1 电磁线和电力线 ... 63
4.1.2 常用绝缘导线的结构和应用 ... 63
4.2 导线的连接 ... 64
4.2.1 导线绝缘层的剖削 ... 64
4.2.2 导线的连接方法 ... 66
4.2.3 导线绝缘层的恢复 ... 72
4.3 网线水晶头的连接制作 ... 73
4.3.1 网线制作使用的工具 ... 73
4.3.2 网线制作使用的材料 ... 74
4.3.3 接线顺序 ... 75
4.3.4 制作和测试 ... 76
4.4 实训项目 ... 77
4.4.1 实训一：导线的连接 ... 77
4.4.2 实训二：网线水晶头的连接制作 ... 78

第5章 室内布线与电气照明 ... 79
5.1 照明配电系统 ... 79
5.1.1 照明线路电压与用电负荷等级 ... 79
5.1.2 照明负荷供电方式与照明配电系统 ... 80
5.1.3 照明线路导线的选择 ... 84
5.1.4 照明线路的保护 ... 87
5.1.5 居住建筑照明电气设计的注意事项 ... 88
5.2 室内布线 ... 89
5.2.1 室内布线的形式 ... 89
5.2.2 室内布线的要求与步骤 ... 89
5.2.3 线管配线 ... 90
5.2.4 线槽布线方法 ... 92
5.2.5 安装线路的检查 ... 93
5.3 室内照明装置的安装 ... 93
5.3.1 常用照明装置的种类及安装规程 ... 93
5.3.2 常用电光源线路的安装 ... 94
5.3.3 照明开关的安装 ... 98
5.3.4 插头与插座的安装 ... 99

  5.3.5 照明配电箱线路的安装 ··· 100
 5.4 照明电路故障的检修 ··· 101
 5.5 实训项目 ··· 103
  5.5.1 实训一：居家电气设计与安装 ·· 103
  5.5.2 实训二：组装照明配电箱及常用照明线路的安装 ·············· 104

第6章 常用低压电器及电动机控制 ··· 107
 6.1 常用低压电器 ··· 107
  6.1.1 概述 ··· 107
  6.1.2 低压电器的分类 ·· 107
  6.1.3 电气控制系统常用低压电器 ·· 108
  6.1.4 接触器 ··· 109
  6.1.5 继电器 ··· 111
  6.1.6 熔断器 ··· 118
  6.1.7 低压断路器与低压开关 ·· 120
  6.1.8 主令电器 ·· 125
 6.2 三相异步电动机 ··· 127
  6.2.1 三相异步电动机的铭牌 ·· 127
  6.2.2 三相异步电动机的结构 ·· 129
  6.2.3 三相异步电动机的工作原理 ·· 131
 6.3 三相异步电动机的拆卸与装配 ··· 131
  6.3.1 三相异步电动机的拆卸 ·· 131
  6.3.2 异步电动机的装配 ·· 134
 6.4 常用继电接触控制电路 ·· 136
  6.4.1 三相异步电动机自锁控制线路 ···································· 136
  6.4.2 三相异步电动机正反向控制线路 ································ 136
  6.4.3 三相异步电动机行车控制线路 ···································· 137
  6.4.4 三相异步电动机Y-△控制线路 ···································· 139
  6.4.5 电气控制线路故障检修 ·· 139
 6.5 实训项目 ··· 141
  6.5.1 实训一：三相异步电动机的拆装 ································ 141
  6.5.2 实训二：三相异步电动机继电接触器控制线路的安装 ···· 143

第7章 可编程序控制器及其应用 ··· 145
 7.1 可编程序控制器概述 ··· 145
  7.1.1 PLC的应用领域 ·· 145

  7.1.2 PLC 的基本结构和工作原理 ·········· 146
7.2 PLC 的分类及选型要求 ·········· 150
  7.2.1 PLC 的分类 ·········· 150
  7.2.2 PLC 系统及其组件的选型 ·········· 151
7.3 S7-200 程序设计基础 ·········· 153
  7.3.1 S7-200 PLC 的编程语言 ·········· 153
  7.3.2 S7-200 常用的指令 ·········· 155
7.4 梯形图的设计规则及应用实例 ·········· 164
  7.4.1 梯形图的设计规则 ·········· 164
  7.4.2 应用案例：三相鼠笼式异步电动机的正反转控制 ·········· 164
  7.4.3 应用案例：三相鼠笼式异步电动机行车控制 ·········· 165
  7.4.4 应用案例：三相鼠笼式异步电动机的Y-△降压启动控制 ·········· 167
  7.4.5 应用实例：自动开关门控制 ·········· 167
7.5 实训项目 ·········· 171
  7.5.1 实训一：十字路口红绿灯控制系统的 PLC 设计 ·········· 171
  7.5.2 实训二：四层电梯控制系统的 PLC 设计 ·········· 172
  7.5.3 实训三：乒乓球比赛模拟控制的 PLC 设计 ·········· 173

第 8 章 常用电子元器件和电子仪器 ·········· 175
8.1 常用电子元件 ·········· 175
  8.1.1 电阻器 ·········· 175
  8.1.2 电位器 ·········· 179
  8.1.3 电容器 ·········· 182
  8.1.4 电感器 ·········· 186
  8.1.5 半导体分立元件 ·········· 189
8.2 常用电子仪器 ·········· 198
  8.2.1 常用电子仪器仪表的使用注意事项 ·········· 198
  8.2.2 函数信号发生器 ·········· 201
  8.2.3 双踪示波器 ·········· 202
  8.2.4 直流稳压电源 ·········· 209
  8.2.5 交流毫伏表 ·········· 210
8.3 实训项目 ·········· 212
  8.3.1 实训一：常用电子元器件的测试 ·········· 212
  8.3.2 实训二：常用电子仪器的使用 ·········· 212

第 9 章 电子焊接 ... 215
9.1 焊接工具和材料 ... 215
9.1.1 焊接工具 ... 215
9.1.2 焊接材料 ... 220
9.2 焊接工艺与方法 ... 221
9.2.1 手工焊接的基本方法 ... 222
9.2.2 印制电路板的焊接工艺 ... 230
9.2.3 操作安全 ... 231
9.3 自动焊接 ... 232
9.3.1 浸焊 ... 232
9.3.2 波峰焊 ... 233
9.3.3 再流焊 ... 234
9.3.4 其他焊接方法 ... 235
9.4 实训项目 ... 235
9.4.1 实训一：电子焊接技术训练 ... 235

第 10 章 DT830B 数字万用表安装与调试 ... 237
10.1 DT830B 数字万用表简介 ... 237
10.2 DT830B 数字万用表工作原理 ... 238
10.2.1 ICL7106 介绍 ... 239
10.2.2 ICL7106 工作原理 ... 240
10.2.3 ICL7106 的典型应用 ... 244
10.3 DT830B 数字万用表安装工艺 ... 246
10.3.1 DT830B 元器件 ... 246
10.3.2 焊接 PCB 印制板元器件 ... 248
10.3.3 液晶屏的安装 ... 250
10.3.4 旋钮的安装方法 ... 250
10.3.5 固定印制板 ... 251
10.4 DT830B 数字万用表调试、校准和总装 ... 252
10.4.1 显示测试 ... 252
10.4.2 校准 ... 253
10.4.3 测试 ... 254
10.4.4 总装 ... 255
10.5 DT830B 数字万用表的使用 ... 256
10.5.1 测试前的准备工作 ... 256

  10.5.2　电压测量 ·· 256
  10.5.3　直流电流测量 ·· 256
10.6　DT830B 数字万用表常见故障及解决方法 ·· 258
10.7　实训项目 ··· 258
  10.7.1　实训一：DT830B 数字万用表的安装与调试 ····································· 258

参考资料 ·· 260

第1章 安全用电

在现代社会中,电与国民经济和人民生活密切相关,不可缺少。我们不仅要掌握电的基本规律,还必须了解供电、安全用电的基本知识,才能切实做到安全、合理用电,使电更好地造福人类。同时,电又对人身安全构成威胁,因此在用电过程中必须牢记"安全第一"宗旨,做到安全、合理用电,避免用电事故的发生。

安全用电包括人身安全和设备安全两部分。人身安全是指防止人身接触带电物体受到电击或电弧灼伤而导致生命危险;设备安全是指防止用电事故所引起的设备损坏、起火或爆炸等危险。

1.1 供用电基本知识

1.1.1 电力系统

电力系统由电能的生产、传输、分配和使用四个部分组成,即通常所说的发电、输电、变电和配电。首先发电机将一次能源转化为电能,电能通过变压器和电力线路输送、分配给用户,最终经用电设备转化为用户所需的其他形式的能量。电力系统的组成如图1-1所示。

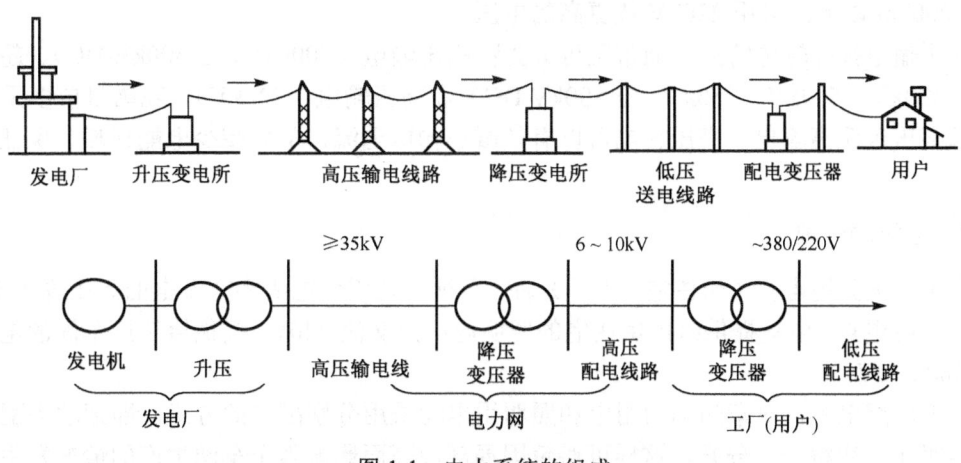

图1-1 电力系统的组成

1. 电能的生产

电能的生产即发电,它是由各种形式的发电厂来实现的。发电厂的种类很多,一般根据它所利用能源的不同分为火力发电厂、水力发电厂和原子能发电厂。此外,还有风力发电厂、潮汐发电厂、太阳能发电厂、地热发电厂和等离子发电厂等。目前,我国的电能生产以火力发电、水力发电和原子能发电为主,风力发电也在大规模的应用中。

火力发电通常以煤或油为燃料,由锅炉产生蒸汽,以高压高温蒸汽驱动汽轮机,再由汽轮机带动发电机发电。

水力发电利用自然水力资源作为动力,通过水岸或筑坝截流的方式提高水位。水流的位能驱动水轮机,由水轮机带动发电机发电。

原子能发电由核燃料在反应堆中的裂变反应所产生的热能,产生高压、高温蒸汽,由汽轮机带动发电机发电。原子能发电又称核发电。

风力发电利用风力带动风车叶片旋转,通过增速机将旋转的速度提升,来促使发电机发电。

世界上由发电厂提供的电力,大多数是交流电。我国交流电频率为50Hz,称为工频。

2. 电能的输送

电能的输送又称输电。输电网是由若干输电线路组成的将许多电源点与许多供电点连接起来的网络系统。输电的距离越长,输送容量越大,则要求输电电压越高。输电过程中,先将发电机组发出的6~10kV电压经升压变压器变为35~500kV高压,通过输电线将电能传送到各变电所,再利用降压变压器将35kV高压变为6~10kV。

我国标准输电电压有35kV、110kV、220kV、330kV和500kV等。一般情况下,输送距离在50km以下,采用35kV电压;输电距离在100km左右,采用110kV电压;输电距离在2000km以上,采用220kV或更高的电压。

高压输电按照输电特点,通常又可分为特高压输电(1000kV、±800kV-DC)、超高压输电(330kV、500kV、750kV、±500kV-DC)和高压输电(220kV)。我国目前多采用高压、超高压远距离输电,高压输电可以有效减小输电电流,从而减少电能损耗,保证输电质量。

3. 电能的分配

高压输电到用电点(如住宅、工厂)后,必须经区域变电所将交流电的高压降为低压,再供给各用电点。电能提供给民用住宅的照明电压为交流220V,提供给工厂车间的电压为交流380/220V。

在工厂配电中,对车间动力用电和照明用电均采用分别配电的方式,即把动力配电线路与照明配电线路一一分开,这样可避免因局部故障而影响整个车间生产的情况发生。

1.1.2 配电系统

配电系统是由多种配电设备和配电设施组成的变换电压和向终端用户分配电能的电力网络系统,分为高压配电系统、中压配电系统和低压配电系统。根据《城市电网规划设计导则》的规定,我国配电系统的电压等级,220kV 及以上电压为输变电系统,35kV、63kV、110kV 为高压配电,6kV、10kV 为中压配电,220V、380V 为低压配电。

(1) 高压配电网:由高压配电线路和配电变电站组成的向用户提供电能的配电网。高压配电网从上一级电源接收电能后,可以直接向高压用户供电,也可以向下一级中压(低压)配电网提供电源。

(2) 中压配电网:由中压配电线路和配电室(配电变压器)组成的向用户提供电能的配电网。中压配电网从高压配电网接收电能,向中压用户或向各用电小区负荷中心的配电室(配电变压器)供电,在经过变压后向下一级低压配电网提供电源。

(3) 低压配电网:由低压配电线路及其附属电气设备组成的向低压用户提供电能的配电网。低压配电网从中压(或高压)配电网接收电能,直接配送给各低压用户。低压配电网是电力系统的末端,分布广泛,几乎遍及建筑的每一个角落,平常使用最多的是 380/220V。从安全用电等方面考虑,低压配电系统有三种接地形式,分别为 IT 系统、TT 系统、TN 系统。TN 系统又分为 TN-S 系统、TN-C 系统和 TN-C-S 系统三种形式。

1. IT 系统

IT 系统就是电源中性点不接地、用电设备外壳直接接地的系统,如图 1-2 所示。IT 系统中,连接设备外壳可导电部分和接地体的导线,就是 PE 线。

2. TT 系统

TT 系统就是电源中性点直接接地、用电设备外壳也直接接地的系统,如图 1-3 所示。通常将电源中性点的接地叫做工作接地,而设备外壳接地叫做保护接地。TT 系统中,这两个接地是相互独立的。设备接地可以是每一个设备都有各自独立的接地装置,也可以若干设备共用一个接地装置。

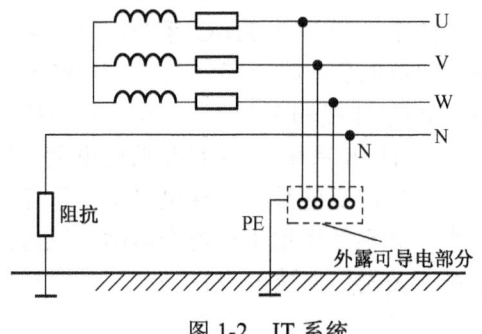

图 1-2 IT 系统

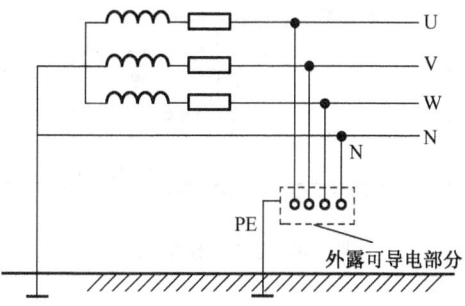

图 1-3 TT 系统

3. TN 系统

TN 系统就是电源中性点直接接地、设备外壳等可导电部分与电源中性点有直接电气连接的系统,它有如下三种形式。

(1) TN-S 系统。

TN-S 系统如图 1-4 所示。图中中性线 N 与 TT 系统相同,在电源中性点工作接地,而用电设备外壳等可导电部分通过保护线 PE 连接到电源中性点上。在这种系统中,中性线 N 和保护线 PE 是分开的。TN-S 系统是我国现在应用最为广泛的一种系统(又称三相五线制),适用于新建楼宇,爆炸和火灾危险性较大,安全要求高的场所,如科研院所、计算机中心、通信局站等。

(2) TN-C 系统。

TN-C 系统如图 1-5 所示,它将 PE 线和 N 线的功能综合起来,保护中性线 PEN 同时具有保护和中性线两者的功能。在用电设备处,PEN 线既连接到负荷中性点上,又连接到设备外壳等可导电部分。但要注意火线(L)与零线(N)要接对,否则外壳会带电。TN-C 系统现在已很少采用,尤其是在民用配电中已基本上不允许采用 TN-C 系统。

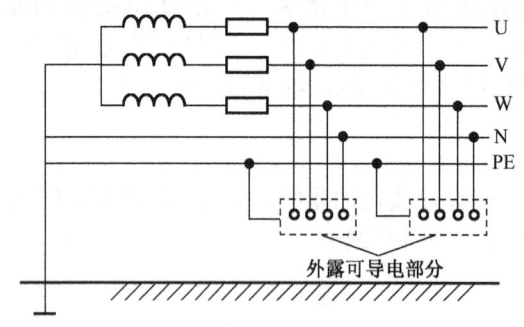

图 1-4 TN-S 系统

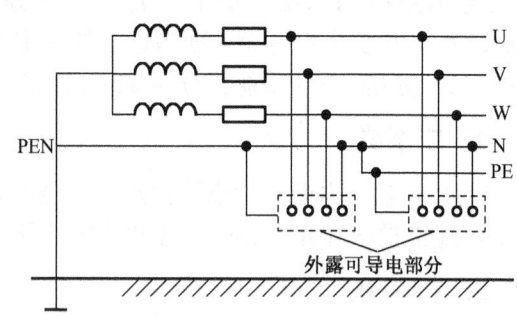

图 1-5 TN-C 系统

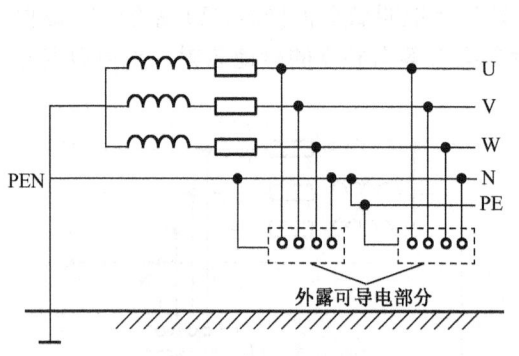

图 1-6 TN-C-S 系统

(3) TN-C-S 系统。

TN-C-S 系统是 TN-C 系统和 TN-S 系统的结合形式,如图 1-6 所示。TN-C-S 系统中,从电源出来的那一段采用 TN-C 系统,只能起传输作用,到用电负荷附近某一点处,将 PEN 线分开成单独的 N 线和 PE 线,从这一点开始,系统相当于 TN-S 系统。TN-C-S 系统也是一种现在应用比较广泛的系统。这里采用了重复接地的技术,此系统适用于厂内变电站、厂内低压配电场所及民用旧楼改造。

1.2 触电及其对人体的危害

人体也是导体,当人体接触带电部位而构成电流回路时,就会有电流通过人体,对人的肌体造成不同程度的伤害,这就是所谓的触电,其伤害程度与触电的种类、方式及条件有关。

1.2.1 触电的种类及形式

1. 触电种类

(1) 电击。

电击就是通常所说的触电,绝大部分触电死亡是电击造成的,它是电流通过人体所造成的内伤。大小不同的电流通过人体时会使人体产生不同的反应,这种伤害通常表现为针刺感、压迫感、打击感、肌肉抽搐、神经麻痹等,严重时将引起昏迷、窒息,甚至心脏停止跳动而死亡。

对触电造成死亡的主要原因,目前较一致的看法是电流流过人体引起心室纤维颤动,使心脏功能失调、供血中断、呼吸窒息,从而导致死亡。

(2) 电伤。

电伤是电流的热效应、化学效应、机械效应以及电流本身作用造成的对人体的伤害,如电烧伤、电弧烧伤、电烙印、皮肤金属化、机械损伤、电光眼等。电伤一般是在电流较大和电压较高的情况下发生的。电伤属局部性伤害,一般会在肌体表层留下明显伤痕。在触电伤亡事故中纯电伤或带电伤性质的约占75%。

(3) 二次伤害。

二次伤害是指人体触电引起的坠落、碰撞造成的伤害。

2. 触电方式

当人体不慎接触到带电体便是触电。触电对人体的伤害程度与通过人体的电流大小、电流频率、电流通过人体的路径、触电持续时间等因素有关。当通过人体的电流很微小时,仅使触电部分的肌肉发生轻微痉挛或刺痛。一般认为,当通过人体的电流超过 50mA 时,肌肉的痉挛加剧,使触电者不能自行脱离带电体,持续一定时间便导致中枢神经系统麻痹,严重时可能引起死亡。

按照人体触及带电体的方式,触电一般分为单相触电和两相触电。

(1) 单相触电。

单相触电是指人体某一部位触及一相带电体的触电方式。如图 1-7 所示为比较常见的单相触电。

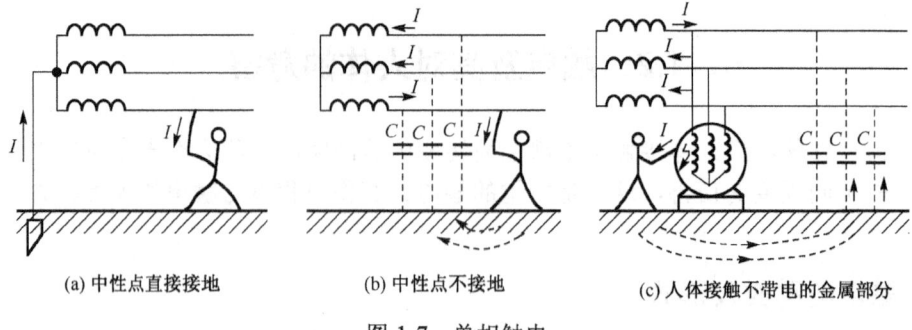

(a) 中性点直接接地　　(b) 中性点不接地　　(c) 人体接触不带电的金属部分

图 1-7　单相触电

图 1-7(a)为中性点直接接地的三相电源，人站在地面上触及一根相线，这时人体处于相电压下，电流将从人体经大地回到电源中性点。如果脚与地面绝缘良好，回路电阻较大，流过人体的电流较小，危险性也就较小。反之，如果身体出汗或湿脚着地，回路电阻较小而电流较大，就十分危险。

图 1-7(b)为中性点不接地的三相电源，由于输电线与大地之间有电容存在，交流电可经这种分布电容 C 构成通路而流过人体。如果三相电源某一相对地的绝缘性能较差（绝缘电阻较小），则可能通过人体形成一定的电流，这样也会发生触电。

图 1-7(c)为人体与正常工作时不带电的金属部分接触。如电动机、电子仪器等的外壳在正常情况下是不带电的，但由于绝缘损坏，使内部带电部分与外壳相碰，于是人体触及带电的外壳而造成触电。单相触电在触电事故中的比例最高。一般地说，中性点接地电网的触电比不接地电网的危险性大。

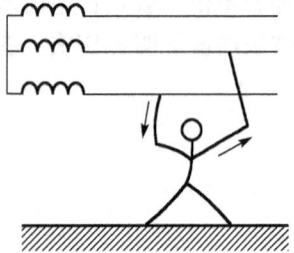

图 1-8　两相触电

（2）两相触电。

两相触电是指人体同时触发电源的两相带电体，电流由一相经人体流入另一相，如图 1-8 所示。此时加在人体上的最大电压为线电压。两相触电与电网的中性点接地与否无关，其危险性最大，触电所造成的后果比单相触电要严重得多。

（3）跨步电压触电。

当带电体接地时，电流由接地点向大地流散，在以接地点为圆心、一定半径（通常 20m）的圆形区域内电位梯度由高到低分布，人进入该区域，沿半径方向两脚之间（间距以 0.8m 计）存在的电位差称为跨步电压 U_{ST}，由此引起的触电事故称为跨步电压触电，如图 1-9(a)所示。跨步电压的大小取决于人体站立点与接地点的距离，距离越小，其跨步电压越大。当距离超过 20m（理论上为无穷远处），可认为跨步电压为零，不会发生触电的危险。

（4）接触电压触电。

电气设备由于绝缘损坏或其他原因造成接地故障时，如人体两个部分（手和脚）同时接触设备外壳和地面时，人体两部分会处于不同的电位，其电位差即为接触电压。由接触电压造成的触电事故称为接触电压触电。在电气安全技术中，接触电压是以站立在距漏电设备接地点水平距离为 0.8m 处的人，手触及的漏电设备外壳距地 1.8m 高时，手脚间的电位差 U_T 作为衡量基准，如图 1-9(b)所示。接触电压值的大小取决于人体站立点与接地点的距离，距离越远，则接触电压值越大；当超过 20m 时，接触电压值最大，即等于漏电设备上的电压 U_{Tm}；当人体站在接地点与漏电设备接触时，接触电压为零。

（5）感应电压触电。

当人触及带有感应电压的设备和线路时所造成的触电事故称为感应电压触电。一些不带电的线路由于大气变化（如雷电活动），会产生感应电荷；停电后一些可能存在感应电压的设备和线路，如果未及时接地，这些设备和线路对地均存在感应电压。

（6）剩余电荷触电。

剩余电荷触电是指当人触及带有剩余电荷的设备时，对人体放电造成的触电事故。带有剩余电荷的设备通常含有储能元件，如并联电容器、电力电缆、电力变压及大容量电动机等，在退出运行和对其进行类似摇表测量等检修后，会带上剩余电荷，因此要及时对其放电。

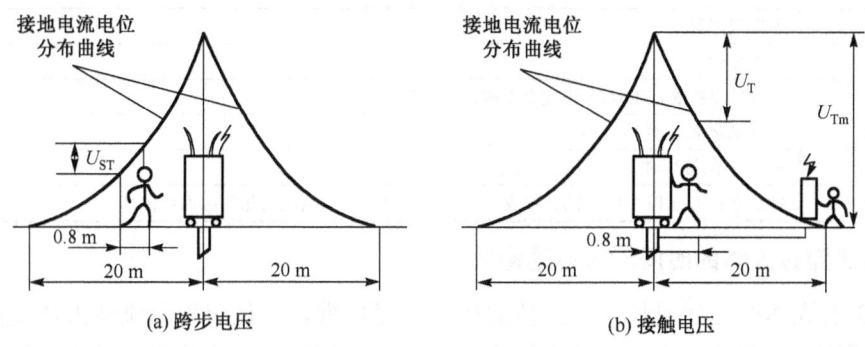

图 1-9 跨步电压和接触电压

1.2.2 触电的危害

触电对人体伤害的严重程度与通过人体电流的大小、电流的类型、电流通过人体时间的长短、通过人体的部位、电流的频率及触电者的身体状况有关。影响电流对人体伤害程度的因素如下。

1. 电流大小对人体的影响

通过人体的电流越大，人体反应越明显，感觉越强烈，引起心室颤动所需的时间越短，致命的危险性就越大。以工频交流电对人体的影响为例，按照通过人体的电流大小和生理反应，可将其划分为下列三种情况。

（1）感知电流。

感知电流是指引起人体感知的最小电流。实验表明，成年人感知电流有效值约为 0.7～

1mA，感知电流一般不会对人体造成伤害，但电流增大时，人体反应会变得强烈，可能造成坠落等间接事故。

（2）摆脱电流。

人触电后能自行摆脱的最大电流称为摆脱电流。一般成年人摆脱电流约在 15mA 以下，摆脱电流被认为是人体只在较短时间内可以忍受而一般不会造成危险的电流。

（3）致命电流。

致命电流是指在较短时间内危及生命的最小电流。电流达到 50mA 以上就会引起心室颤动，有生命危险；而一般情况下，30mA 以下的电流通常在短时间内不会造成生命危险。通常把该电流称为安全电流。

电流对人体的伤害程度见表 1-1。

表 1-1 电流对人体的伤害程度

电流/mA	50～60Hz 交流电（有效值）
0.6～1.5	开始有感觉，手轻微颤抖
2～3	手指强烈颤抖
5～7	手指痉挛
8～10	手已较难摆脱带电体，手指尖至手腕均感剧痛
50～80	呼吸麻痹，心脏开始颤动
90～100	呼吸麻痹，持续时间 3s 以上，且心脏麻痹，心室颤动
300 以上	持续 0.1s 以上时可致心跳、呼吸停止；机体组织可因电流的热效应而致破坏

2. 电流流过人体的时间对人体的影响

电流流过人体的时间越长，对人体的伤害程度越重。这是因为电流使人体发热和人体组织的电解液成分增加，导致人体电阻降低，反过来使通过人体的电流增大，触电后果越发严重。

3. 流过人体电流的频率对人体的影响

常用的 50～60Hz 的工频交流电对人体的伤害程度最为严重。当电源的频率离工频越远时，对人体的伤害程度越轻。但较高电压的高频电流对人体依然是十分危险的。

4. 人体电阻的影响

人体电阻因人而异，且影响其数值大小的因素有很多，皮肤状况（如厚薄、多汗否、有无带电灰尘）、与带电体的接触情况（如接触面积和压力大小）等均会影响到人体电阻值的大小。一般情况下，人体电阻为 1000～2000Ω。

5. 电压大小的影响

作用于人体电压越高，人体电阻下降越快，致使电流迅速增加，对人体造成的伤害更严重。

6. 电流路径的影响

电流通过头部会使人昏迷而死亡；通过脊髓会导致截瘫；通过中枢神经，会引起中枢神经系统严重失调而导致残废；通过心脏会造成心跳停止而死亡；通过呼吸系统会造成窒息。从右手到脚、从手到手都属危险电流路径，从左手至脚是最危险的电流路径，从脚到脚属危险较小电流路径。

1.2.3 安全电压和安全用具

1. 安全电压

人体承受的电压越低，通过人体的电流越小。当电压低于某一特定值后，就不会造成触电了。不带任何防护设备，对人体各部分组织均不造成伤害的电压值，称为安全电压。

世界各国对于安全电压的规定不尽相同，有50V、40V、36V、25V、24V等，其中以50V、25V居多。国际电工委员会（IEC）规定安全电压限定值为50V，25V以下电压可不考虑防止电击的安全措施。

我国规定36V、24V、12V三个电压等级为安全电压级别，以供不同场所使用。

安全电压之所以设置为36V，是因为当设人体电阻为1kΩ，通过人体所能承受的极限电流为50mA时，所需要的电压为50V，为了安全起见，将安全电压设置为36V。

安全电压的规定是从总体上考虑的，对于某些特殊情况、某些人也不一定绝对安全。所以，即使在规定的安全电压下工作，也不可粗心大意。如在潮湿环境、粉尘大的环境，安全电压必须降为24V甚至是12V。

2. 安全用具

电工安全用具用来直接保护电工人员的人身安全，常用的有绝缘手套、绝缘靴、绝缘棒三种。

（1）绝缘手套。

绝缘手套用绝缘性能良好的特种橡胶制成，有高压、低压两种，用于操作高压隔离开关和油断路器等设备，以及用于带电运行的高压电气和低压电气设备上工作时，预防接触电压。使用绝缘手套时要进行外观检查，检查有无穿孔、损坏，绝对不能用低压手套进行高压操作。

（2）绝缘靴。

绝缘靴也是用绝缘性能良好的特种橡胶制成，用于带电操作高压电气设备或低压电气设备时，防止跨步电压对人体的伤害。对于正常操作也要使用绝缘靴，防止因设备绝缘损坏使得外壳带电，造成事故。使用绝缘靴时要进行外观检查，不能有穿孔、损坏，要保持在绝缘良好的状态。

（3）绝缘棒。

绝缘棒又称绝缘杆、操作杆或拉闸杆，一般用电木、胶木、塑料、环氧玻璃布棒等材料制成，主要用于操作高压隔离开关、跌落式熔断器，安装和拆除临时接地线以及测量和试验等工作。常用的规格有：500V、10kV、35kV 等。

绝缘棒的结构如图 1-10 所示，主要包括工作部分、绝缘部分、握手部分及隔离环等。

图 1-10　绝缘棒的结构

使用绝缘棒要注意：棒表面要干燥、清洁；操作时应戴绝缘手套，穿绝缘靴，站在绝缘垫上；绝缘棒规格应符合要求。

1.3　触电的原因与救护

触电分为直接触电和间接触电两种情况。为了最大限度地减少触电事故的发生，应了解触电的原因与形式，从而提出预防触电的措施及触电后应采取的救护方法。

1.3.1　触电原因

不同的场合，引起触电的原因也不一样，常见的触电原因主要有以下几种情况。

1. 线路架设不合规格

线路发生短路或接地不良时，均会引起触电；室内、外线路对地距离、导线之间的距离小于允许值，通信线、广播线与电力线间隔距离过近或同杆架设，线路绝缘破损等而引起触电。

2. 电气操作制度不严格

未采取可靠的保护措施，带电操作；不熟悉电路和电器，盲目修理；救护已触电的人，自身不采用安全保护措施；停电检修，不挂电气安全警示牌；使用不合格的保安工具检修电路和电器；人体与带电体过分接近，又无绝缘措施或屏护措施；在架空线上操作，不在相线上加临时接地线等，这些都会引起触电。

3. 用电设备不合要求

电器设备内部绝缘的性能低或已损坏，金属外壳无保护接地措施或接地电阻太大；开关、熔断器误装在中性线上，一旦断开，使整个线路带电；开关、闸刀、灯具、携带式电器绝缘外壳破损等，都可能引起触电。

4. 用电不规范

在室内违规乱拉电线，乱接电器用具；更换插头、插座造成导线有毛刺或外露；随意加大熔断器熔丝规格；在电线上或电线附近晾晒衣物；在电线（特别是高压线）附近打鸟、放风筝；未断电源，移动家用电器；打扫卫生时，用水冲洗或用湿布擦拭带电电器或线路而导致触电。

1.3.2 触电预防

1. 直接触电的预防

（1）绝缘措施。

良好的绝缘是保证电气设备和线路正常运行，防止触电事故的重要措施。选用绝缘材料必须与电气设备的工作电压、工作环境和运行条件相适应。例如，新装或大修后的低压设备和线路，绝缘电阻不应低于0.5MΩ；高压线路和设备的绝缘电阻不低于1000MΩ。

（2）屏护措施。

采用屏护装置，如电器的绝缘外壳、金属网罩、金属外壳、变压器的遮拦、栅栏等，将带电体与外界隔绝开来。注意，凡金属材料制作的屏护装置，应妥善接地或接零。

（3）间距措施。

在带电体与地面之间、带电体与其他设备之间，应保持一定的安全间距。安全间距的大小取决于电压的高低、设备类型、安装方式等因素。

2. 间接触电的预防

（1）加强绝缘。

对电气设备或线路采取双重绝缘、加强绝缘措施，使设备或线路绝缘牢固，不易损坏，不致发生金属导体裸露而造成间接触电。

（2）电气隔离。

采用隔离变压器或具有同等隔离作用的发电机，使电气线路和设备的带电部分处于悬浮状态。即使线路或设备的工作绝缘损坏，人站在地面上与之接触也不易触电。

（3）自动断电保护。

在带电线路或设备上安装漏电保护、过流保护、过压或欠压保护、短路保护、接零保护等自动保护电器，在触电事故发生时，能自动切断电源，起到保护作用。

1.3.3 触电救护

触电救护是减少触电伤亡的有效措施，对于电气工作人员和用电人员来说，掌握触电救护知识非常重要。

1. 触电的现场抢救

当发现有人触电时，不可惊慌失措，首先应设法使触电者迅速而安全地脱离电源。根据触电现场的情况，通常采用以下几种急救方法。

(1) 迅速切断电源。如果电源开关、电源插头就在触电现场，应该立即断开电源开关或拔掉电源插头，若有急停按钮应首先按下急停按钮。如果触电现场远离开关或不具备关断电源的条件，只要触电者穿的是比较宽松的干燥衣服，救护者可站在干燥木板上，用一只手抓住衣服将其拉离电源，如图1-11所示。也可用干燥木棒、竹竿等将电线从触电者身上挑开，如图1-12所示。

(2) 如果触电发生在火线与大地之间，一时又无法把触电者拉离电源，可设法将触电者身体与地面隔离开（如加垫干燥木板）。先切断通过人体流入大地的电流，再设法关断电源，使触电者脱离带电体。

图1-11　将触电者拉离电源　　　　　图1-12　将触电者身上的电线挑开

(3) 救护者也可用手头的刀、斧、锄等带绝缘柄的工具或硬棒，在电源的来电方向将电线砍断或撬断。总之，当发现触电者应采取一切手段使触电者脱离电源，同时，还要避免救人者二次触电。

(4) 触电者脱离电源之后，应根据实际情况，采取不同的救护方法。若触电者神志尚清醒，但仍有头晕、心悸、出冷汗、恶心、呕吐等症状时，应让其静卧休息，减轻心脏负担；若触电者只是一度昏迷，可将其放在空气流通的地方平卧，松开身上的紧身衣服，摩擦全身，使之发热，以利血液循环；若触电者出现痉挛、呼吸衰弱等症状时，应立即施行人工呼吸，并送医院救治；若触电者呼吸停止，但心跳尚存，则应对触电者施行人工呼吸；若触电者心跳停止，呼吸尚存，则应采取胸外心脏挤压法实施抢救；若触电者呼吸、心跳均已停止，则必须同时采用人工呼吸法和胸外心脏挤压法这两种方法进行抢救。

2. 口对口人工呼吸法

人工呼吸的方法有很多，其中以口对口吹气的人工呼吸法效果最好，也最容易掌握，具体操作如下。

(1) 首先使触电者仰卧在平直的木板上，解开衣领，松开上身的紧身衣服，使胸部可以自由扩张。除去口腔中的黏液、血液、食物、假牙等杂物。如果舌根下陷应将其拉出，使呼吸道畅通，如图1-13所示。

(2) 救护人位于触电者的一侧，一只手捏紧触电者的鼻孔，另一只手掰开其口腔。救护人深吸气后，紧贴着触电者的嘴唇吹气，使其胸部膨胀。之后，放松触电者的嘴鼻，使其自动呼气。如此反复进行，吹气2s，放松3s，大约5s一个循环，如图1-14和图1-15所示。

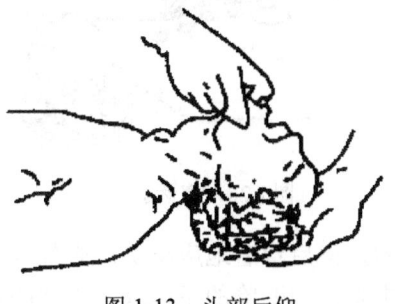 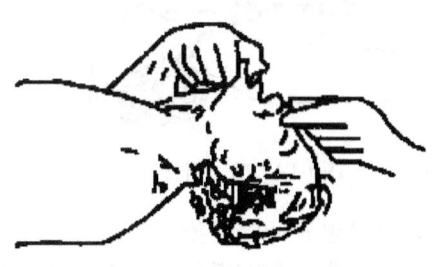

图1-13　头部后仰　　　　　　　　图1-14　捏鼻掰嘴

（3）吹气时要捏紧鼻孔，紧贴嘴唇，不能漏气，放松时应能使触电者自动呼气，如图1-16所示。

 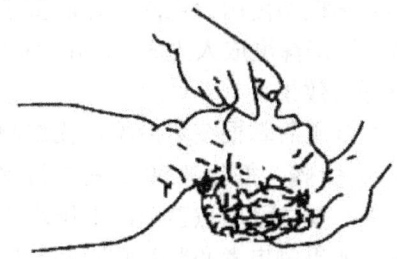

图1-15　紧贴吹气　　　　　　　　图1-16　放松换气

（4）对体弱者和儿童吹气时用力应稍轻，不可让其胸腹过分膨胀，以免肺泡破裂。当触电者自己开始呼吸时，人工呼吸应立即停止。

3. 胸外心脏挤压法

胸外心脏挤压法是帮助触电者恢复心跳的有效方法。这种方法是用人工胸外挤压代替心脏的收缩作用，具体操作如图1-17至图1-20所示。

 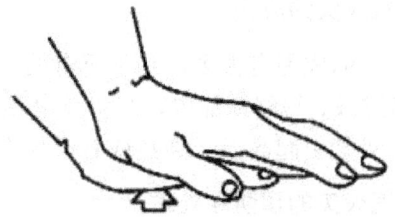

图1-17　正确压点　　　　　　　　图1-18　迭手姿势

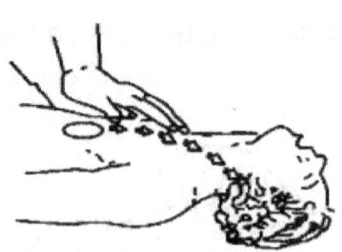
图1-19 向下挤压

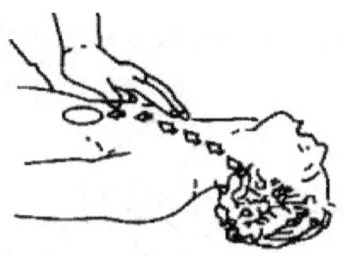
图1-20 突然放松

（1）使触电者仰卧，姿势与进行人上呼吸时相同，但后背着地应结实。先找到正确的挤压点，办法是：救护者伸开手掌，中指尖抵住触电者颈部凹陷的下边缘，手掌的根部就是正确的压点。

（2）救护人跪跨在触电者腰部两侧的地上，身体前倾，两臂伸直，两手相迭，以手掌根部放至正确压点。

（3）掌根均衡用力连同身体的重量向下挤压，压出心室的血液，使其流至触电者全身各部位。压陷深度成人为3～5cm，对儿童用力要轻。太快、太慢或用力过轻、过重，都不能取得好的效果。

（4）挤压后掌根突然抬起，依靠胸廓自身的弹性，使胸腔复位，血液流回心室。重复（3）、（4）步骤，每分钟60次左右为宜。

总之，要注意压点正确，下压均衡、放松迅速、用力和速度适宜，要坚持做到心跳完全恢复。如果触电者心跳和呼吸都已停止，则应同时进行胸外心脏挤压和人工呼吸。一人救护时，两种方法可交替进行；两人救护时，两种方法应同时进行，但要配合默契。

1.4 电气防火防爆防雷

1.4.1 防火

电气火灾来势凶猛，蔓延迅速。既可能造成人身伤亡，设备、线路和建筑物的重大破坏，还可能造成大规模长时间停电，给国家财产造成重大损失。

1. 电气火灾的成因

电气火灾的成因有很多，几乎所有的电气故障都可能导致电气着火。如设备材料选择不当，线路过载、短路或漏电，照明及电热设备故障，熔断器的烧断、接触不良以及雷击、静电等，都可能引起高温、高热或者产生电弧、放电火花，从而引发火灾事故。

2. 电气火灾的预防和处理

（1）电气火灾的预防。

为了防止电气火灾的发生，首先应按场所的危险等级正确地选择、安装、使用和维护电气设备及电气线路,按规定正确采用各种保护措施。在线路设计上,应充分考虑负载容量及合理的过载能力。在用电上,应禁止过度超载及乱接乱搭电源线。用电设备有故障应停用并及时检修。对于需在监护下使用的电气设备,应做到"人去停用"。对于易引起火灾的场所,应注意加强防火,配置防火器材。

(2)电气火灾的处理。

当电气设备发生火警时,首先应切断电源,防止火势蔓延以及灭火时发生触电事故。同时,拨打火警电话报警。发生电气火灾时,不能用水或普通灭火器(如泡沫灭火器)灭火。因为水和普通灭火器中的溶液都是导体,如电源未被切断,救火者有可能触电。因此,发生电起火时,应使用干粉二氧化碳等灭火器灭火,也可用干燥的黄沙灭火。

1.4.2 防爆

1. 电气引爆

由电引发爆炸的原因有很多,危害极大,主要发生在含有易燃、易爆气体、粉尘的场所。当空气中汽油的含量比达到1%～6%,乙炔达到1.5%～82%,液化石油气达到3.5%～16.3%,家用管道煤气达到5%～30%,氢气达到4%～80%,氨气达到15%～28%时,如遇电火花或高温、高热,就会引起爆炸。碾米厂的粉尘、各种纺织纤维粉尘,达到一定浓度也会引起爆炸。

2. 防爆措施

为了防止电气引爆的发生,在有易燃、易爆气体、粉尘的场所,应合理选用防爆电气设备,正确敷设电气线路,保持场所良好通风;应保证电气设备的正常运行,防止短路、过载;应安装自动断电保护装置,对危险性大的设备应安装在危险区域外;防爆场所一定要选用防爆电机等防爆设备,使用便携式电气设备应特别注意安全;电源应采用三相五线制与单相三线制线路,线路接头采用熔焊或钎焊等连接固定。

1.4.3 防雷

雷电是一种自然现象,它产生的强电流、高电压、高温热具有很大的破坏力和多方面的破坏作用,给电力系统和人类造成严重灾害。因此,必须了解雷电的形成机理和活动规律,采取有效的防护措施。

1. 雷电的形成

雷鸣与闪电是大气层中强烈的放电现象。雷云在形成的过程中,由于摩擦、冻结等原因,积累起大量的正电荷或负电荷,产生很高的电位。当带有异性电荷的雷云接近到一定程度时,就会击穿空气而发生强烈的放电。强大的放电电流伴随高温、高热,发出耀眼的闪光和震耳的轰鸣。

2. 雷电的活动规律

雷电在我国的活动规律是：南方比北方多，山区比平原多，陆地比海洋多，热而潮湿的地方比冷而干燥的地方多，夏季比其他季节多。在同一地区，凡是电场分布不均匀、导电性能较好容易感应出电荷、云层容易接近的部位或区域，更容易引雷而导致雷击。

一般来说，空旷地区的孤立物体、高于 20m 的建筑物，如水塔、宝塔、尖形屋顶、烟囱、旗杆、天线、输电线路杆塔等；金属结构的屋面或者屋顶有露天放置的金属物；排放导电尘埃的厂房，烟囱冒出热气（含有大量导电质点、游离态分子）的出口处；金属矿床、河岸、山谷风口处等地区容易受到雷击，雷雨时应特别注意。

3. 雷电的种类

根据雷电的形成机理及侵入形式，可分为下面几种类型。

（1）直击雷。雷云距地面的高度较小时，在地面较高的凸出物上产生静电感应，感应电荷与雷云所带电荷相反而发生放电，称为直击雷，其电压可高达几百万伏。

（2）感应雷。有静电感应雷和电磁感应雷两种。静电感应雷是雷云接近地面时，在地面凸出物顶部感应出的异性电荷失去束缚，以雷电波的形式沿地面传播，在一定时间和部位发生强烈放电所形成的；电磁感应雷是发生雷电时，巨大的雷电流在周围空间产生强大的变化率很高的电磁场，在附近金属物上发生电磁感应产生很高的冲击电压，引发放电而形成的。感应雷产生的感应电压，其值可达数十万伏。

（3）球形雷。雷击时形成的一种发红光或白光的火球，通常从门、窗或烟囱等通道侵入室内，在触及人畜或其他物体时发生爆炸、燃烧而造成伤害。

（4）雷电侵入波。雷击时在电力线路或金属管道上产生的高压冲击波，顺线路或管道侵入室内，或者破坏设备绝缘层窜入低压系统，危及人畜和设备安全。

4. 雷电的危害

雷电的危害，主要有以下四个方面。一是电磁性质的破坏。雷击的高电压破坏电气设备和导线的绝缘，在金属物体的间隙形成火花放电，引起爆炸，雷电侵入波侵入室内，危及设备和人身安全。二是机械性质的破坏。当雷电击中树木、电杆等物体时，造成被击物体的破坏和爆炸；雷击产生的冲击气浪也对附近的物体造成破坏。三是热性质的破坏。雷击时在极短的时间内释放出强大的热能，使金属熔化、树木烧焦、房屋及物资烧毁。四是跨步电压破坏。雷击电流通过接地装置或地面向周围土壤扩散，形成电压降，使该区域的人畜受到跨步电压的伤害。

5. 常用防雷装置

防雷的基本思想是疏导，即设法将雷电流引入大地，从而避免雷击的破坏。常用的避雷装置有避雷针、避雷线、避雷网、避雷带和避雷器等。其中避雷针、避雷线、避雷网、避雷带作为接闪器,与引下线和接地体一起构成完整的通用防雷装置,主要用于保护露天的配电设备、建筑物或构筑物等。避雷器则与接地装置一起构成特定用途的防雷装置。

避雷针是一种尖形金属导体,普遍用于建筑物、构筑物及露天电力设施的保护。其作用是将雷电引到避雷针上,把雷电波安全导入大地,避免雷击的损害。避雷针应装设在保护对象的最凸出部位,根据保护范围的需要可装设单支、双支或多支。

避雷器通常装接在电力线路和大地之间,与电气设备并联安装。当电力线路出现雷电过电压时,避雷器内部立即放电,将雷电流导入大地,降低了线路的冲击电压。当雷电流过去后,避雷器迅速恢复为阻断状态,系统正常运行。

1.5　电气安全操作规程

1.5.1　电工安全操作规程

为了保证人身和设备安全,国家按照安全技术要求颁发了一系列的规定和规程。这些规定和规程主要包括电气装置安装规程、电气装置检修规程和安全操作规程等,统称为安全技术规程。具体规程内容很多,专业性强,这里不能全部叙述,下面主要介绍电工安全操作规程。

(1) 工作前必须检查工具、测量仪表和防护用具是否完好。

(2) 任何电气设备内部未经验明无电时,一律视为有电,不准用手触及。

(3) 不准在运转中拆卸、修理电气设备。必须在停车,切断电源,取下熔断器,挂上"禁止合闸,有人工作"的警示牌,并验明无电后,才可进行工作。

(4) 在总配电盘及母线上工作时,在验明无电后,应挂临时接地线。装拆接地线都必须由值班电工进行。

(5) 工作临时中断后或每班开始工作前,都必须重新检查电源是否已断开,并要验明无电。

(6) 每次维修结束后,都必须清点所带的工具、零件等,以防遗留在电气设备中造成事故。

(7) 当由专门检修人员修理电气设备时,值班电工必须进行登记,完工后做好交代。在共同检查后,才可送电。

(8) 严禁带负载操作动力配电箱中的刀开关。

(9) 带电装卸熔断器时,要戴防护眼镜和绝缘手套。必要时要使用绝缘夹钳,站在绝缘垫上操作。严禁使用锉刀、钢尺等进行工作。

(10) 熔断器的容量要与设备和线路的安装容量相适应。

(11) 电气设备的金属外壳必须接地(接零),接地线必须符合标准,不准断开带电设备的外壳接地线。

（12）拆卸电气设备或线路后，对可能继续供电的线头要立即用绝缘胶布包扎好。

（13）安装灯头时，开关必须接在相线上，灯头座螺纹必须接在零线上。

（14）对临时安装使用的电气设备，必须将金属外壳接地。严禁把电动工具的外壳接地线和工作零线拧在一起插入插座，必须使用两线带地或三线带地的插座，或者将外壳接地线单独接到接地干线上。用橡胶软电缆接可移动的电气设备时，专供保护接零的导线中不允许有工作电流流过。

（15）动力配电盘、配电箱、开关、变压器等电气设备附近，不允许堆放各种易燃、易爆、潮湿和影响操作的物件。

1.5.2　实训课堂安全规程

实习教室是实训的重要场所，对课堂理论教学效果有着十分重要的作用，如果操作不当，会影响人身和设备的安全。因此，从开始进入实习教室就要树立安全第一的思想，严格地执行电工操作程序，养成良好的操作习惯，严格遵守各项安全操作规程。为了保证教学实习能正常进行，以达到预期的要求，学生在实习时必须遵守如下规则。

（1）在指定的岗位上实习，服从实习指导老师的指导。尊敬师长、团结同学、说话和气、态度诚恳。

（2）认真听取实习指导教师的讲解，仔细观察示范操作。精力集中，认真学习。

（3）严肃认真、细心操作，遵守安全操作规程，严格按图纸及工艺要求操作，完成实习作业。保证实训质量，杜绝安全事故发生。

（4）爱护实训场所设施，实习工具妥善保管，每次实训结束后，应认真清点，做好保养工作。注意节约实习材料。

（5）注意实训场所的清洁卫生，保持工作岗位整洁。不得在实训场所内随地吐痰、乱抛纸屑，每天课后要打扫卫生。

（6）实习前必须检查自己使用的工具、材料、电气设备等，发现有损坏或缺失应立即报告教师，及时更换或配备。

（7）实训场所内严禁会客或将无关人员带入，有事需请假，经教师同意后方可离开。

1.6　实　训　项　目

1.6.1　实训一：触电急救

1. 实训目的

（1）通过安全用电知识教育，增强安全防范意识，掌握安全用电的方法。

（2）掌握使触电者尽快脱离电源的方法。

(3) 了解触电急救的有关知识，学会触电急救的方法和急救要领。
(4) 掌握胸外挤压急救手法和口对口人工呼吸法的动作和节奏。

2. 实训器材与工具

(1) 各种工具（含绝缘工具和非绝缘工具）。
(2) 绝缘垫 1 张。
(3) 心肺复苏急救模拟人一套。

3. 实训前的准备

(1) 了解电流对人体的伤害、人体触电的形式及相关因素。
(2) 了解触电急救的方法（脱离电源、抢救准备与心肺复苏）。

4. 实训内容

(1) 触电发生，打 110 报警，打 120 请求医疗救护，穿绝缘服和戴绝缘用具，进入现场。
(2) 用木棒或其他方式让触电者脱离电源。利用人体模型模拟练习使触电者快速摆脱电源的方法。
(3) 解开触电者的衣服，把触电者安放在通风口，尽量让其呼吸通畅。模拟诊断触电者的触电状况，并针对触电情况决定应采取的急救措施。
(4) 练习"口对口人工呼吸法"和"胸外心脏挤压法"的操作过程进行救护。

5. 实训要求

(1) 总结使触电者快速摆脱电源的方法。
(2) 总结触电情况与应采取的急救措施。
(3) 总结"口对口人工呼吸法"和"胸外心脏挤压法"的操作步骤。

第 2 章　电工常用工具及仪表

电工工具与电工仪表是电气安装与维修工作的"武器",正确使用这些工具、仪表是提高工作效率、保证施工质量的重要条件。因此,了解电工工具、仪表的结构及性能,掌握其使用方法,对电工操作人员来说是十分重要的。电工工具与电工仪表的种类很多,本章仅对常用的几种进行介绍。

2.1　常用电工工具

常用的电工工具主要有螺丝刀、电工刀、剥线钳、钢丝钳、尖嘴钳、斜口钳、活络扳手及验电笔等。下面分别介绍其使用方法及注意事项。

2.1.1　螺丝刀

螺丝刀又称"起子"、螺钉旋具等,其头部形状有"一"字形和"十"字形两种,如图 2-1 所示。"一"字形螺丝刀用来紧固或拆卸带一字槽的螺钉;"十"字形螺丝刀专用于紧固或拆卸带十字槽的螺钉。电工常用的"十"字形螺丝刀有四种规格:Ⅰ号适用的螺钉直径为 2～2.5mm;Ⅱ号为 3～5mm;Ⅲ号为 6～8mm;Ⅳ号为 10～12mm。

(a)"一"字形　　　　　　　　(b)"十"字形

图 2-1　螺丝刀

使用螺丝刀时应注意以下几点。
(1) 不得使用金属杆直通柄顶的螺丝刀进行电工操作,否则易造成触电事故。
(2) 为避免螺丝刀的金属杆触及皮肤或邻近带电体,应在金属杆上套绝缘管。
(3) 螺丝刀头部厚度应与螺钉尾部槽形相配合,斜度不宜太大,头部不应该有倒角,否则容易打滑。
(4) 使用时应将头部顶牢螺钉槽口,防止打滑而损坏槽口。

（5）不用小号螺丝刀拧旋大螺钉，否则不易旋紧，或将螺钉尾槽拧豁，或损坏螺丝刀头部。反之，也不能用大号螺丝刀拧旋小螺钉，防止因力矩过大而导致小螺钉滑丝。

2.1.2 电工刀

电工刀是一种切削工具，适用于装配维修工作中割削导线绝缘外皮，以及割削木桩和割断绳索等操作，其外形如图2-2所示。电工刀有普通型和多用型两种，按刀片尺寸可分为大号（112mm）和小号（88mm）两种。多用型电工刀除了刀片外，还有可收式的锯片、锥针和螺丝刀等。

使用电工刀时应注意以下几点。

（1）使用时切勿用力过大，以免不慎划伤手指和其他器具。

（2）使用时，刀口应朝外操作。

（3）电工刀的手柄一般不绝缘，严禁用电工刀进行带电操作。

图2-2 电工刀

2.1.3 剥线钳

剥线钳适用于剥削截面积 $6mm^2$ 以下绝缘导线的塑料或橡胶绝缘层，由钳口和手柄两部分组成，其外形如图2-3所示。上面有尺寸为 0.5～3mm 的多个直径切口，用于不同规格线芯的剥削。使用时，切口大小必须与导线芯线直径相匹配，过大则难以剥离绝缘层，过小则会损伤或切断芯线。

2.1.4 钢丝钳

钢丝钳又称克丝钳，一般有150mm、175mm、200mm三种规格，其外形如图2-4所示。其用途是夹持或折断金属薄板以及切断金属丝（导线）。电工用钢丝钳的手柄必须绝缘，一般钢丝钳的绝缘护套耐压为500V，只适用于在低压带电设备上使用。

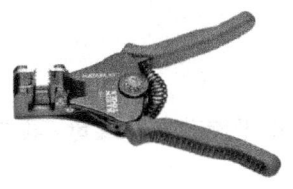

1—钳头；2—钳柄；3—钳口；4—齿口；
5—刀口；6—侧口；7—绝缘套

图2-3 剥线钳　　　　图2-4 钢丝钳

使用钢丝钳时应注意以下几点。

（1）使用钢丝钳时，切勿将绝缘手柄碰伤、损伤或烧伤，并注意防潮。

（2）钳轴要经常加油，防止生锈，保持操作灵活。

(3) 带电操作时，手与钢丝钳的金属部分要保持 2cm 以上的距离。
(4) 根据不同用途，选用不同规格的钢丝钳。

2.1.5 尖嘴钳

尖嘴钳的头部尖细，使用灵活方便。适用于狭小的工作空间或带电操作低压电气设备，也可用于电气仪表制作或维修、剪断细小的金属丝等，其外形如图 2-5 所示。电工维修时，应选用带有耐酸塑料套管绝缘手柄、耐压在 500V 以上的尖嘴钳,常用规格有 130mm、160mm、180mm、200mm 四种。

使用尖嘴钳时应注意以下几点。
(1) 不可使用绝缘手柄已损坏的尖嘴钳切断带电导线。
(2) 操作时，手离金属部分的距离应不小于 2cm，以保证人身安全。
(3) 因钳头部分尖细，又经过热处理，故钳夹物不可太大，用力切勿过猛，以防损坏钳头。
(4) 钳子使用后应清洁干净。钳轴要经常加油，以防生锈。

2.1.6 斜口钳

斜口钳又称断线钳，其头部扁斜，电工用斜口钳的钳柄采用绝缘柄，外形如图 2-6 所示，其耐压等级为 1000V。

斜口钳专供剪断较粗的金属丝、线材及电线电缆等。

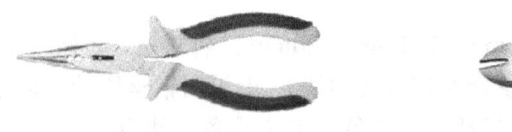

图 2-5 尖嘴钳　　　　　　　图 2-6 斜口钳

2.1.7 活络扳手

活络扳手的扳口可在规格范围内任意调整大小,用于旋动螺杆螺母，其结构如图 2-7(a) 所示。

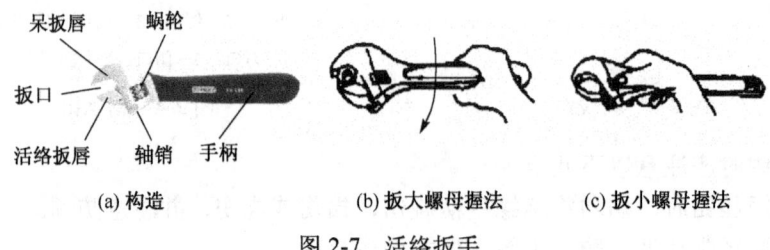

(a) 构造　　　　　　(b) 扳大螺母握法　　　(c) 扳小螺母握法

图 2-7 活络扳手

活络扳手规格较多，电工常用的有150mm×19mm、200mm×24mm、250mm×30mm等几种，前一个数表示体长，后一个数表示扳口宽度。扳动较大的螺杆螺母时，所用力矩较大，手应握在手柄尾部，如图2-7(b)所示。扳动较小的螺杆螺母时，为防止扳口处打滑，手可握在接近头部的位置，且用拇指调节和稳定螺杆，如图2-7(c)所示。

使用活络扳手旋动螺杆螺母时，必须把工件的两侧平面夹牢，以免损坏螺杆螺母的棱角。使用活络扳手时不能反方向用力，否则容易扳裂活络扳唇；不准用钢管套在手柄上作为加力杆使用，不准用作撬棍撬重物；不准把扳手当手锤，否则将会对扳手造成损坏。

2.1.8 验电笔

验电笔又称试电笔，有低压和高压之分。常用的低压验电笔是检验导线、电器和电气设备是否带电的常用工具，检测范围为60～500V，有钢笔式、螺丝刀式和组合式等多种。

低压验电笔由工作触头（笔尖）、降压电阻、氖泡、弹簧等部件组成，如图2-8所示。

(a) 钢笔式低压验电笔　　　　　　(b) 螺丝刀式低压验电笔

图2-8　低压验电笔

使用低压验电笔时应注意以下几点。

（1）使用时，先检查里面的部件是否齐全、有无安全电阻，再直观检查验电笔是否损坏，检查合格后才可使用。

（2）使用验电笔测量电气设备是否带电之前，先在已知电源部位检查一下氖泡是否能正常发光，如果正常发光，则可开始使用。

（3）多数验电笔前面的金属探头制成一物两用的小螺丝刀形状，使用时，如把验电笔当作螺丝刀使用，用力要轻，扭矩不可过大，以防损坏。

（4）使用完毕后，要保持验电笔清洁，放置在干燥、防潮、防摔碰的地方。

2.2　常用电工仪表

电工仪表在电气线路，以及用电设备的安装、使用与维修中起着重要的作用，常用的电工仪表有电流表、电压表、万用表、钳形电流表、兆欧表、功率表、电度表、转速表等多种。本节对它们的测量原理及使用方法分别进行分析和介绍。

2.2.1 电工仪表概述

1. 电工仪表的基本组成和工作原理

用来测量电流、电压、功率等电量的指示仪表,称为电工测量仪表。电工测量仪表通常由测量线路和测量机构两大部分组成,如图2-9所示。一般来说,被测量不能直接加到测量机构上。通常是将被测量转换成测量机构可以测量的过渡量,这个将被测量转换为过渡量的组成部分就是"测量线路"。将过渡量按某一关系转换成偏转角的机构叫"测量机构"。测量机构由活动部分和固定部分组成,是仪表的核心,其主要作用是产生使仪表的指示器偏转的转动力矩,以及使指示器保持平衡和迅速稳定的反作用力矩和阻尼力矩。

电工测量仪表的工作原理是:测量线路将被测电量或非电量转换成测量机构能直接测量的电量时,测量机构活动部分在偏转力矩的作用下偏转;同时,测量机构产生反作用力矩的部件所产生的反作用力矩也作用在活动部分上,当转动力矩与反作用力矩相等时,活动部分便停止下来。由于活动部分具有惯性,以至于它在达到平衡时不能迅速停止,仍在平衡位置附近来回摆动。因此,在测量机构中设置阻尼装置,依靠其产生的阻尼力矩使指针迅速停止在平衡位置上,指出被测量的大小。

图2-9 电工测量仪表基本组成框图

2. 常用电工仪表的分类

电工仪表种类繁多,按工作原理不同,可分为磁电式、电磁式、电动式、感应式等;按测量对象不同,可分为电流表(安培表)、电压表(伏特表)、功率表(瓦特表)、电度表(千瓦时表)、欧姆表及多用途的万用表等;按测量电流种类的不同,可分为单相交流表、直流表、交直流两用表、三相交流表等;按使用性质和装置方法的不同,可分为固定式(开关板式)、携带式;按测量准确度不同,可分为0.1、0.2、0.5、1.0、1.5、2.5、5.0共七个等级。

3. 电工仪表的精确度

电工仪表的精确度等级是指在规定条件下使用时,可能产生的基本误差占满刻度的百分数。它表示该仪表基本误差的大小。在前述的测量准确度的七个等级中,数字越小者,仪表精确度越高,基本误差越小。0.1~0.5级的仪表,精确度较高,常用于实验室作为校检仪表;1.5级以上的仪表,精确度较低,通常用于工程上进行检测与计量。

2.2.2 电流表

电流表是用来测量电路中的电流值的,按所测电流性质可分为直流电流表、交流电流

图 2-10 电流表

表和交直两用电流表。按其测量范围又有微安表、毫安表和安培表之分。按动作原理分为磁电式、电磁式和电动式等。

1. 电流表的选择

测量直流电流时，可使用磁电式、电磁式或电动式仪表，其中磁电式仪表使用较为普遍。测量交流电流时，可使用电磁式、电动式仪表，其中电磁式仪表使用较多。对于测量要求准确度高、灵敏度高的场合，如测量晶体管电路、控制电路时采用磁电式仪表。对于测量精度要求不严格、测量值较大的场合，如装在固定位置、监测电路工作时，常选择价格低、过载能力强的电磁式仪表。

在选择电流表形式的同时，还要考虑电流表的量程。电流表的量程要根据被测电流的大小来决定，要使被测电流值处于电流表的量程之内，应尽量使表头指针指到满刻度的 2/3 左右。在不明确被测电流大小的情况时，应先使用较大量程的电流表试测，以免因过载而损坏仪表。

2. 使用方法及注意事项

（1）一定要将电流表串接在被测电路中。

（2）测量直流电流时，电流表接线端的"＋"、"－"极性不可接错，否则可能损坏仪表。磁电式电流表一般只用于测量直流电流。

（3）应根据被测电流的大小选择合适的量程。对于有两个量程的电流表，它具有三个接线端，使用时要看清接线端量程标记，将公共接线端和一个量程接线端串联在被测电路中。

（4）选择合适的准确度以满足被测量的需要。电流表具有内阻，内阻越小，测量的结果越接近实际值。为了提高测量的准确度，应尽量采用内阻较小的电流表。

（5）在测量数值较大的交流电流时，常借助于电流互感器来扩大交流电流表的量程。电流互感器次级线圈的额定电流一般设计为 5A，与其配套使用的交流电流表量程也应为 5A。电流表指示值乘以电流互感器的变流比，为所测实际电流的数值。使用电流互感器时应让互感器的次级线圈和铁芯可靠接地，次级线圈一端不得加装熔断器，严禁使用时开路。

2.2.3 电压表

电压表是用来测量电路中的电压值的。按所测电压的性质分为直流电压表、交流电压表和交直两用电压表。按其测量范围又有毫伏表、伏特表之分。按动作原理分为磁电式、电磁式和电动式等。

1. 电压表的选择

电压表的选择原则和方法与电流表基本相同，主要从测量对象、测量范围、要求精度和仪表价格等几方面考虑。工厂内的低压配电线

图 2-11 电压表

路，其电压多为380V和220V，对测量精度要求不太高，所以一般多用电磁式电压表，选择量程为450V和300V。实验中测量和检查电子线路的电压时，因对测量精度和灵敏度要求高，故常采用磁电式多量程电压表，其中普遍使用的是万用表的电压挡，其交流测量是通过整流后实现的。

2. 使用方法及注意事项

（1）一定要使电压表与被测电路的两端相并联。

（2）电压表量程要大于被测电路的电压，以免损坏电压表。

（3）使用磁电式电压表测量直流电压时，要注意电压表接线端上的"+"、"-"极性标记。

（4）电压表具有内阻，内阻越大，测量的结果越接近实际值。为了提高测量的准确度，应尽量采用内阻较大的电压表。

（5）测量高电压时使用电压互感器。电压互感器的初级线圈并接在被测电路上，次级线圈额定电压为100V，与量程为100V的电压表相接。电压表指示值乘以电压互感器的变压比，为所测实际电压的数值。电压互感器在运行中要严防次级线圈发生短路，通常在次级线圈中设置熔断器作为保护。

2.2.4 数字万用表

数字万用表以其性能优良，价格较低而迅速流行起来，数字式万用表除了具有指针万用表的功能外，还可以用来测量电容、频率和温度等物理量，并且以数字形式显示读数，使用起来更加方便。从其外观上看，数字万用表的上部是液晶显示屏，中间部分是功能选择旋钮，下部是表笔插孔，分为"COM"，即公共端（或"–"端）和"+"端，还有一个电流插孔，测三极管β值插孔和测电容插孔，如图2-12所示。

数字万用表可以测量直流电压（DVC）、交流电压（ACV）、直流电流（DCA）、交流电流（ACA）、电阻（R）、电容（C）、温度（T）、频率（f）。功能强的数字万用表可以测电感（H）、可以产生信号。

数字万用表显示位数有$3\frac{1}{2}$位、$3\frac{2}{3}$位、$3\frac{3}{4}$位、$4\frac{1}{2}$位、$4\frac{3}{4}$位、$5\frac{1}{2}$位、$6\frac{1}{2}$位、$7\frac{1}{2}$位、$8\frac{1}{2}$位共九种显示量程。在显示位数中，**整数位表示最高显示位后面的显示位数**；分数中的分子表示最高显示位所能显示的数字，分母是最大极限量程显示的

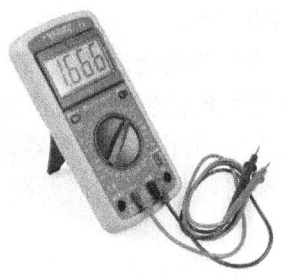

图2-12 数字万用表

数字。例如，3位中，分子中的2表示该数字万用表能显示0~2的数字，分母中的3表示最大极限量程为3000，整数3表示最高显示位有三位整数位，最大显示值为±2999。

数字万用表分辨率表示测量的精度，用数字万用表所能显示的最小数字与最大数字的百分比表示。例如，$3\frac{2}{3}$位的分辨率为1/2999（0.033%）。

1. 测量直流电压

数字万用表转换开关拨到"DCV"适合测量参数的挡位,黑表笔插入"COM"插孔,红表笔插入"V.Ω"插孔。直流电压 200 的单位是 mV,其他各挡单位是 V。直流电压最大测量挡是 1000V。液晶显示器显示 DC 字母。

2. 测量交流电压

数字万用表转换开关拨到"ACV"适合测量参数的挡位,红、黑表笔插孔位置和直流电压相同,交流电压最大测量挡是 750V。液晶显示器显示 AC 字母。

3. 测量直流电流和交流电流

数字万用表转换开关拨到测量直流电流"DCA"位置,交流拨至"ACA"位置。被测电流小于 200mA 时,红表笔插入"mA"插孔,黑表笔插入"COM"插孔,测量大于 200mA 的电流,红表笔插入"10A"插孔,显示值单位为 A。

4. 测量电阻

数字万用表转换开关拨到"Ω"挡适当量程,红表笔插入"V.Ω"插孔,200 挡单位是 Ω,2M 和 20M 单位是 MΩ,其他各挡显示值单位是 kΩ。

5. 测量三极管放大倍数(h_{FE})

确定三极管是"NPN"型或 PNP 型,将三极管引脚插入 e、b、c 插孔,转换开关拨到"h_{FE}"位置,液晶显示器显示三极管放大倍数,范围在 40~1000 之间。

6. 读数

测量时,数字万用表会出现跳数现象,等到液晶显示器所显示的数字稳定后再读数才能保证读数准确。测量中,若液晶显示器最高位显示"1",其他位无显示数字,是因为万用表量程小于实际测量值,应选择更高量程进行测量。

7. 选挡

测量电压和电流时,若不知道测量值的大概范围,应选择万用表最高挡测量,然后选择合适的量程。

8. 表笔位置

数字万用表红表笔插入"V.Ω"插孔(mA/V/Ω插孔),为高电位;黑表笔插入"COM"插孔,为低电位。测量交流电压时,应当用黑表笔接触被测交流电压的零线端,以消除仪表输入端分布电容的影响,减小测量误差。

2.2.5 钳形电流表

如果用电流表测量电流，需要将电路开路测量，这样很不方便，因此可以用一种不断开电路又能够测量电流的仪表，这就是钳形电流表。

1. 结构及工作原理

钳形电流表简称钳形表，其外形及结构如图 2-13 所示。测量部分主要由一只电磁式电流表和穿心式电流互感器组成。穿心式电流互感器的铁芯做成活动开口，且成钳形，故命名为钳形电流表。穿心式电流互感器的原边绕组为穿过互感器中心的被测导线，副边绕组则缠绕在铁芯上与电流表相连。旋钮实际上是一个量程选择开关，扳手用于控制穿心式电流互感器铁芯的开合，以便使其钳入被测导线。

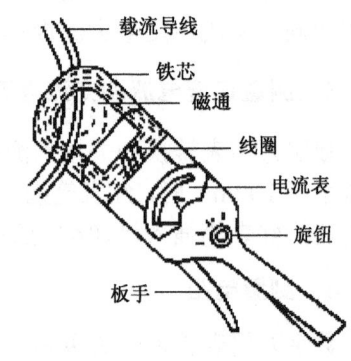

测量时，按动扳手，钳口打开，将被测载流导线置于穿心式电流互感器的中间，当被测载流导线中有交变电流通过时，交流电流的磁通在互感器副边绕组中感应出电流，使电磁式电流表的指针发生偏转，在表盘上可读出被测电流值。

图 2-13 钳形电流表的外形及结构

2. 使用方法

为保证仪表安全和测量准确，必须掌握钳形电流表的使用方法。

（1）测量前，应检查电流表指针是否在零位，否则进行机械调零。还应检查钳口的开合情况，要求活动部分开合自如，钳口结合面接触紧密。钳口上如有油污、杂物、锈斑，均会降低测量精度。

（2）测量时，量程选择旋钮应置于适当位置，以便测量时指针处于刻度盘中间区域，这样可减少测量误差。如果不能估计出被测电路电流的大小，可先将量程选择旋钮置于高挡位，再根据指针偏转情况将量程调到合适位置。

（3）如果被测电路电流太小，即使放到最低量程挡，指针的偏转都不大，则可将被测载流导线在钳口部分的铁芯上缠绕几圈后再进行测量，然后将读数除以穿入钳口内导线的圈数即为实际电流值。

（4）测量时，应将被测导线置于钳口内中心位置，这样可以减小测量误差。钳形电流表用完后，应将量程选择旋钮放至最高挡，防止下次使用时操作不慎而损坏仪表。

3. 多功能的钳形电流表

现在市场上数字的钳形电流表功能除了测量交流电流以外，还带有测量电压、电阻、三相电流的相序等功能，具体可以参照相应产品的说明书。

2.2.6 兆欧表

兆欧表也称绝缘电阻表,又称摇表,它是测量绝缘电阻最常用的仪表。它的计量单位是兆欧（MΩ）,故称兆欧表。

兆欧表主要用来测量绝缘电阻。一般用来检测供电电路、电动机绕组、电缆、电气设备等的绝缘电阻,以便检验其绝缘程度的好坏。它在测量绝缘电阻时本身就有高电压电源,这就是它与一般测电阻仪表的不同之处。兆欧表用于测量绝缘电阻既方便,又可靠。但是如果使用不当,它将给测量带来不必要的误差,必须正确使用兆欧表对绝缘电阻进行测量。

兆欧表的种类有很多,但其作用大致相同,常用 ZC11 型兆欧表的外形如图 2-14 所示。

图 2-14　ZC11 型兆欧表的外形

1. 兆欧表的选用

常用兆欧表的规格有 250V、500V、1000V、2500V、5000V 等。选用兆欧表时,主要考虑它的输出电压及测量范围。一般高压电气设备和电路的检测使用电压高的兆欧表,低压电气设备和电路的检测使用电压较低的兆欧表。测量 500V 以下的电气设备和线路时,选用 500V 或 1000V 兆欧表；测量瓷瓶、母线、刀闸等时,应选用 2500V 以上的兆欧表。

选择兆欧表的测量范围时,要使测量范围适合被测绝缘电阻的数值,不要使测量范围过多地超出所需测量的绝缘电阻值,否则将发生较大的测量误差。如表 2-1 所示是通常测量情况下兆欧表选择示例。

表 2-1　兆欧表选择示例

被测对象	被测设备或线路的额定电压/V	选用的兆欧表/V
线圈的绝缘电阻	500 以下	500
	500 以上	1000
电机绕组的绝缘电阻	380 以下	1000
变压器、电机绕组的绝缘电阻	500 以上	1000～2500
电气设备和电路的绝缘电阻	500 以下	500～1000
	500 以上	2500～5000

2. 测量前的检查

(1) 使用前应做开路和短路试验,检查兆欧表是否正常。将兆欧表水平放置,使 L、E 两接线柱处在断开状态,摇动兆欧表,正常时,指针应指到"∞"处；再慢慢摇动手柄,将 L 和 E 两接线柱瞬时短接,指针应迅速指向"0"。必须注意,L 和 E 短接时间不能过长,否则会损坏兆欧表。这两项都满足要求,说明兆欧表是好的,如图 2-15 所示。

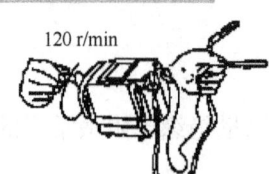 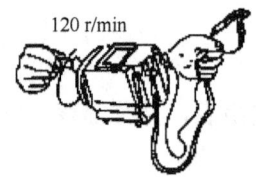

(a) 开路试验　　　　　　　　(b) 短路试验

图 2-15　兆欧表的开路和短路试验

（2）检查被测电气设备和电路，看是否已切断电源。绝对不允许带电测量。

（3）由于被测设备或线路中可能存在的电容放电危及人身安全和兆欧表，所以测量前应对设备和线路进行对地短路放电，这样也可减少测量误差。

（4）被测物表面要清洁，减少接触电阻，确保测量结果的准确性。

（5）兆欧表使用时应放在平稳、牢固的地方，且远离大的外电流导体和外磁场。

3. 绝缘电阻的测量方法

兆欧表有三个接线柱，上端两个较大的接线柱上分别标有"接地"（E）和"线路"（L），在下方较小的一个接线柱上标有"保护环"或"屏蔽"（G）。

（1）线路对地的绝缘电阻。

将兆欧表的"接地"接线柱（即 E 接线柱）可靠接地（一般接到某一接地体上），将"线路"接线柱（即 L 接线柱）接到被测线路上，如图 2-16(a)所示。连接好后，顺时针摇动手柄，转速逐渐加快，保持在约 120r/min 后匀速摇动，当转速稳定、表的指针也稳定后，指针所指示的数值即为被测物的绝缘电阻值。

实际使用中，E、L 两个接线柱也可以任意连接，即 E 可以与被测物相连接，L 可以与接地体连接（即接地），但 G 接线柱不能接错。

（2）测量电动机的绝缘电阻。

将兆欧表 E 接线柱接电动机的机壳（即接地），L 接线柱接电动机某一相的绕组上，如图 2-16(b)所示。连接好后，顺时针摇动手柄，转速逐渐加快，保持在约 120r/min 后匀速摇动，当转速稳定、表的指针也稳定后，指针所指示的数值即为电动机某一相绕组对机壳的绝缘电阻值。

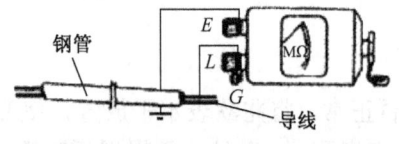 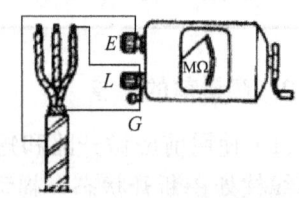

(a) 测量线路的绝缘电阻　　　(b) 测量电动机的绝缘电阻　　　(c) 测量电缆的绝缘电阻

图 2-16　兆欧表的接线方法

测量电动机绕组间的绝缘性能时,将兆欧表 E 接线柱和 L 接线柱分别接在电动机的两绕组间,测量所示值即为电机动机相间绝缘电阻值。

(3)测量电缆的绝缘电阻。

测量电缆的导电线芯与电缆外壳的绝缘电阻时,将接线柱 E 与电缆外壳连接,接线柱 L 与线芯连接,同时将接线柱 G 与电缆壳、芯之间的绝缘层连接,如图 2-16(c)所示。匀速摇动手柄,测出电缆的绝缘电阻。

4. 使用注意事项

(1)测量连接线必须用单根线,且绝缘良好,不得绞合,以免因绞合绝缘不良引起误差。表面不得与被测物体接触。

(2)兆欧表测量时应放在水平位置,并用力按住兆欧表,防止其在摇动中晃动,摇动的转速为 120r/min。如被测电路中有电容,摇动时间要长一些,待电容充电完成、指针稳定下来再读数。测量中,若发现指针归零,则应立即停止摇动手柄,以防表内线圈过热而烧坏。

(3)测量完后应立即对被测物放电(需 2~3min),在摇表的手柄未停止转动和被测物未放电前,不可用手触及被测物的测量部分或拆除导线,以防触电。

(4)禁止在雷电时或附近有高压导体的设备上测量绝缘电阻。

(5)兆欧表应定期校验,检查其测量误差是否在允许范围以内。

2.2.7 功率表

功率表又叫瓦特表、电力表,用于测量直流电路和交流电路的功率。在交流电路中,根据测量电流的相数不同,又有单相功率表和三相功率表之分。

因为功率测量与所测量段的电流、电压有关,因此,功率表主要由固定的电流线圈和可动的电压线圈组成,电流线圈与负载串联,电压线圈与负载并联。在它的指示机构中,除表盘外,还有阻尼器、螺旋弹簧、转轴和指针等。功率表常采用电动式仪表的测量机构,如图 2-17 所示。

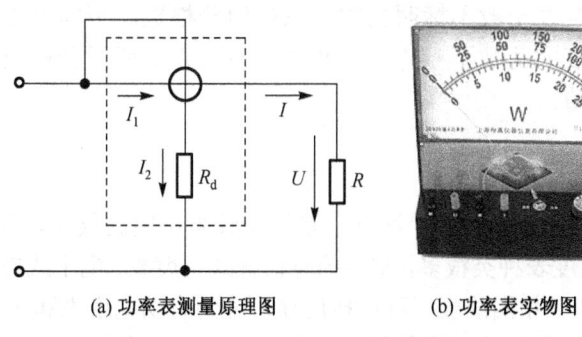

(a)功率表测量原理图　　(b)功率表实物图

图 2-17　功率表测量原理图

1. 直流电路功率的测量

用功率表测量直流电路的功率时，负载电流 I 等于电流线圈中流过的电流 I_1，负载电压 U 正比于流过电压线圈的电流 I_2。由电工学知识可知，电动式仪表用于直流电路测量时，指针偏转角正比于负载电压和电流的乘积。即：

$$\alpha \propto UI = P$$

可见，指针偏转角与直流电路负载的功率成正比，说明它可以量度直流功率。

2. 交流电路功率的测量

由于电压支路的附加电阻 R_d 在一定条件下比电压线圈的感抗大得多，因此，可以近似地认为流过电压线圈的电流 I_2 与负载电压 U 同相。与直流电路类似，负载电流 I 等于电流线圈中流过的电流 I_1，负载电压 U 正比于流过电压线圈的电流 I_2。由电工学知识可知，在交流电路中，电动式功率表指针的偏转角 α 与所测量的电压、电流，以及该电压、电流之间的相位差 Φ 的余弦成正比，即：

$$\alpha \propto UI\cos\Phi$$

可见，所测量交流电路的功率为所测量电路的有功功率。

3. 单相交流电路功率的测量

功率表的电流线圈、电压线圈各有一个端子标有"*"号，称为同名端。测量时，电接线与两只单相功率表测量三相三线制电路的功率相同，可直接用于测量三相三线制和对称三相四线制电路。

4. 使用注意事项

（1）选用功率表时，应使功率表的电流量程大于被测电路的最大工作电流，电压量程大于被测电路的最高工作电压。

（2）接线时，应注意功率表电流线圈和电压线圈标有"*"号的同名端的连接是否正确，测量前要仔细检查核对。

（3）功率表的表盘刻度一般不标明瓦数，只标明分格数。不同电压量程和电流量程的功率表，每个分格所代表的瓦数不一样。读数时，应将指针所示分格数乘以分格常数，才是被测电路的实际功率值。

2.2.8 电度表

电度表又称电能表、火表、千瓦小时计，是用于计量电能的仪表，即用它能测量某一段时间内所消耗的电能。电度表种类很多，常用的有机械式电度表、电子式电度表等；按结构分，有单相表、三相三线表和三相四线表三种；按用途可分为有功电度表和无功电度表两种。

用电量较大而又需要进行功率因数补偿的用户，必须安装无功电度表测量无功功率的应用情况。一般用户只安装有功电度表，其外形如图 2-18 所示。电度表常用的规格有 3A、5A、10A、25A、50A、75A 和 100A 等多种。

图 2-18　有功电度表外形

1. 机械式电度表

在机械表中，以交流感应式为多，它主要由励磁、阻尼、走字和基座等部分组成。其中励磁部分又分为电流和电压两部分，其构造和基本工作原理如图 2-19(a)所示。电压线圈是常通电流的，产生磁热 $\varPhi_U$，$\varPhi_U$ 的大小与电压成正比；电流线圈在有负载时才通过电流产生磁势 $\varPhi$，$\varPhi$ 与通过的电流大小成正比。在构造上，置 $\varPhi$ 于左右两点，而方向相反；同时，置 $\varPhi_U$ 于 $\varPhi$ 的两点中间，如图 2-19(b)所示；又置走字系统的铝盘于上述磁场中，因此铝盘切割上述三点交变磁场产生力矩而转动，转动速度取决于三点合力的大小。阻尼部分由永磁组成，避免因惯性作用而使铝盘越转越快，以及在负荷消除后阻止铝盘继续旋转。走字系统除铝盘外，还有轴、齿轮和计数器等部分。基座部分由底座、罩盖和接线桩等组成。

三相三线表、三相四线表的构造及工作原理与单相表基本相同。三相三线表由两组如同单相表的励磁系统集合而成，而由一组走字系统构成复合计数；三相四线表则由三组如同单相表的励磁系统集合而成，也由一组走字系统构成复合计数。

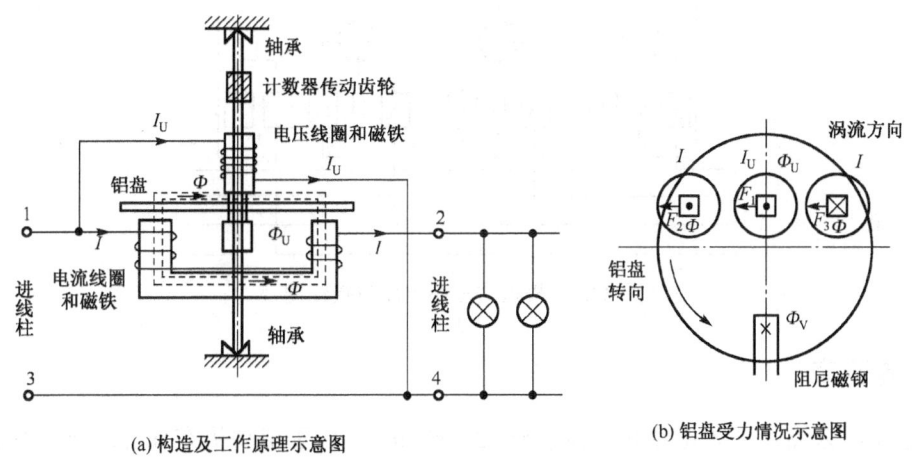

(a) 构造及工作原理示意图　　　　　(b) 铝盘受力情况示意图

图 2-19　交流感应式电度表结构及原理示意图

2. 电子式电度表

电子式电度表又称静止式电度表。与目前传统产品机械感应式电度表相比，电子式电度表具有准确度高、负载范围宽、功能扩展性强、能自动抄表、易于实现网络通信、防窃电等特点，便于大批量生产，在价格上也有较强的竞争优势，已逐步成为发展主流。各种新型电子式电度表在工业、农业、住宅建筑等领域获得了广泛的应用。

3. 机械式单相电度表的接线

在低压小电流线路中，电度表可直接接在线路上，如图 2-20 所示。电度表的接线端子盒盖上一般都给出了接线图。

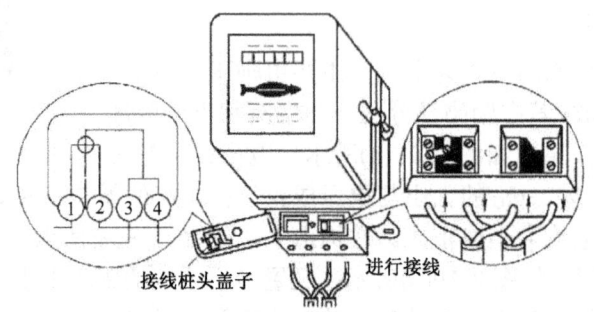

图 2-20　机械式单相电度表接线图

4. 机械式三相电度表的接线

在低压三相四线制线路中，通常采用三元件的三相电度表进行电能测量。若线路上的负载电流未超过电度表的量程，则可直接接在线路上，其接线如图 2-21 所示。

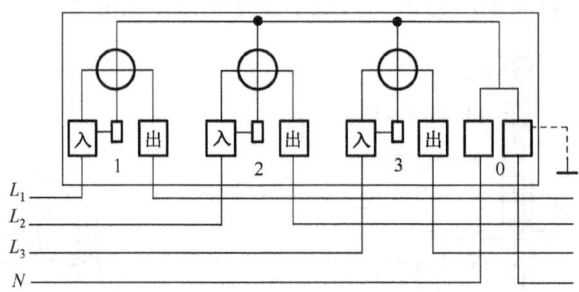

图 2-21　机械式三相电度表接线图

2.2.9　转速表

转速表用来测量各种电动机的旋转速度（r/min）。由于电动机在保养或维修后，其转速会因某种原因发生变化，可借助于转速表来测量其实际状况。测量方法是：选好转速表测量轴接头（由于各种电机转轴端部不同），估计转速，选好挡位（无法估计的把其拨到最高挡位位置），当电机旋转挡位为 1000～4000r/min，而指针指向"30"时，表明其转速为 3000r/min，读数按各表不同而定。要注意的是，不要乱选挡位，防止损坏表头，用完后应把挡位设在最高位置挡。

转速表按其结构可分为离心式和数字式两大类。由于离心式转速表具有成本低、坚固耐用等特点，故在维修中使用较为广泛。

1. 离心式转速表

（1）离心式转速表的结构。离心式转速表属于机械式仪表，它主要由机芯、变速器和指示器三部分组成，如图 2-22 所示。离心式转速表的工作原理是：重锤利用连杆与活动套环及固定套环连接，固定套环装在离心器轴上，离心器通过变速器（齿轮传动机构）从输入轴获得转速。另外还有传动扇形齿轮、游丝、指针等装置。整个离心式转速表的外形如图 2-23 所示。

（2）离心式转速表的量程。离心式转速表利用变速器改变转速表的量程，如 L2-30 型离心转速表就具有五个量程：30～120r/min、100～400r/min、300～1200r/min、1000～4000r/min、3000～12000r/min。在这种转速表的表盘上通常有两排刻度，分度盘的外圈柱为 3～12，内圈柱为 10～40，它分别适用于两组量程。

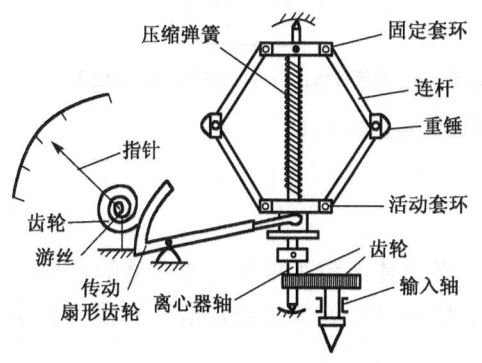
图 2-22 离心式转速表的结构

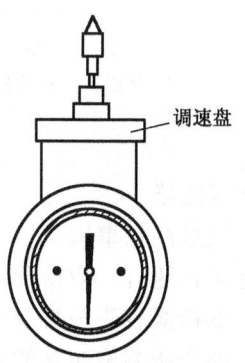
图 2-23 离心式转速表的外形

（3）离心式转速表的使用。

①转速表在使用前应加润滑油，可以从外壳和调速盘上的油孔注入。

②合理选择调速盘挡位，不能用低速挡去测量高速，若不知道被测转速的大致范围，可先用高速挡，然后逐渐减少，直至用相应的挡位进行测量。

③转速表轴与被测转轴接触时，应使两轴心对准，动作要缓慢，以两轴接触时不产生相对滑移为准，同时尽量使两轴保持在同一直线上。

④指针在固定位置不动时，测量值应为指针上的读数再乘以相应挡的倍数。

2. 数字式接触转速表

数字式接触转速表如图 2-24 所示。

（1）测量程序。

①以适当力度将橡胶头接触待测物轴心。

②测量时监视显示的测量值。

③待显示值稳定后，释放测量按钮，此时无显示值，但测量的最大值、最小值及最后一个显示值将自动记忆在仪表中。

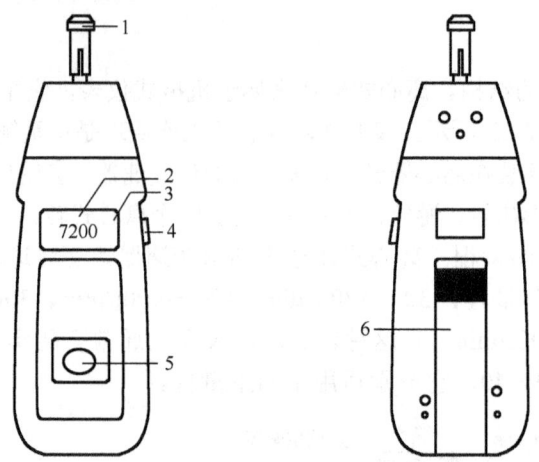

1—橡胶头；2—监视显示符号；3—显示器；4—测量按钮；5—记忆按键；6—电池盖

图 2-24 数字式接触转速表

④测量完毕。

（2）测量注意事项。

①测量转速时，为得到精确的测量值，必须使橡胶头轴线与待测体的轴线一致且用力要适当，保持橡胶头与待测转体同步旋转。用力过轻橡胶头会打滑，测量值会偏小；用力过大有可能会影响旋转体的转速。

②如果在很长一段时间内不使用该仪表，要将电池取出，以防电池腐烂而损坏仪表。

2.3 实 训 项 目

2.3.1 实训一：常用电工工具的使用

1. 实训目的

通过实物使用训练，使学生掌握电工工具的用途、结构以及正确的使用方法。

（1）学习低压验电笔、钢丝钳、尖嘴钳、螺丝刀的使用。

（2）学习电工刀、剥线钳的使用。

2. 实训器材与工具

（1）低压验电笔、钢丝钳、尖嘴钳、螺丝刀、电工刀、剥线钳各1把。

（2）直流稳压电源、三相四线制交流电源、橡皮绝缘垫。

（3）木板1块。

（4）木螺钉、塑料单芯导线若干。

3. 实训步骤

（1）用低压验电笔进行测试操作。

使用低压验电笔时，握笔方法要正确。手指应触及笔尾金属体，氖管小窗要背光朝向自己以便于观察辉光情况，使用前必须在确定有电处验证电笔是否完好方可使用。

①区别火线（相线）与零线。在交流电路中，当验电器触及导线时，氖管发亮的即是火线。正常情况下，零线是不会使氖管发亮的。

②区别电压的高低。测试时可根据氖管发亮的强弱来估计电压的高低。

③区别直流电与交流电。交流电通过验电笔时，氖管里的两个极同时发亮；直流电通过验电笔时，氖管里两个极只有一个极发亮。

④区别直流电的正负极。把验电笔连接在直流电的正负极之间，短暂发亮的一端即为直流电的负极。

（2）螺丝刀的基本练习。

①大螺丝刀的使用。大螺丝刀一般用来紧固较大的螺钉。使用时除大拇指、食指和中指要夹住握柄外，手掌还要顶住柄的末端，这样可以防止旋转时滑脱。

②小螺丝刀的使用。小螺丝刀一般用来紧固电气装置线桩头上的小螺钉。使用时可用大拇指和中指夹着握柄，用食指顶住柄的末端捻旋。

（3）钢丝钳的练习。

①进行弯绞导线练习。

②进行剪切导线练习。

③进行侧切钢丝练习。

④进行扳旋螺母练习。

（4）尖嘴钳的练习。将直径为1～2mm的单股导线弯成直径4～5mm的圆弧接线鼻子，练习在狭小的工作空间的操作。

（5）电工刀的练习。用电工刀对各种塑料单芯硬线做剖削练习（要求做到不剖伤芯线）。

（6）断线、剥线练习。用断线钳、剥线钳进行断线和剥线的练习。

4. 注意事项

（1）正确使用电工工具。

（2）注意安全。

（3）老师演示操作时，学生要集中精力注意听讲、观察。

2.3.2 实训二：常用电工仪表的使用

1. 实训目的

通过实物使用训练，使学生掌握电工仪表的用途、结构以及正确的使用方法。

（1）用万用表测量交流电压、直流电压、直流电流、电阻。
（2）用兆欧表测量三相异步电动机相间绝缘（相与相之间）及对地绝缘（即相对外壳）的绝缘电阻。
（3）用钳形电流表测量三相异步电动机空载运行时的启动电流和空载电流。
（4）用转速表测量三相异步电动机空载运行时的转速。

2. 实训器材与工具

（1）万用表、兆欧表、钳形电流表、转速表、电度表各1只。
（2）多绕组单相变压器（原边电压220V，副边电压36V、6V）1只。
（3）晶体管稳压电源、小型三相异步电动机各1台。
（4）各类电阻：1W10Ω、220Ω、1kΩ、12kΩ、150kΩ电阻各1只。
（5）连接导线若干。
（6）电工常用工具。

3. 实训内容

（1）万用表测量练习。
用万用表测量交流380V、220V、36V和直流3V、6V电压练习，测量若干直流电阻。
①把单相变压器接入220V交流电源后用万用表交流电压挡分别测量原、副边电压。
②调节稳压直流电源输出旋钮，分别输出30V、15V、3V直流电压，用万用表直流电压挡测量。
③把电阻10Ω、220Ω、1kΩ、12kΩ、150kΩ分别接于晶体管稳压电源输出直流3V电压上，用万用表直流电流挡测量通过各电阻的电流。
④用万用表电阻挡测量电阻。
⑤注意事项。
A．用万用表测量交流、直流电压，测量直流电流及电阻时，必须把转换开关拨到相应的测量挡，否则会损坏万用表。
B．测量交流220V电压时要注意安全操作，不能用手接触表笔导电部分。

（2）用兆欧表测量三相异步电动机相间绝缘及对地绝缘的绝缘电阻。
①测量前准备工作。
A．兆欧表应做开路和短路试验，检查兆欧表是否正常。
a．将兆欧表平稳地放置，以免在手柄摇动时因机身抖动和倾斜而产生测量误差。
b．开路试验：先将兆欧表的两接线端分开，摇动手柄，正常时兆欧表的指针应指向"∞"，如图2-15所示。
c．短路试验：先将兆欧表的两接线端短接，摇动手柄，正常时兆欧表的指针应指向"0"，如图2-15所示。

B．将三相异步电动机接线盒打开，拆除各相绕组连接片。利用万用表区分电动机的三相绕组 U、V、W。

②测量三相异步电动机相间绝缘及对地绝缘的绝缘电阻。

A．三相异步电动机对地绝缘电阻的测定。将兆欧表接线柱的 E 端接机壳，L 端接到电动机绕组上，如图 2-25(a)所示。线路接好后，按顺时针方向摇动兆欧表的发电机手柄，转速由慢到快，一般约 120r/min，待发电机速度稳定时，表针也稳定下来，这时表针指示的数值就是所测得的绝缘电阻值。

B．三相异步电动机相间绝缘电阻的测定。将兆欧表接线柱的 E 端和 L 端分别接到电动机绕组上，如图 2-25(b)所示。线路接好后，按顺时针方向摇动兆欧表的发电机手柄，转速由慢到快，一般约 120r/min，待发电机速度稳定时，表针也稳定下来，这时表针指示的数值就是所测得的绝缘电阻值。

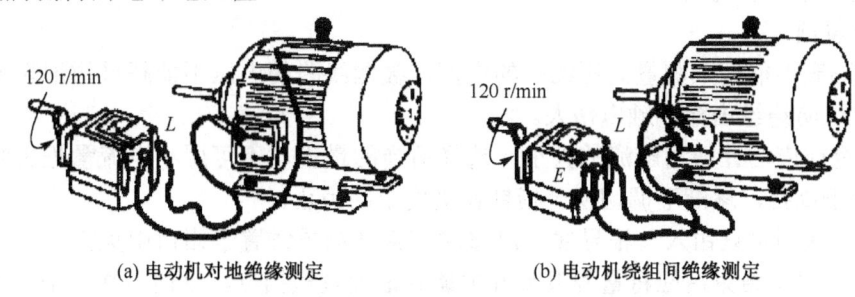

(a) 电动机对地绝缘测定　　　　(b) 电动机绕组间绝缘测定

图 2-25　三相异步电动机绝缘电阻的测定

C．用兆欧表分别测量电动机三相绕组 U、V、W 之间的绝缘电阻和 U、V、W 绕组对电动机外壳的绝缘电阻，测量结果填入表 2-2 中。

表 2-2　电动机绝缘电阻测量结果

对地绝缘电阻	绝缘电阻（MΩ）	相间绝缘电阻	绝缘电阻（MΩ）
U—地		U—V	
V—地		U—W	
W—地		V—W	

③注意事项。

A．手摇发电机要保持匀速，不可忽快忽慢而使兆欧表指针不停地摆动。

B．测量前要先切断被测设备的电源，并将设备的导电部分与大地接通，进行充分放电，以保证安全。

C．用兆欧表测量过的电气设备，也要及时接地放电，方可进行再次测量。

(3) 用钳形电流表测量三相异步电动机空载运行时的启动电流和空载电流。

①连接三相异步电动机绕组（丫或△连接），连接三相电源。

②用钳形电流表测量各相启动电流和空载电流，测量结果填入表 2-3 中。

将钳形表的量程开关转到合适量程，手持钳形表，用食指勾紧铁芯开关，以便打开铁芯，将三相异步电动机绕组一相电源线从铁芯开口引入到铁芯中央，然后放松铁芯开关的食指，铁芯自动闭合，被测导线的电流就在铁芯中产生交变磁力线，表上即感应出电流，这时可直接读取电流的数据。

A．启动电流的测量。

将钳形电流表拨到合适的挡位（按电动机额定电流值 5～7 倍估计），然后将电动机的一相电源线卡入钳形电流表中，检查安全后在电动机合上电源开关的同时立刻观察钳形电流表的读数（启动电流值）。

B．空载电流的测量。

电动机启动后，电动机做空载运转，将电动机电源线逐根卡入钳形电流表中，分别测量电动机的三相空载电流。

③注意事项。

A．钳形表不能用来测量高压线路的电流，被测线路的电压不能超过钳形表所规定的使用电压，以防绝缘击穿，触电伤人。

B．测量前应估计被测电流的大小，选择适当的量程，不可用小电流量程去测量大电流，宜先置于高挡，逐渐下调切换至指针在刻度中间为止。

C．每一次测量只钳入一根导线，测量时应将被测导线置于钳口中央部位，以提高测量的准确度。测量结束后应将量程调节开关调到最大量程挡位，以便下次安全使用。

D．电动机底座应固定好，合上电源前应做安全检查，运行中若电动机声音不正常或有过大的颤动，应马上将电动机电源关闭。

E．电动机短时间内多次连续启动会使电动机发热，因此应集中注意力观察启动瞬间的电流值，争取一次成功，测量完毕应马上将电动机电源开关断开。

（4）用转速表测量三相异步电动机空载运行时的转速。

用转速表测量电动机的转速并与电动机的额定转速进行比较，如图 2-26 所示。

用转速表测量电动机的转速时一定要注意安全。

表 2-3　电动机启动电流、空载电流、转速测量结果

	启动电流	空载电流
U 相（A）		
V 相（A）		
W 相（A）		
电动机转速	r/min	

图 2-26　测量电动机转速

第 3 章 电工用图的识读

电路和电气设备的设计、安装、调试与维修都要有相应的电工用图作为依据或参考。电工用图是根据国家制定的图形符号和文字符号标准，按照规定的画法绘制出的图纸。它是电气工程技术的语言，凡从事电气操作的人员，必须掌握电工用图的基本知识。

3.1 电工用图绘制标准

3.1.1 电工用图的分类

电工用图又叫电气图。电工用图的种类较多，通常有电气原理图、电气安装接线图、电气系统图、方框图、展开接线图、电器元件平面布置图或系统图等。本节将叙述在电气安装与维修中用得最多的电气原理图和电气安装接线图。

1. 电气原理图

电气原理图又称"电原理图"，它是用电气符号按工作顺序排画、详细表示电路中电气元件、设备、线路的组成以及电路的工作原理和连接关系，而不考虑电气元件、设备的实际位置和尺寸的一种简图。如图 3-1 所示为三相异步电动机点动正转控制线路的电气原理图。为了便于说明，暂在图中省略了边框线和图区编号。

2. 电气安装接线图

电气安装接线图是表示设备电气线路连接关系的一种简图。它是根据电气原理图和位置图编制而成的，主要用于电气设备及电气线路的安装接线、检查、维修和故障处理。在实际工作中，电气安装接线图可以与电气原理图、位置图配合使用。

电气安装接线图又可分为单元接线图、互连接线图、端子接线图等。

3.1.2 电工用图的要求

1. 电工用图中区域的划分

标准的电气图（电气原理图）对图纸的大小（即图幅）、图框尺寸和图区编号均有要求，如图 3-2 所示。

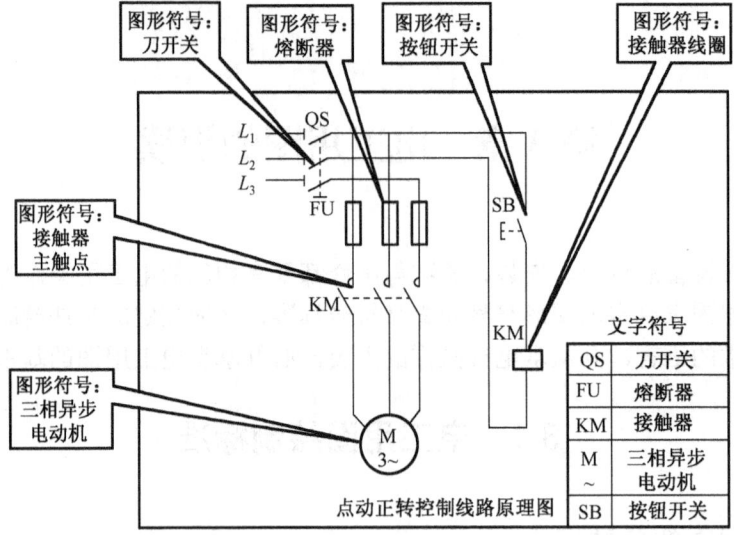

图 3-1 电气原理图

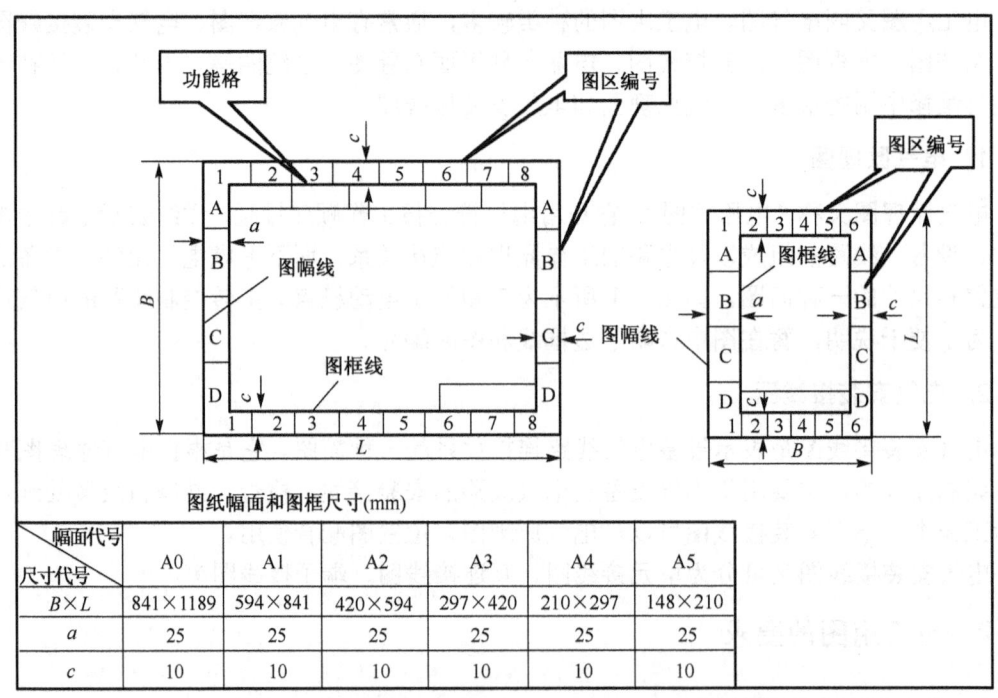

图 3-2 电气原理图中图幅、图框尺寸、图区编号的要求

电气图（电气原理图）的图幅和图框尺寸是一一对应的。图框线上、下方横向标有阿拉伯数字1、2、3等，图框线左、右方纵向标有大写英文字母A、B、C等，这些是图区编

号，是为了便于检索图中的电气线路或元件，方便阅读、理解全线路的工作原理而设置的，俗称"功能格"。

2. 电气图中符号位置的索引

为了便于查找电气图中某一元件的位置，通常采用符号索引来表示。符号位置索引是由图区编号中代表行（横向）的字母和代表列（纵向）的数字组合，必要时还需注明所在图号、页次。

3. 电气符号

在电气图（电气原理图）中的电气符号是国家统一规定的，它包括图形符号、文字符号和回路标号。

电气图图形符号是指用于电气图中的元器件或设备的图形标记，它是电气图组成的基本要素之一，熟悉图形符号是制图和识图的基础。

文字符号是表示电气设备、元器件种类及功能的字母代码。文字符号又分为基本文字符号和辅助文字符号。

回路标号主要用来表示各回路的种类及特征，通常由 3 位或 3 位以下数字组成，按照"等电位"的原则进行标注。所谓等电位原则，即回路上凡接在一点上的所有导线具有同一电位，标注相同的回路标号。所有线圈、绕组、触点、电阻、电容等元件所间隔的线段，应标注不同的回路标号。电气原理图中的回路上都标有文字标号和数字标号，它们是回路标号。

3.1.3 常用电器的图形符号与文字符号

电工用图是电气工程技术的通用语言。为了便于信息交流与沟通，在电工用图的控制电路中，各种电器元件的图形符号和文字符号必须统一，即符合国家强制执行的国家标准。

表 3-1 列出了部分常用电器的图形与文字符号。

表 3-1 常用电器的图形与文字符号

名称	图形符号	文字符号	名称	图形符号	文字符号
电阻	─▭─	R	半导体二极管	 ─▷├─	V
熔断器	 ▯	FU	接触器电路线圈	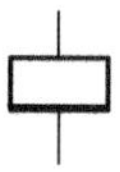 ▭	KM
线圈绕组	 ⌒⌒⌒		接触器的常开（动合）触头	 ╱	KM

续表

名称	图形符号	文字符号	名称	图形符号	文字符号
三相笼型电动机		M	接触器的常闭（动断）触头		KM
单极开关		Q	继电器的常开（动合）触头		符号与其电磁线圈相同
手动三极开关	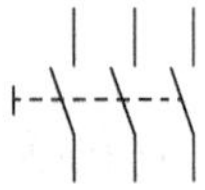	Q	继电器的常闭（动断）触头		
动合按钮		SB	延时断开的常开触头	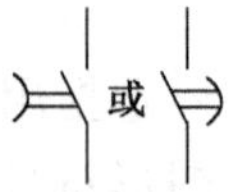 或	KT
动断按钮		SB	延时闭合的常开触头	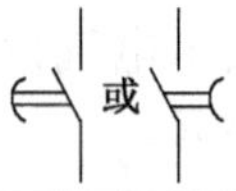 或	
动断动合按钮	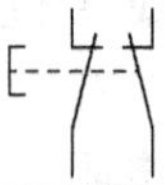	SB	延时闭合的常闭触头	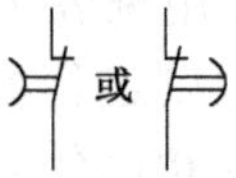 或	
欠压继电器电磁线圈	 U<	KA	延时断开的常闭触头	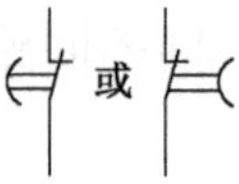 或	
过流继电器电磁线圈	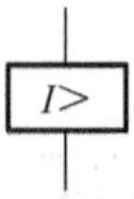 I>	KI	限位开关的动合触头		SQ
热继电器热元件	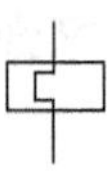	FR	限位开关的动合触头		SQ
热继电器的常开触头	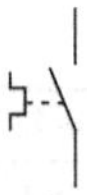	FR	信号灯		H

3.2 电工用图的识读

3.2.1 识读电气图的基本要求和步骤

识读电气图，应搞清识图的基本要求，掌握好识图的基本步骤，这样才能提高看图的水平，加快分析电路的速度。在初步掌握电气图的基本知识、熟悉电气图中常用的图形符号、文字符号、项目代号以及电气图的基本构成、分类、主要特点的基础上，本节讲述电气图的基本要求和基本步骤，为以后看图和绘制各类电气图提供总体思路和引导。

1. 识读电气图的基本要求

（1）从简单到复杂，循序渐进地看图。

本着从易到难、从简单到复杂的原则看图。复杂的电路都是简单电路的组合，从看简单的电路图开始，搞清每一电气符号的含义，明确每一电气元件的作用，理解电路的工作原理，为看复杂的电气图打下基础。

（2）应具有电工学、电子技术的基础知识。

电工学讲的主要就是电路和电器。电路又分为主电路和辅助电路等。主电路是电源向负载送电能的线路。主电路一般包括发电机、变压器、开关、熔断器、接触器主触头、电容器、电力电子器件和负载（如电动机、电灯）等。辅助电路一般包括继电器、仪表、指示灯、控制开关和接触器辅助触头等。通常，主电路通过的电流较大，导线线径较粗；而辅助电路中通过的电流较小，导线线径也较小。

在实际生产的各个领域中，所有电路如输电配电、电力拖动、照明、电子电路、仪器仪表和家电产品等，都是建立在电工、电子技术理论基础之上的。因此，要想准确、迅速地看懂电气图，必须具备一定的电工、电子技术基础知识，进而分析电路，理解图纸所包含的内容。如三相电动机的正转和反转控制，就是利用电动机的旋转方向是由三相电源的相序来决定的，用两个接触器进行切换，通过改变输入电动机的电源相序来改变电动机的旋转方向。

也可以结合电器元件的结构和工作原理看图。电路又有各种电器元件、设备或装置组成，如电子电路中的电阻、电容、各种晶体管等；供配电高/低压电路中的变压器、隔离开关、断路器、互感器、熔断器、避雷器以及继电器、接触器、控制开关；等等。必须掌握它们的用途、主要构造、工作原理及与其他元件的相互关系（如连接、功能及位置关系），才能真正看懂电路图。例如，KA、KT、KS 分别表示电流、时间、信号继电器，要看懂图，必须把这几种继电器的功能、主要构造（线圈、触头）、动作原理（如时间继电器的延时闭合）及相互关系搞清楚。又例如，要看懂电子电路的放大电路图，必须把双极型晶体管、晶闸管、电阻、电容的基本构造和工作原理弄懂。

（3）要熟记和会用电气图形符号和文字符号。

电气简图所用的图形符号和文字符号以及项目代号、接线端子标记等是电气技术文件的"词汇"，"词汇"掌握得越多，记得越牢，"文章"才能写得越好。图形符号和文字符号也一样，要做到熟记会用。

（4）熟悉各类电气图的典型电路。

典型电路一般是最常见、常用的基本电路。如电力拖动中的启动、制动、正反转控制电路，电子电路中的整流电路和放大、振荡、调谐等电路，都是典型电路。

不管多么复杂的电路,都是有典型电路派生而来的,或者是由若干典型电路组合而成的。掌握熟悉各种典型电路,有利于对复杂电路的理解,能较快地分清主次环节以及与其他部分的相互联系,抓住主要矛盾,从而看懂较复杂的电气图。

(5) 掌握各类电气图的绘制特点。

各类电气图都有各自的绘制方法和绘制特点。掌握了电气图的主要特点及绘制电气图的一般规则,例如,电气图的布局、图形符号及文字符号的含义、图线的粗细、主电路和副电路的位置、电气触头的画法、电气图与其他专业技术图的关系等,并利用这些规律,就能提高看图效率,进而自己也能设计制图。

(6) 把电气图与土建图、管路网等对应起来看。

电气施工往往与主题工程(土建工程)及其他,如工艺管道、给排水管道、采暖通风管道、通信线路、机械设备等安装工程配合进行。电气设备的布置与土建平面布置、立面布置有关,线路走向与建筑结构的梁、柱、门窗、楼板的位置、走向有关,还与管道的规格、用途、走向有关;安装方法又与墙体结构、楼板材料有关。特别是一些暗敷线路、电气设备基础及各种电气预埋件,更与土建工程密切相关。因此,阅读某些电气图还要与有关的土建图、管路图及安装图对应起来看。

(7) 了解涉及电气图的有关标准和规程。

看图的主要目的是用来指导施工、安装,指导运行、维修和管理。有些技术要求不可能一一在图样上反映出来,标注清楚。由于这些技术要求在有关的国家标准或技术规程、技术规范中已有了明确的规定,因而在读电气图时,还必须了解这些相关标准、规程、规范,这样才能真正读懂图。

2. 识读电气图的一般步骤

(1) 详读文件说明。

拿到电气图文件后,首先要仔细阅读图纸的主标题栏和有关说明,如图纸目录、技术说明、电器元件明细表、施工说明书等,结合已有的电工知识,对该电气图的类型、性质、作用有一个明确的认识,从整体上理解图纸的概况和所要表述的重点。

(2) 看概略图和框图。

由于概略图和框图只是概略表示系统的基本组成、相互关系及其主要特征,因此紧接着就要详细看电路图,才能搞清它们的工作原理。

(3) 看电路图是识读图的重点和难点。

电路图是电气图的核心,也是内容最丰富、最难读懂的电气图纸。

看电路图首先要看有哪些图形符号和文字符号,了解电路图各个组成部分的作用,分清主电路和辅助电路,以及交流回路和直流回路。其次,按照先看主电路,再看辅助电路的顺序进行。

看主电路时,通常要从下往上看,即先从用电设备开始,经控制电器元件,顺次往电源端看；看辅助电路时，则自上而下、从左至右看，即先看主电源，再顺次看各条支路，分析各条支路电器元件的工作情况及其对主电路的控制关系，注意电气与机械机构的连接关系。

通过看主电路，要搞清负载是怎样取得电源的，电源线都经过哪些电器元件到达负载和为什么要通过这些电器元件；通过看辅助电路，应搞清辅助电路的构成，各电气元件之间的相互联系和控制关系及其动作情况等。同时，还要了解辅助电路和主电路之间的相互关系，进而搞清楚整个电路的工作原理和来龙去脉。

（4）电路图与接线图对照起来看。

接线图和电路图互相对照，有助于搞清楚连接图。读接线图时，要根据端子标志和回路标号从电源端顺次查下去，搞清楚线路走向和电路的连接方法，以及每条支路是怎样通过各个电器元件构成闭合回路的。

3.2.2　电气原理图识图步骤和注意事项

电气原理图可分为主电路和辅助电路（又称为控制电路）两种电路。

（1）主电路。主电路是指给用电器（电动机、电弧炉）供电的电路，是受辅助电路控制的电路。主电路又称为主回路，主回路习惯用粗实线画在图纸的左边或上部，如图 3-3 中左边的电路，就是主电路。

（2）辅助电路。辅助电路是指给控制元件供电的电路，是控制主电路动作的电路，也可以说是给主电路发指令信号的电路。辅助电路又称为控制电路、控制回路等。辅助电路习惯用细实线画在图纸的右边或下部，如图 3-3 中右边的电路，就是辅助电路。

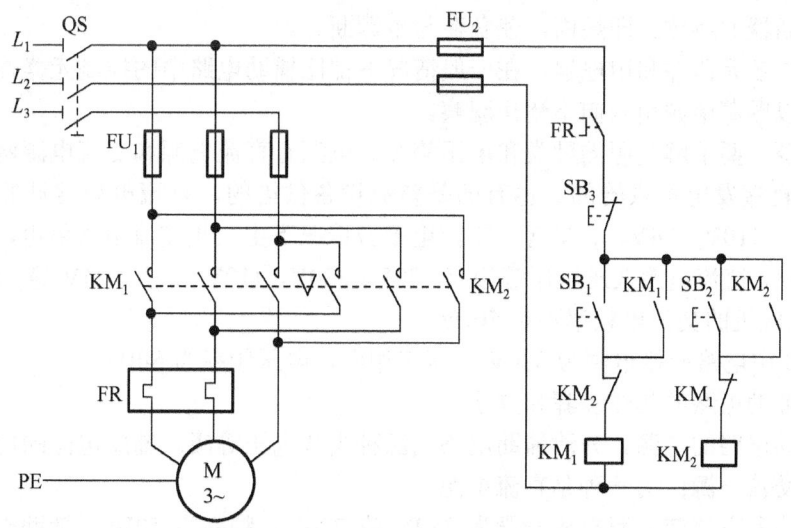

图 3-3　电动机正反转控制电路

1. 看电气原理图的步骤

要看懂电气原理图，必须在熟记电气图形符号所代表的电气设备基础上才能看懂原理图。看电气原理图的一般方法是：先看主电路各个回路中控制元件的动作情况，再研究辅助电路的控制情况。

(1) 看主电路的具体步骤。

①看用电器。用电器所在的电路是主电路。用电器是指消耗电能或者将电能转变为其他能量的电气设备、装置等，如电动机、电弧炉等。看图时要首先看清楚主电路中有几个用电器，它们的类别、用途、接线方式以及一些不同的要求等。如图3-3中的用电器是一台三相异步电动机M。

②要看清楚主电路中的用电器用什么样的控制元件控制，用几个控制元件控制。如图3-3中三相异步电动机正转和反转是受接触器控制的。

实际电路中对用电器的控制方法有很多种。有的用电器只用开关控制，有的用电器用启动器控制，有的用电器用接触器或其他继电器控制，有的用电器是用程序控制器控制，还有的用电器直接用功率放大集成电路控制。正因为用电器种类繁多，所以对用电器的控制方法就有很多种，这要求我们分析清楚主电路中的用电器与控制元件的对应关系。

③看清楚主电路除用电器以外的其他元器件，以及这些元器件所起的作用。例如，在图3-3中，主电路除用电器三相异步电动机外还有总电源开关QS、电热继电器（FR）和熔断器FU_1三个元件。开关QS是总电源开关，也就是使电路与电源相接通或断开的开关；电热继电器对电路起过载保护的作用，FU_1熔断器对电路起短路保护的作用，即电路发生短路时，熔断器的熔体立即熔断，使负荷与电源断开。

主电路中各元器件和用电器，在一般情况下都比辅助电路中的控制元器件要少。看主电路时，可以顺着电源引入向下逐次观察。

④看电源。要了解电源的种类和电压等级。电源有直流电源和交流电源两种类型。直流电有的是直流发电机供给的，也有的是整流设备供给的。直流电源常见的电压等级为660V、220V、110V、24V、12V等。交流电多数情况下由三相交流电网供电，有时也用交流发电机供电。交流电源低压电压等级有380V、220V、110V、36V、24V等，频率为50Hz（高频交流发电机的交流电频率不是50Hz）。

在图3-3中电路所接电源为380V交流三相电，电压频率为50Hz。

(2) 看辅助电路的具体步骤和方法。

①看辅助电路的电源。分清辅助电路电源种类和电压等级。辅助电源的电压等级有两种：一种是交流电源；另一种是直流电源。

辅助电路所有交流电源电压一般为380V或220V，频率为50Hz。辅助电路电源若是引自三相电源的两根相线，则电压为380V；若辅助电路电压取自三相电源的一根相线和一根零线,则电压为 220V;辅助电路电源若为直流,一般常用的直流电源电压等级有 110V、24V、12V 三种。

若在同一个电路中主电路电源为交流电源,而辅助电路电源为直流电源,一般情况下,辅助电路是通过整流装置(整流环节)供电的。若在同一个电路中主电路和辅助电路的电源都为交流电,则辅助电路电源一般引自主电路。在图 3-3 中,主电路和辅助电路电源都是交流电。辅助电路电源是从主电路总电源开关 QS 的下端引出的,辅助电路电源电压为 380V。

只有弄清楚辅助电路的电源种类和电压等级,才能合理地选择控制元件。如图 3-3 中的辅助电路电源为交流 380V,则控制元件的按钮开关电压应为交流 500V,控制元件的接触器线圈额定电压必须是 380V(俗称 380V 交流接触器)。由此可见,辅助电路中的控制元件所需的电源种类和电压等级必须与辅助电路的电源种类和电压等级一致。绝不允许将交流接触器、继电器等控制元件用于直流电路中,也不允许直流接触器、继电器等控制元件用于交流电路中。一旦将有线圈的交流控制元件误接于直流电路中,控制元件通电会立即使线圈烧毁;而误将有线圈的直流控制元件接入交流电路中,控制元件通电也不会正常工作。

②弄清辅助电路中每个控制元件的作用。弄清辅助元件电路中的控制元件对主电路用电器的控制关系是识电气图最关键的环节。可以说弄清了辅助电路各控制元件的作用和各控制元件对主电路用电器的控制关系,就是读懂了电气原理图。

辅助电路是一个大回路,而在大回路中经常包含着若干个小回路,在每个小回路中有一个或多个控制元件。一般情况下,主电路中用电器越多,则辅助电路的小回路和控制元件也就越多。在实际电路中,控制元件数都比主电路用电器数多。

在图 3-3 所示的电路中,辅助电路有两个回路,在此回路中有两个熔断器(FU_2)、三个按钮开关(SB)、两个交流接触器的线圈四个辅助触点、一个电热继电器的辅助触点等四种控制元件。熔断器 FU_2 是辅助电路短路保护用的;电热继电器 FR 是辅助电路过载保护用的。

按钮开关是控制交流接触器 KM 线圈通、断电的控制元件;按钮开关 SB_1 是控制交流接触器 KM_1 线圈通电的控制元件,使电动机正转;按钮开关 SB_2 是控制交流接触器 KM_2 线圈通电的控制元件,使电动机反转。

当将总电源开关 QS 闭合后,则主电路和辅助电路都与电源接通(即电路有电压,而无电流)。按下按钮开关 SB_1,其动合触点(主电路中的触点 KM_1)闭合,主电路的电动机 M 与电源接通启动运行。当松开按钮开关 SB_1 时,则 KM_1 动合辅助触点自锁保持连续转动。

同时动断辅助触点分断,切断反转控制电路,这就防止了在电动机正转时,误按了反转启动按钮 SB_2 而造成短路。

如果要电动机反转,必须先按停止按钮 SB_3,使正转接触器断电。再按反转启动 SB_2,使反转接触器 KM_2 各动合触点闭合,分别接通主电路和控制电路,使电动机反转。

当电路得电处于工作状态时,若辅助电路发生短路故障,会使熔断器 FU_2 先熔断,使接触器线圈失电,导致电动机 M 断电停止运行。若主电路发生故障,会使熔断器 FU_1 熔断,也会使辅助电路的接触器失电。在熔断器 FU_1 有两个熔体熔断时,电动机 M 定子绕组没有电流,电动机 M 立即停转。

综上所述,弄清电路中各控制元件的动作情况和对主电路中用电器的控制作用是看懂电气原理图的关键。

③研究辅助电路中各控制元件之间的制约关系。在电路中所有的电气设备、装置、控制元件都不是孤立存在的,而是相互之间都有密切联系的。有的元器件之间是控制与被控制的关系,有的是相互制约的关系,有的是联动的关系。在辅助电路中控制元件之间的关系也是如此。

2. 电气原理图识图的一般注意事项

电气原理图是电气图中使用最多的一种图,是学习电工电子技术、阅读电气图纸的基础。要搞清一张生产机械电气控制线路原理图,除了要对电机、电器等设备具有必要的知识外,识图时还应注意以下几点。

(1)了解生产机械设备的工艺过程。控制线路服务的对象及生产过程对控制线路提出的要求,要有一个生产机械动作顺序表。

(2)了解控制系统中各电机、电器的作用。一般控制系统图都附有电机、电器一览表,可以查出各电器元件的作用。同时还应搞清每个电机(或电磁阀)是由哪些接触器控制的。

(3)识图时要掌握控制电路编排上的特点。一般控制电路,其线路的排列常依据生产设备动作的先后次序由上到下并联排列,识图时也要逐行进行分析。

(4)在控制电路原理图中,同一个电器的线圈和触头用同一文字符号表示,但同一个电器的线圈和触头会分布在不同的支路中起到不同的作用。

接触器、电压、电流、时间继电器等,它们的触头的作用是依靠其吸引线圈通断电来实现的。但是还有一些电器,如按钮、行程开关、压力继电器、温度继电器等没有吸引线圈,只有触头,这些触头的动作是依靠外力或其他因素实现的。所以识图时应当特别注意,在控制电路中是找不到这些电器的吸引线圈的。

(5)电气原理图中的所有电器的触头均按其自然状态下的情况画出,但在识图时要注意有些触头的自然状态与实际工作情况不一定相符。例如,机械设备处于起始位置时,某些行程开关可能受到压力,动合触点已闭合,动断触头已断开。有些继电器的线圈在电源开关闭合时就已通电(这时主令电器并没发出命令)。因此,在识图时对这些问题也要加以注意。

3.2.3 电气接线图识图步骤和方法

首先明确电气接线图是依据相应电气原理图绘制而成的,电路接线后必须达到对应电气原理图所能实现的功能,这也是检查电路接线是否正确的唯一标准。

电气原理图以表明电气设备、装置和控制元件之间的相互控制关系为出发点,使人能明确分析电路工作为目标。电气接线图以表明电气设备、装置和控制元件的具体接线为出发点，以接线方便、布线合理为目标。电气接线图必须表明每条线所接的具体位置，每条线都有具体明确的线号。每个电气设备、装置和控制元件都有明确的位置，而且将每个控制元件的不同部件都画在一起，并且常用虚线框起来。电气辅助触点绘制于辅助电路，而其主触点则绘制于主电路中。如图 3-4 所示为电动机动点控制电路电气原理图，如图 3-5 所示为其电气接线图。

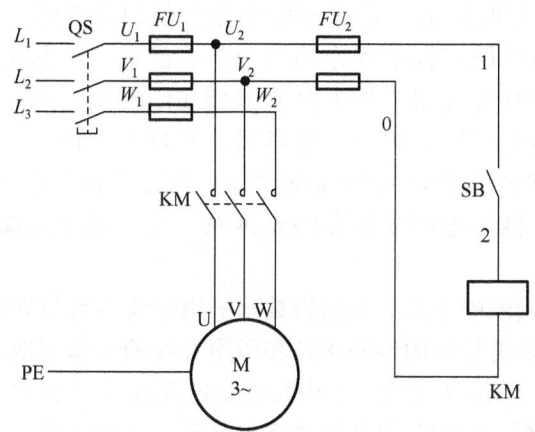

图 3-4　电动机点动控制电路电气原理图

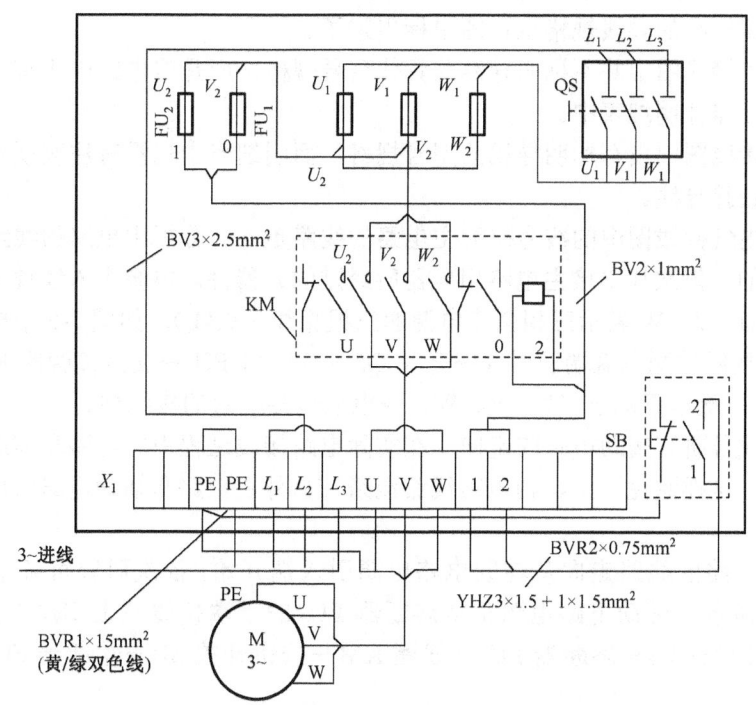

图 3-5　电动机点动控制电气接线图

读电气接线图，首先要搞懂电气原理图，结合电气原理图看电气接线图是读懂电气接线图的最好方法。

（1）分析清楚电气原理图主电路和辅助电路所含有的元器件，弄清楚每个元器件的动作原理。要特别弄清楚辅助电路控制元件之间的关系，弄清楚辅助电路中有哪些控制元件与主电路有关系。

（2）弄清楚电气原理图和电气接线图中元器件的对应关系。在电气原理图中元器件表示的图形符号都按照国家标准规定的图形符号绘制，但是电气原理图是根据电路工作原理绘制的，而电气接线图是按电路实际接线绘制的，这就造成对同一个元器件在两种图中方法上可能有区别。例如，接触器、继电器、电热继电器、时间继电器等控制器件，在电气原理图中将它们的线圈和触点画在不同的位置（不同支路），而在电气接线图中将同一个继电器的线圈和触点画在一起。可参见图 3-5 中的交流接触器 KM 的画法。

（3）弄清楚电气接线图中接线导线的根数和所用导线的具体规格。通过对电气接线图细致地观察、可以得出所需导线的准确根数和所用导线的具体规格。在电气接线图中每两个接线柱之间需要一根导线。如在图 3-5 中配电盘内部共有 17 根线，其中主电路导线有 12 根，辅助电路导线有 5 根。在电气接线图中应该标明导线的规格。如在图 3-5 中连接电源与开关的导线为 2.5 塑料绝缘导线（BV3×2.5 表示 3 根 2.5mm^2 塑料绝缘导线），辅助回路的导线规格和保护线的导线规格也在图中标出来了。

在很多电气接线图中并不标明导线的具体型号规格，而是将电路中所有元器件和导线型号规格列入元器件明细表中。

如果电气接线图中没有标明导线的型号规格，而明细表中也没有注明型号规格，这就需要接线人员选择导线。

（4）根据电气接线图中的线号研究主电路的线路走向。分析主电路的线路走向是从电源引入线开始的，依次找出接主电路用电器所经过的元器件。电源引入线规定的文字符号 L_1、L_2、L_3 或 U、V、W 表示三相交流电源的三根相线（火线）。如图 3-5 中电源到电动机 M 之间连接线要经过配电盘端子引入→开关 QS→熔断器 FU_1→交流接触器 KM 的主触点（三对主触点）→配电盘端子（U、V、W）→电动机接线盒的接线柱。

（5）根据线号研究辅助电路的走向。在实际电路接线过程中主电路和辅助电路是按先后顺序接线的，这样避免了主、辅电路线路混杂，另外主电路和辅助电路所用导线型号规格也不相同。

分析辅助电路的线路走向从辅助电路电源引入端开始，依次研究每条电路的线路走向。如图 3-5 所示，辅助电路电源是从熔断器 FU_1 的下端接线柱上 U_2、V_2 引出的。辅助电路线路走向是：U_2→熔断器 FU_2→线圈 KM→按钮开关 SB→熔断器 FU_2（另一个熔断器）→V_2。

3.3 电气照明图的识读

3.3.1 概述

电气照明施工图是电气照明工程施工安装依据的技术图样,包括电气照明供电系统图、电气照明平面布置图、非标准件安装制作大样图及有关施工说明、设备材料表等。

1. 电气照明供电系统图

电气照明供电系统图又称照明配电系统图,简称照明系统图,它是用国家标准规定的电气图用图形符号概略地表示电气照明系统的基本组成、相互关系及其主要特征的一种简图,最主要的是表示其电气线路的连接关系。

2. 电气照明平面布置图

电气照明平面布置图又称照明平面布线图,简称照明平面图,它是用国家标准规定的建筑和电气平面图图形符号及有关文字符号表示照明区域内照明灯具、开关、插座及配电箱等的平面位置及其型号、规格、数量、安装方式,并表示照明线路的走向、敷设方式及其导线型号、规格、根数等的一种技术图样。

3. 大样图

对于标准图集或施工图册上没有的需自制或有特殊安装要求的某些元器件,则需在施工图设计中提出其大样图。大样图应按制图要求以一定比例绘制,并标注其详细尺寸、材料及技术要求,便于按图制作施工。

4. 施工说明

施工说明只作为施工图的一种补充文字说明,主要是施工图上未能表述的一些特定的技术内容。

5. 设备材料表

通常按照明灯具、光源、开关、插座、配电箱及导线材料等,分门别类列出。表中需有编号、名称、型号规格、单位、数量及备注等栏。设备材料表是编制照明工程概(预)算的基本依据。

3.3.2 电气照明供电系统图

一次系统图能清楚地反映出电能输送、控制和分配的关系以及设备运行情况。它是作为供电规划与设计、进行有关电气数据计算、选择主要设备、进行日常操作维护和切换回路的主要依据。通过阅读一次系统图，能使人们了解整个电气工程的规模、电气工作量的大小，以及电气工程各部分的关系。

绘制电气照明供电系统图，必须注意以下几点。

（1）照明供电系统图的设计与绘制，必须遵循有关标准及关于照明供电的有关规定，并结合设计对象的照明要求，合理布线。

（2）照明供电系统图一般采用单线图形式绘制，并用短斜线在单线表示的线路上标出导线的根数。如果另用虚线表示中性线时，则在单线表示的相线线路上只用短斜线标出相线导线的根数，如图3-6(a)所示。必要时，照明供电系统图也可用多线图形式绘制，如图3-6(b)所示。

（3）用单线图绘制的照明供电系统图，通常着重表示其进出线，而线路上的控制和保护设备不一定一一绘出。用多线图绘制的照明供电系统图，通常全都绘出线路上的控制和保护设备。

（4）照明供电系统图应在对应的线路侧或有关图形符号旁，标注出线路、设备和灯具等的型号、规格和安装方式等。对于单相线路，可标示其相序（U、V、W或UN、VN、WN）。

（5）照明供电系统图上标注的各种文字符号和编号，应与照明平面布置图上标注的文字符号和编号一致。

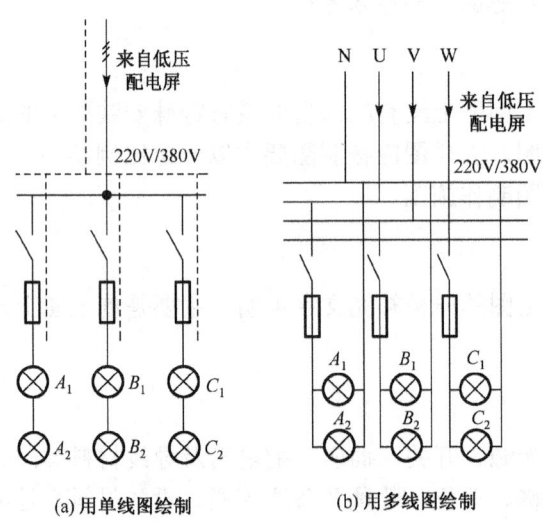

图 3-6 照明供电系统图

3.3.3 电气照明平面布置图

表示建筑物内动力、照明设备和线路平面布置的图样称为电气平面图，其中表示照明设备和线路的电气平面图称为电气照明平面图或照明平面图。照明平面图与照明原理图相比，画法简单明了，内容反映直观形象，因此在照明电路安装中应用广泛。通常，照明平面图按建筑物不同标高的楼层分别绘制，动力与照明部分一般是分开表示的。

1. 照明线路的表示方法

电力和照明线路在平面图上采用图线和文字符号相结合的方法表示线路的走向，导线的型号、规格、根数、长度，线路配线方式，线路用途等。

（1）文字符号表示。

文字基本上是按汉语拼音字母组合的，表 3-2 为常用照明线路文字含义。

表 3-2 常用照明线路文字含义

	名称	代号		名称	代号
线路敷设方式	明敷	M	线路敷设部位	沿墙面	QM
	暗敷	A		暗敷设在墙内	QA
	塑料阻燃管	PVC		暗敷设在地面或地板内	DA
	穿电线管	DG	线路功能	配电干线	PG
	穿硬塑料管	VG		照明分干线	MFG
	穿钢管	G		照明干线	MG
	瓷瓶或瓷珠	CP		电力干线	LG

（2）图形符号表示。

图形符号按照其形状投影测绘，表 3-3 为常用照明线路图形符号含义。

表 3-3 常用照明线路图形符号含义

图形符号	名称	图形符号	名称
▬	照明配电箱（板）画于墙外为明装，画于墙内为暗装	○	一般灯具
⏏	带接地插孔单相插座（暗装）	•\ •\	暗装单极和双极板把开关
∕∕∕	三根导线	─∕ⁿ─	n 根导线
kW·h	电能表	⋈	吊扇
├──┤	荧光灯	○	电风扇调速开关

（3）线路标注一般格式如下：

$$a–d(e\times f)–g–h$$

式中：a——线路编号或功能的符号；

d——导线型号；

e——导线根数；

f——导线截面积（mm^2），不同截面积应分别表示；

g——导线敷设方式的符号；

h——导线敷设部位的符号。

图 3-7 所示说明照明线路在平面图上的表示方法的示例。

"IMFG-BV-3×6+1×2.5-CP-QM"含义：第 1 号照明分干线（IMFG）；导线型号是铜芯塑料绝缘线（BV）；共有 4 根导线，其中 3 根为 6mm^2，另一根中性线为 2.5mm^2；配线方式为瓷瓶配线（CP）；敷设部位为沿墙明敷（QM）。

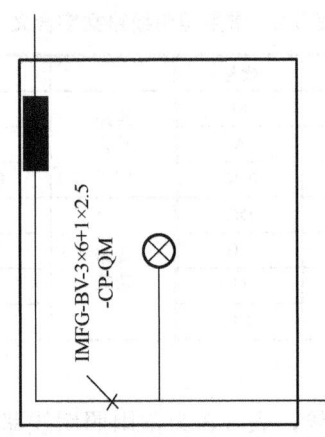

图 3-7 照明线路表示方法示例

2. 照明器具的表示方法

照明器具采用图形符号和文字标注相结合的方法表示。文字标注的内容通常包括电光源种类、灯具类型、安装方式、灯具数量、额定功率等。

电光源种类的代号见表 3-4。

表 3-4 电光源种类的代号

序号	电光源类型	代号		序号	电光源类型	代号	
		新标准	旧标准			新标准	旧标准
1	氖灯	Ne		7	电发光灯	EL	
2	氙灯	Xe		8	弧光灯	ARC	
3	钠灯	Na	N	9	荧光灯	FL	Y
4	汞灯	Hg	G	10	红外线灯	IR	
5	碘钨灯	I	L	11	紫外线灯	UV	
6	白炽灯	IN	B	12	发光二极管	LED	

常用灯具类型的符号见表 3-5。

灯具安装方式的符号见表 3-6。

第3章 电工用图的识读

表 3-5 常用灯具类型的符号

灯具名称	符号	灯具名称	符号
普通吊灯	P	工厂一般灯具	G
壁灯	B	荧光灯灯具	Y
花灯	H	隔爆灯	G 或专用代号
吸顶灯	D	水晶底罩灯	J
柱灯	Z	防水防尘灯	F
卤钨探照灯	L	搪瓷伞罩灯	S
投光灯	T	无磨砂玻璃罩万能型灯	WW

表 3-6 灯具安装方式的符号

安装方式	符号	安装方式	符号
自在器线吊式	X	弯 式	W
固定线吊式	X1	台上安装式	T
防水线吊式	X2	吸顶嵌入式	DR
人字线吊式	X3	墙壁嵌入式	BR
链吊式	L	支架安装式	J
管吊式	G	柱上安装式	Z
壁装式	B	座装式	ZH
吸顶式	D		

灯具标注的一般格式如下：

$$\text{Equation Section (Next)}\ a - b\frac{c \times d}{e} f$$

式中：a——某场所同类型照明器的个数；

b——灯具类型代号；

c——照明器内安装灯泡或灯管的数量；

d——每个灯泡或灯管的功率（W）；

e——照明器底部至地面或楼面的安装高度（m）；

f——安装方式代号。

例如：

$$6 - S\frac{1 \times 100}{2.5} L$$

这表示该场所安装 6 盏搪瓷伞罩（铁盘罩）灯（S）；每个灯具内装一个 100W 的白炽灯；安装高度为 2.5m；采用链吊式（L）方法安装。又如：

$$4 - YG\frac{2 \times 40}{-}$$

这表示 4 盏简式荧光灯（YG）；双管 2×40W 吸顶安装，安装高度不表示，即用符号"—"表示。

3.3.4 电气照明施工识图

我们常见到的是单母线放射式供电,比较适合于家庭用电负荷供电,家庭配电系统图如图 3-8 所示,图 3-9 所示为照明施工平面图。下面着重分析照明施工平面图的电气部分。

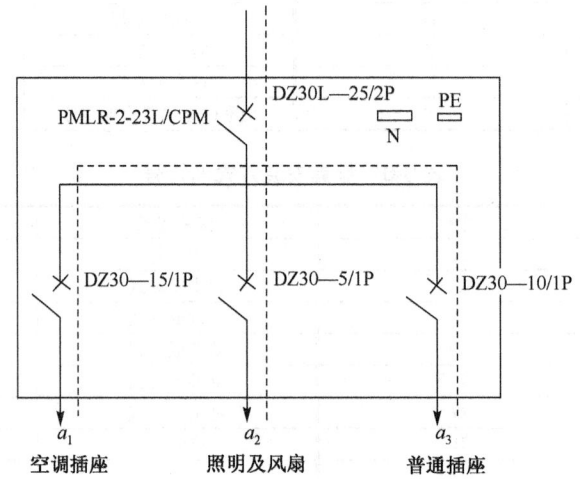

图 3-8 照明系统图

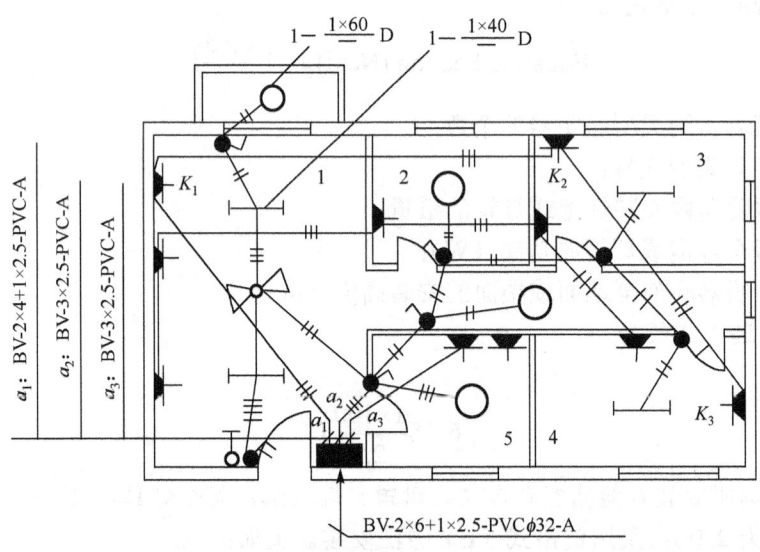

1—客厅;2—卫生间;3—主房;4—客房;5—厨房

图 3-9 照明施工平面图

(1)电源进线。标注 BV-2×6+1×2.5PVCϕ32-A,表示采用聚氯乙烯铜芯绝缘导线,截面为 $6mm^2$ 的 2 根,截面为 $2.5mm^2$ 的 1 根,采用直径为 32mm 的 PVC 管穿管暗敷。

（2）零线接法。结合电气系统图设有保护接地和零线接线板各一块，即 PE 和 N。照明线路为单相两线制，即 L、N，插座线路为单相二线制，即 L、N、PE。

（3）配线方式。室内配线为穿管暗敷，照明开关、插座均为暗装。

（4）主要用电电器。表 3-7 为主材表，它反映了主要用电电器的种类、型号、规格和数量。

表 3-7　主材表

名称	型号	数量
10A、250V 二极，三极插座	L-B3/06	7 个
16A、250V 带开关、带灯、三极扁脚插座	L-B3/08KD	3 个
半扁罩吸顶灯（白炽灯 PZ—60）	JXD3-2	4 个
10A、250V 一位单控开关	LB3/01	6 个
10A、250V 二位单控开关	LB3/01	1 个
单管荧光灯（荧光灯单管 1×40W）	YG2-1	4 个
吊扇	250V/48in	1 个
吊扇调速开关	250V/5 挡	1 个
暗装照明配电箱	PMLR-2-23L/CPM	1 个
两极漏电断路器	DZ30L-25/2P	1 个
单极断路器	DZ30-5/1P	1 个
	DZ30-10/1P	1 个
	DZ30-15/1P	1 个

（5）照明配电箱。配电箱的型号是 PMLR-2-23L/CPM，由二极漏电断路器、单极断路器、零线接线板、保护接地接线板等组成。

①主线路由进线引入，主控开关的型号为 DZ30L-25/2P，是两极、额定电流为 25A 的小型带漏电保护断路器。

②出线回路共 3 路，分别由 3 只单极保护型小型断路器控制。

DZ30-15/1P 断路器作为 a_1 空调线路插座的单极控制开关，额定电流为 15A。

DZ30-5/1P 断路器作为 a_2 照明及风扇线路的单极控制开关，额定电流为 5A。

DZ30-10/1P 断路器作为 a_3 插座线路的单极控制开关，额定电流为 10A。

（6）照明配线分析。

①a_1 线路。线路由配电箱引出至客厅空调插座，经过主房空调插座，再引至客房空调插座。线路标注 a_1：BV-2×4+1×2.5-PVC-A，表示该线路采用聚氯乙烯铜芯绝缘导线，截面为 4mm^2 的 2 根，截面为 2.5mm^2 的 1 根，采用 PVC 管穿管暗敷。供电插座为单相三极插座，型号是 AP86214-16，距地面 1.7m，主要为三部空调供电。

②a_2 线路。这是整套房的照明及吊扇线路，由配电箱引出到厨房，厨房设一吸顶灯，内置 60W 白炽灯泡，由单极单控灯开关控制，开关暗装于距地 1.3m 处。然后做两路分支，一支路到客厅吊扇、照明和阳台照明，灯具标注 $1-\dfrac{1\times 40}{-}D$ 表示该处有 1 组荧光灯灯具，

每组由一盏 40W 荧光灯组成，采用吸顶式安装，安装高度不表示；灯具标注 $1-\dfrac{1\times 60}{-}D$ 表示该处有 1 组吸顶灯，每组由一只 60W 的白炽灯组成，采用吸顶式安装，安装高度不表示。另一支路引至走道和卫生间，再由卫生间引至主房和客房的照明线路。线路标注 a_2：BV-3×2.5-PVC-A，表示该线路采用聚氯乙烯铜芯绝缘导线，3 根截面为 2.5mm^2，采用 PVC 管穿管暗敷。

③a_3 线路。这是整套房一般插座线路，线路由配电箱引出至厨房插座，经过客房、主房、卫生间最后到客厅插座。供电插座为单相二、三极插座，型号是 AP86214-16，距地面 0.3m。线路标注 a_3：BV-3×25-PVC-A，表示该线路采用聚氯乙烯铜芯绝缘导线，3 根截面为 25mm^2，采用 PVC 管穿管暗敷。

3.4　实　训　项　目

3.4.1　实训一：电气元器件的图形识别和画法

1．实训目的

（1）通过学习电气符号图样，掌握电气元件的图形画法。
（2）通过学习电气符号图样，掌握大型电气原理图的读图和分析方法。

2．实训材料

电气原理图若干张。

3．实训内容

（1）训练电气元器件的图形识别和画法。
（2）给定某电路图，读懂每个元器件图形所表示的元件名称，如图 3-10 所示。

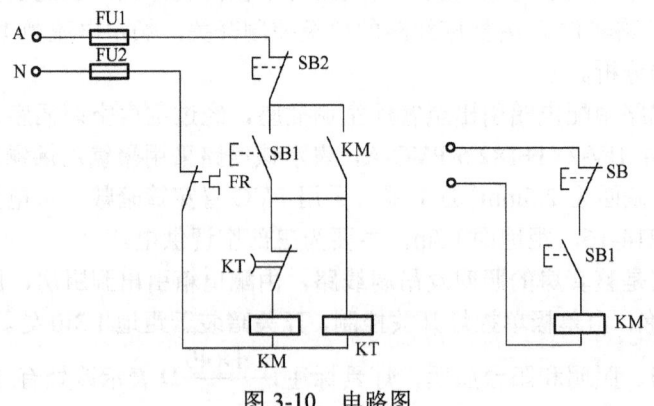

图 3-10　电路图

4. 实训要求

(1) 画出常用元器件图形符号，要注意工整和规范。
(2) 通过反复训练，能够基本读懂较大型的综合电气原理图。
(3) 识别和记忆常用元器件图形符号。
(4) 反复练习常用元器件图形符号的画法。

3.4.2 实训二：电工识图训练

1. 实训目的

学会识读较简单的电工用图（电气原理图和安装接线图）。

2. 实训内容

如图 3-11 所示为某车间照明电路图，请按照下面要求填表。

(1) 按照图纸列出所用器材的型号、规格，并在当地调查相应器材价格，进行器材支出预算，然后将所用器材及支出情况记入表 3-8 中。

表 3-8 车间照明工程器材预算表

序号	器材名称	型号规格	单位	数量	单价（元）	小计（元）	备注
1	配电箱						
2	进户线						
3	室内线						
4	瓷瓶						
5	电线管道						
6	控制开关						
7	灯泡						
8	灯头						
9	灯罩						
其采购之总金额							

(2) 敷线方式：将车间办公室和生产照明的安装要求和有关数据记入表 3-9 中。

表 3-9 车间照明灯具安装要求

照明种类 \ 安装要求	高度（m）	灯具数（套）	灯泡数量（每套）	灯泡容量	安装方式	灯具型号含义
办公照明						
生产照明						

(3) 实训用图如图 3-11 所示。

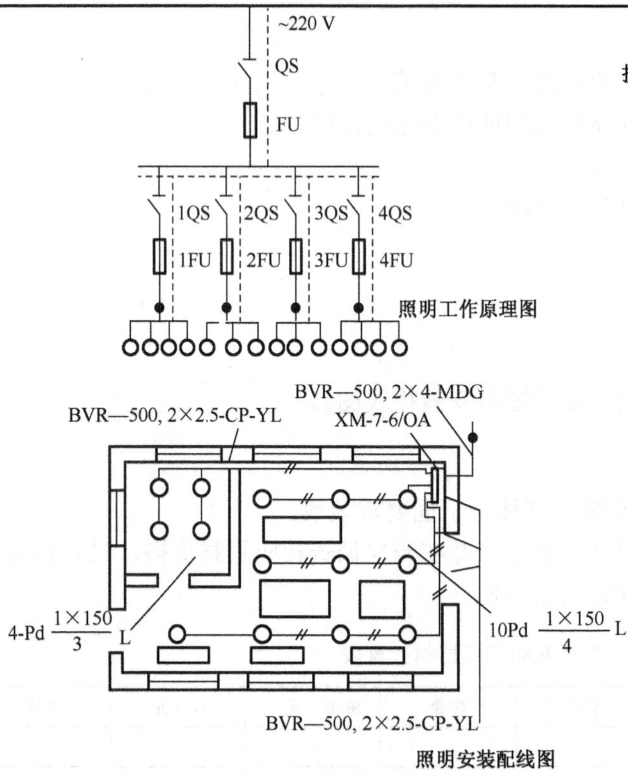

技术说明：

1. 说明供电电源由220V单相架空线引至车间，再穿电线管明敷进户
2. 照明配电箱外壳应采取保护接零

序号	名称	规格	单位	数量	备注
7	单联开关	200 V 5 A	只	14	
6	电线管	DG20	m	3	
5	瓷瓶	G-20	只	80	
4	导线	G-2×4	m	30	
3	导线	BLX 2×2.5	m	200	
2	白炽灯具	pd12×150 W	套	14	
1	配电箱	XM-7-6/OA	只	1	

审批		工作名称
校核		
制图		XX车间照明电路图
设计		图号

图 3-11　车间照明电路图

第 4 章　导线的连接

导线的连接，是电工最基本的技能之一。电气装修工程中，导线的连接是一种最基本而又最关键的操作工艺，导线的连接质量影响着线路和设备运行的可靠性和安全程度，线路的故障往往发生在导线接头处。安装的线路能否安全可靠地运行，在很大程度上取决于导线接头的质量。因此，了解一些导线的基本知识和正确掌握导线的连接方法非常重要。

4.1　导线的分类和结构

4.1.1　电磁线和电力线

导线分为两大类，即电磁线和电力线。电磁线用来制作各种绕组，如制作变压器、电动机和电磁铁中的绕组。电力线则用来将各种电路连接成通路。

电磁线按绝缘材料分，有漆包线、丝包线、丝漆包线、纸包线、玻璃纤维包线和纱包线等；按截面的几何形状分，有圆形和矩形两种；按导线线芯的材料分，有铜芯和铝芯两种。

电力线分为绝缘导线和裸导线两大类。

绝缘导线种类很多，常用的有塑料硬线、塑料软线、塑料护套线、橡皮线、棉线编织橡皮软线（即花线）、橡套软线和铅包线，以及各种电缆等。

常用的裸导线有铝绞线和钢芯铝绞线两种。钢芯铝绞线的强度较高，用于电压较高或挡距较大的线路上，低压线路一般多采用铝绞线。

4.1.2　常用绝缘导线的结构和应用

绝缘导线是指导体外表有绝缘层的导线，绝缘层的主要作用是隔离带电体或不同电位的导体，使电流按指定的方向流动。

（1）B 系列橡皮塑料电线。

常用的符号有 BV——铜芯塑料线，BLV——铝芯塑料线，BX——铜芯橡皮线，BLX——铝芯橡皮线。绝缘导线常用截面积有：$0.5mm^2$、$1mm^2$、$1.5mm^2$、$2.5mm^2$、$4mm^2$、$6mm^2$、$10mm^2$、$16mm^2$、$25mm^2$、$35mm^2$、$50mm^2$、$70mm^2$、$95mm^2$、$120mm^2$、$150mm^2$、$185mm^2$、$240mm^2$、$300mm^2$、$400mm^2$。

B 系列的电线结构简单，电气和机械性能好，广泛用作动力、照明及大中型电气设备的安装线，交流工作电压为 500V 以下。

（2）R 系列橡皮塑料软线。

R 系列软线的线芯由多根细铜丝绞合而成，除具有 B 系列电线的特点外，还比较柔软，广泛用于家用电器、小型电气设备、仪器仪表及照明灯线等。

此外还有 Y 系列通用橡套电缆，该系列电缆常用于一般场合下的电气设备、电动工具等的移动电源线。

4.2 导线的连接

在电气安装与线路维护工作中，因导线长度不够或线路有分支，需要把一根导线与另一根导线连接起来，再把最终出线与用电设备的端子连接，这些连接点通常称为接头。

绝缘导线的连接方法很多，有铰接、焊接、压接和螺栓连接等，各种连接方法适用于不同导线及不同的工作地点。

绝缘导线的连接无论采用哪种方法，都不外乎下列四个步骤。

（1）剖削绝缘层。

（2）导线线芯连接。

（3）接头焊接或压接。

（4）恢复绝缘层。

对导线连接的要求是：电接触性好，接头美观，机械强度强且绝缘强度高，能够在有害气体长期腐蚀条件下使用。

4.2.1 导线绝缘层的剖削

导线线头绝缘层的剖削是导线加工的第一步，是为以后导线的连接作准备。电工必须学会用电工刀、钢丝钳或剥线钳来剖削绝缘层。

线芯截面在 4mm^2 以下电线绝缘层的处理可采用剥线钳，也可用钢丝钳。

无论是塑料单芯电线，还是多芯电线，线芯截面在 4mm^2 以下的都可用剥线钳操作，且绝缘层剖削方便快捷。橡皮电线同样可用剥线钳剖削绝缘层。用剥线钳剖削时，先定好所需的剖削长度，把导线放入相应的刃口中，用手将钳柄一握，导线的绝缘层即被割破自动弹出。需注意，选用剥线钳的刃口要适当，刃口的直径应稍大于线芯的直径。

1. 塑料硬线绝缘层的剖削

（1）用钢丝钳剖削塑料硬线绝缘层。线芯截面为 4mm^2 及以下的塑料硬线，一般用钢丝钳进行剖削。剖削方法如下所述。

①用左手捏住导线,在需剖削线头处,用钢丝钳刀口轻轻切破绝缘层,如图 4-1(a)所示,但不可切伤线芯。

②用左手拉紧导线,右手握住钢丝钳头部用力向外勒去塑料层,如图 4-1(b)所示。

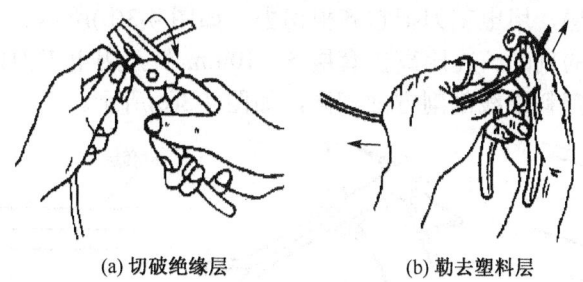

(a) 切破绝缘层　　　　　(b) 勒去塑料层

图 4-1　钢丝钳剖削塑料硬线绝缘层示意

在勒去塑料层时,不可在钢丝钳刀口处加剪切力,否则会切伤线芯。剖削出的线芯应保持完整无损,如有损伤,应剪断后重新剖削。

(2)用电工刀剖削塑料硬线绝缘层。线芯面积大于 $4mm^2$ 的塑料硬线,可用电工刀来剖削绝缘层,方法如下所述。

①在需剖削线头处,用电工刀以 45°角倾斜切入塑料绝缘层,注意刀口不能伤着线芯,如图 4-2(a)、(b)所示。

②刀面与导线保持 25°角左右,用刀向线端推削,只削去上面一层塑料绝缘,不可切入线芯,如图 4-2(c)所示。

③将余下的线头绝缘层向后扳翻,把该绝缘层剥离线芯,如图 4-2(d)所示,再用电工刀切齐。

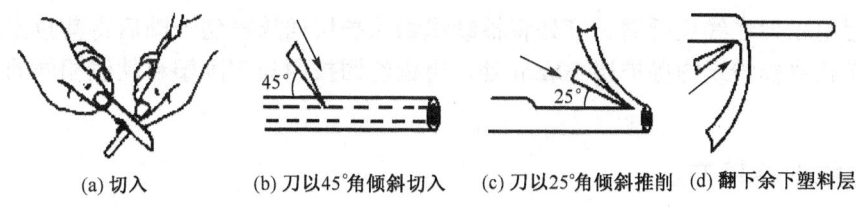

(a) 切入　　(b) 刀以45°角倾斜切入　　(c) 刀以25°角倾斜推削　(d) 翻下余下塑料层

图 4-2　电工刀剖削塑料硬线绝缘层示意

2. 塑料软线绝缘层的剖削

塑料软线绝缘层用剥线钳或钢丝钳剖削。剖削方法与用钢丝钳剖削塑料硬线绝缘层的方法相同。不可用电工刀剖削,因为塑料软线由多股铜丝组成,用电工刀容易损伤线芯。

3. 塑料护套线绝缘层的剖削

塑料护套线具有两层绝缘:护套层和每根线芯的绝缘层。塑料护套线绝缘层用电工刀剖削,方法如下所述。

（1）护套层的剖削方法。

①在线头所需长度处，用电工刀的刀尖对准护套线中间线芯缝隙处划开护套层，如图 4-3(a)所示。如偏离线芯缝隙处，电工刀可能会划伤线芯。

②向后扳翻护套层，用电工刀把它齐根切去，如图 4-3(b)所示。

（2）内部绝缘层的剖削。在距离护套层 5～10mm 处，用电工刀以 45°角倾斜切入绝缘层，其剖削方法与塑料硬线剖削方法相同，如图 4-3(c)所示。

(a) 用刀尖在线芯缝隙处划开护套层　　(b) 扳翻护套层并齐根切去　　(c) 剖削好的护套线

图 4-3　塑料护套线绝缘层的剖削

4. 橡皮线绝缘层的剖削

在橡皮线绝缘层外还有一层纤维编织的保护层，其剖削方法如下：

（1）把橡皮线纤维编织保护层用电工刀尖划开，将其扳翻后齐根切去，剖削方法与剖削护套线的保护层方法类同。

（2）用与剖削塑料线绝缘层相同的方法削去橡胶层。

（3）最后松散棉纱层到根部，用电工刀切去。

5. 花线绝缘层的剖削

（1）用电工刀在线头所需长度处将棉纱织物保护层四周割切一圈后将其拉去。

（2）在距离棉纱织物保护层 10mm 处，用钢丝钳按照与剖削塑料软线相同的方法勒去橡胶层。

4.2.2　导线的连接方法

当导线不够长或要分接支路时，就需要把一根导线与另一根导线连接起来，常用铜芯导线的线芯规格有单股、7 股和 19 股等多种，线芯股数不同，其连接方法也不同。

1. 铜芯导线的连接

（1）单股铜芯导线直接连接。

①先将两导线端去其绝缘层后作 X 相交，如图 4-4(a)所示。

②互相绞合 2～3 圈后扳直，如图 4-4(b)所示。

③两线端分别紧密向芯线上并缠绕 6 圈，多余线端剪去，钳平切口，如图 4-4(c)所示。

第4章 导线的连接

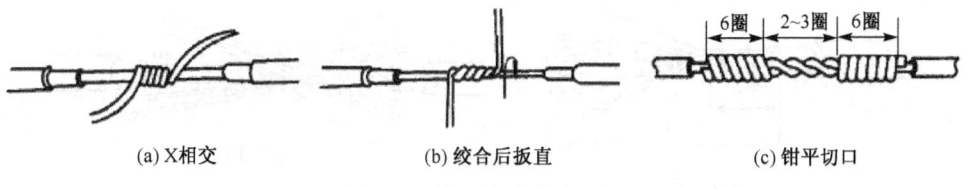

(a) X相交　　　　　(b) 绞合后扳直　　　　　(c) 钳平切口

图 4-4　单股芯线直接连接

（2）单股铜芯导线 T 字分支连接。

将两导线剥去绝缘层后，支线端和干线十字相交后缠绕干线 1 圈，将支线端围本身线缠绕 1 圈，收紧线端向干线并缠绕 6 圈，剪去多余线头，钳平切口，如图 4-5(a)所示。如果连接导线截面较大，两芯线十字相交后，直接在干线上紧密缠绕 8 圈后去除余线即可，如图 4-5(b)所示。

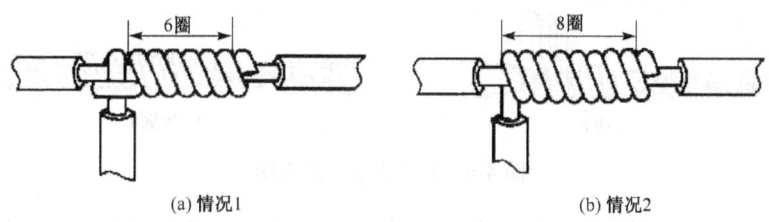

(a) 情况1　　　　　　　　　(b) 情况2

图 4-5　单股线 T 字连接

（3）7 股铜芯导线的直接连接。

①先将除去绝缘层的两根线头分别散开并拉直，在靠近绝缘层的 1/3 线芯处将该段线芯绞紧，把余下的 2/3 线头分散成伞骨状，如图 4-6(a)所示。

②两个分散的线头隔根对叉，如图 4-6(b)所示。然后放平两端对叉的线头，如图 4-6(c)所示。

③把一端的 7 股线芯按 2、2、3 股分成三组，把第一组的 2 股线芯扳起，垂直干线头，如图 4-6(d)所示。然后按顺时针方向紧密缠绕 2 圈，将余下的线芯向右与线芯平行方向扳平，如图 4-6(e)所示。

④将第二组 2 股线芯扳成与线芯垂直方向，如图 4-6(f)所示。然后按顺时针方向紧压着前两股扳平的线芯缠绕 2 圈，也将余下的线芯向右与线芯平行方向扳平。

⑤将第三组 3 股线芯扳于线头垂直方向，如图 4-6(g)所示。然后按顺时针方向紧压线芯向右缠绕。

⑥缠绕 3 圈后，切去每组多余的线芯，钳子线端如图 4-6(h)所示。

⑦用同样的方法再缠绕另一边线芯。

（4）7 股铜芯导线的 T 字分支连接。

①在支线留出的连接线头 1/8 根部进一步绞紧，余部分散，支线线头分成两组，四根一组地插入干线的中间（干线分别以 3、4 股分组，两组中间留出插缝），如图 4-7(a)所示。

67

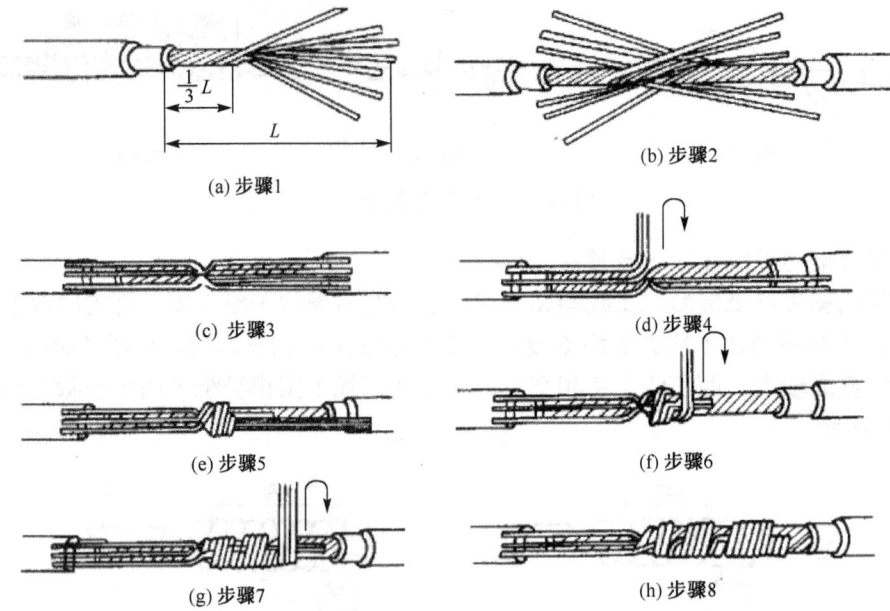

图 4-6　7 股芯线直接连接

②将 3 股芯线的一组往干线一边按顺时针缠绕 3~4 圈，剪去余线，钳平切口，如图 4-7(b)所示。

③另一组用相同的方法缠绕 4~5 圈，剪去余线，钳平切口，如图 4-7(c)所示。

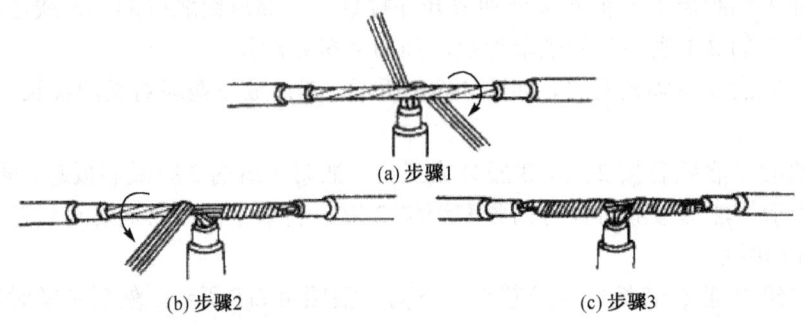

图 4-7　7 股芯线 T 字分支连接

（5）19 股铜芯导线的直接连接。

19 股铜芯导线的连接方法与 7 股铜芯导线的连接方法基本相同。若芯线太多，可剪去中间的几股芯线，缠绕后，在连接处尚需进行钎焊，以增强其机械强度和改善导电性能。

（6）19 股铜芯导线的 T 字分支连接。

19 股铜芯导线的 T 字分支连接与 7 股铜芯导线的 T 字分支连接基本相同。只是将支路导线的芯线分成 9 股和 10 股，并将 10 股芯线插入干线芯线中，分开向干线左右缠绕。

2. 线头与平压式接线桩的连接

平压式接线螺钉利用半圆头、圆柱头或六角头螺钉加垫圈将线头压紧,完成电连接。对载流量小的导线多采用半圆头接线螺钉,如常用的拉线开关、插座、普通灯头、吊线盒等。载流量稍大的导线采用其他两种形式的接线螺钉。

小载流量导线与半圆头接线螺钉的连接方法:载流量较小的单股芯线必须将线头按螺钉旋紧方向弯成接线圈,如图 4-8 所示,再用螺钉压接。

(1)用尖嘴钳按紧固螺钉的直径大小剥去绝缘层,在离导线绝缘层根部约 3mm 处向外侧折角成 90°,如图 4-8(a)所示。

(2)用尖嘴钳夹持导线端部按略大于螺钉直径弯曲圆弧,如图 4-8(b)所示。

(3)剪去芯线余端,如图 4-8(c)所示。

(4)修正圆圈致圆。把弯成的圆圈套在螺钉上,圆圈上加合适的垫,拧紧螺钉,通过垫圈压紧导线,如图 4-8(d)所示。

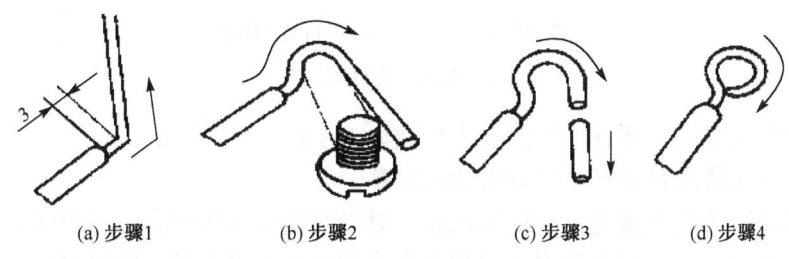

图 4-8 单股芯线连接方法

载流量较小的截面不超过 10mm² 的 7 股及以下导线的多股芯线,也可将线头制成压接圈,采用如图 4-9 所示多股芯线压接圈的做法实现连接。

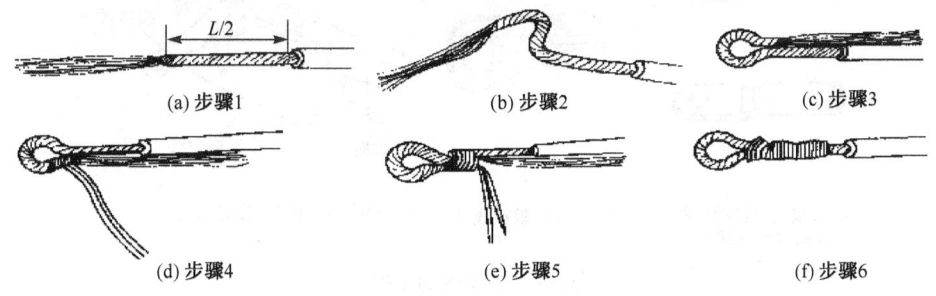

图 4-9 多股芯线压接圈的弯法

螺钉平压式接线桩的连接工艺要求是:压接圈的弯曲方向应与螺钉拧紧方向一致,连接前应清除压接圈、接线桩和垫圈上的氧化层,再将压接圈压在垫圈下面,用适当的力矩将螺丝拧紧,以保证接触良好。压接时注意不得将导线绝缘层压入垫圈内。

对于载流量较大,截面超过 10mm² 或股数多于 7 的导线端头,应安装接线端子。

3. 导线通过接线鼻与接线螺钉连接

接线鼻又称接线耳，俗称线鼻子或接线端子，是铜或铝接线片。对于大载流量的导线，如截面在 $10mm^2$ 以上的单股线或截面在 $4mm^2$ 以上的多股线，由于线粗，不易弯成压接圈，同时弯成圈的接触面会小于导线本身的截面，造成接触电阻增大。在传输大电流时产生高热，因而多采用接线鼻进行平压式螺钉连接。接线鼻的外形如图 4-10 所示，从 1A 到几百安多种规格。

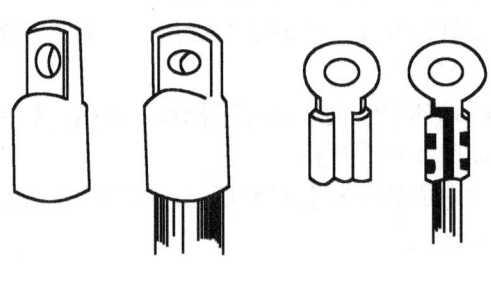

(a) 粗导线用　　　　　(b) 细导线用

图 4-10　接线鼻

用接线鼻实现平压式螺钉连接的操作步骤如下所述。

（1）根据导线载流量选择相应规格的接线鼻。

（2）对没挂锡的接线鼻进行挂锡处理后，对导线线头和接线鼻进行锡焊连接。

（3）根据接线鼻的规格选择相应的圆柱头或六角头接线螺钉，穿过垫片、接线鼻、旋紧接线螺钉，将接线鼻固定，完成电连接，如图 4-11 所示。

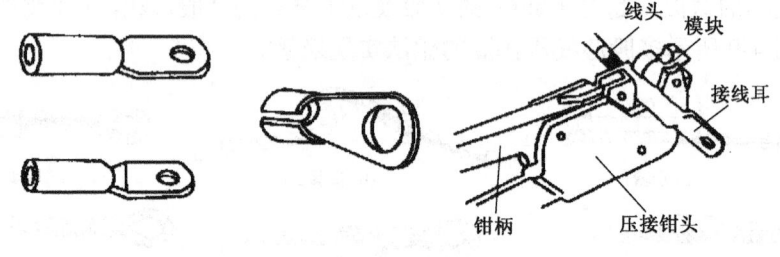

(a) 大载流量接线耳和　　(b) 小载流量接线耳　(c) 导线与接线耳的压接方法
　　铜铝过渡接线耳

图 4-11　导线的压接

有的导线与接线鼻的连接还采用锡焊或钎焊。锡焊是将清洁好的铜线头放入铜接线端子的线孔内，然后用焊接的方法用焊料焊接到一起。铝接线端子与线头之间一般用压接钳压接，也可直接进行钎焊。有时为了导线接触性能更好，也常常采用先压接，后焊接的方法。

接线鼻应用较广泛，大载流量的电气设备，如电动机、变压器、电焊机等的引出接线都采用接线鼻连接；小载流量的家用电器、仪器仪表内部的接线也是通过小接线鼻来实现的。

4. 线头与瓦形接线桩的连接

瓦形接线桩的垫圈为瓦形。压按时为了不致使线头从瓦形接线桩内滑出，压接前应先将已去除氧化层和污物的线头弯曲成 U 形，将导线端按紧固螺丝钉的直径加适当放量的长度剥去绝缘后，在其芯线根部留出约 3mm，用尖嘴钳向内弯成 U 形；然后修正 U 形圆弧，使 U 形长度为宽度的 1.5 倍，剪去多余线头，如图 4-12(a)所示。使螺钉从瓦形垫圈下穿过"U"形导线，旋紧螺钉，如图 4-12(b)所示。如果在接线桩上有两个线头连接，应将弯成 U 形的两个线头相重合，再卡入接线桩瓦形垫圈下方压紧，如图 4-12(c)所示。

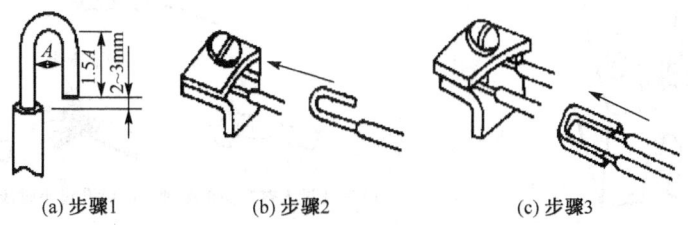

图 4-12　导线头与瓦形接线桩的连接方式示意

5. 线头与针孔式接线桩的连接

这种连接方法叫螺钉压接法。使用的是瓷接头或绝缘接头，又称接线桥或接线端子，它用瓷接头上接线柱的螺钉来实现导线的连接。瓷接头由电瓷材料制成的外壳和内装的接线柱组成。接线柱一般由铜质或钢质材料制作，又称针形接线桩，接线桩上有针形接线孔，两端各有一只压线螺钉。使用时，将需连接的铝导线或铜导线接头分别插入两端的针形接线孔，旋紧压线螺钉就完成了导线的连接。如图 4-13 所示为二路四眼瓷接头结构图。

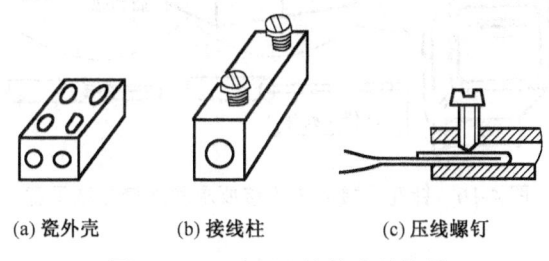

图 4-13　二路四眼瓷接头结构图

螺钉压接法适用于负荷较小的导线连接，优点是简单易行。其操作步骤如下所述。

① 如是单股芯线，且与接线桩头插线孔大小适宜，则把芯线线头插入针孔并旋紧螺钉即可，如图 4-14 所示。

② 如单股芯线较细，则应把芯线线头折成双根，插入针孔再旋紧螺钉。连接多股芯线时，先用钢丝钳将多股芯线进一步绞紧，以保证压接螺钉顶压时不致松散，如图 4-15 所示。

无论是单股还是多股芯线的线头，在插入针孔时应注意：一是注意插到底；二是不得使绝缘层进入针孔,针孔外的裸线头的长度不得超过 2mm;三是凡有两个压紧螺钉的,应先拧紧近孔口的一个,再拧紧近孔底的一个,如图 4-16 所示。

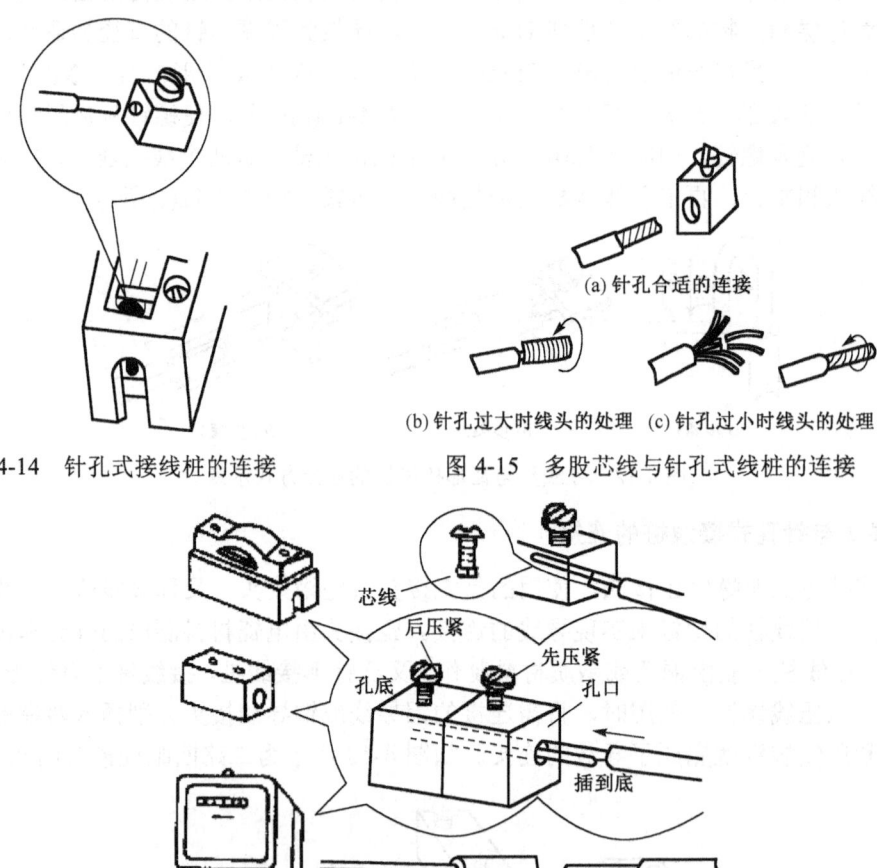

图 4-14 针孔式接线桩的连接　　　图 4-15 多股芯线与针孔式线桩的连接

图 4-16 针孔式接线桩连接要求和连接方法示意

4.2.3 导线绝缘层的恢复

导线绝缘层破损和导线接头连接后均应恢复绝缘层。恢复后的绝缘强度不应低于原有绝缘层的绝缘强度。常用黄蜡带、涤纶薄膜带和黑胶带作为恢复导线绝缘层的材料。其中黄蜡带和黑胶带最好选用规格为 20mm 宽的。

1. 绝缘带包缠方法

将黄蜡带从导线左边完整的绝缘层上开始包缠,包缠两个带宽后就可进入连接处的芯线部分。包至连接处的另一端时,也同样应包入完整绝缘层上两个带宽的距离,如图 4-17(a)所示。

包缠时，绝缘带与导线保持约 45°斜角，每圈包缠压在带宽的 1/2，如图 4-17(b)所示。包缠一层黄蜡带后，将黑胶带接在黄蜡带的尾端，按另一斜叠方向再包缠一层黑胶带，也要每圈压叠带宽的 1/2，如图 4-17(c)、(d)所示，或用绝缘带自身套结扎紧，如图 4-17(e)所示。

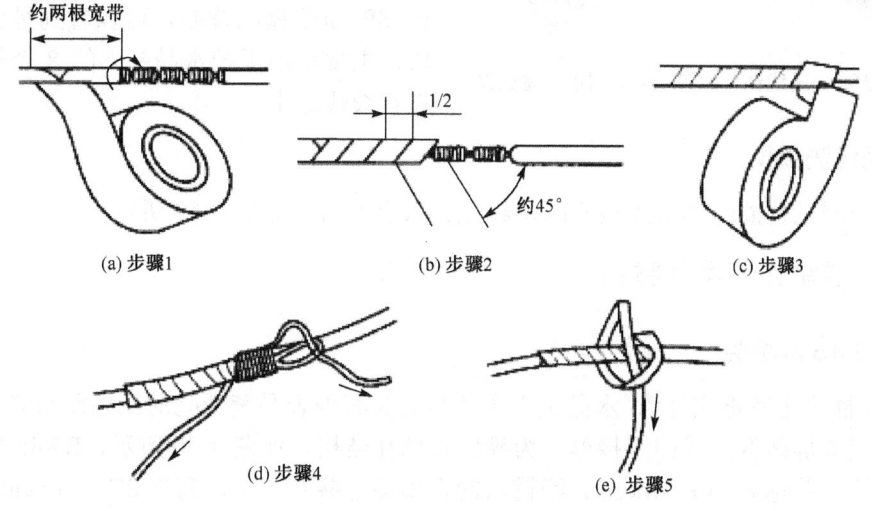

图 4-17　绝缘带包缠方法

2. 绝缘带包缠注意事项

（1）恢复 380V 线路上的导线绝缘时，必须先包缠 1~2 层黄蜡带（或涤纶薄膜带），然后再包缠一层黑胶带。

（2）恢复 220V 线路上的导线绝缘时，先包缠一层黄蜡带（或涤纶薄膜带），然后再包缠一层黑胶带，也可只包缠两层黑胶带。

（3）包缠绝缘带时，不可过松或过疏，更不允许露出芯线，以免发生短路或触电事故。

（4）绝缘带不可保存在温度或湿度很高的地点，也不可被油脂浸染。

4.3　网线水晶头的连接制作

随着信息技术的迅猛发展，网络越来越成为获得知识和信息的主要媒介，我们的学习、工作、生活已经在很大程度上离不开网络了，而当前绝大多数的网络信息传输是有线网，所以网线的制作也成为我们导线连接中非常重要的一个方面。

4.3.1　网线制作使用的工具

1. 压线钳

在制作的工程中，最重要的工具当然就是压线钳了（如图 4-18 所示），有了它我们不需要其他工具就能将网线制作完成了。

图 4-18　压线钳　　　图 4-19　网线测试仪

在压线钳最顶部的是压线槽，压线槽提供了两种类型的线槽，分别为 6P 和 8P，其中 8P 槽是最常用到的 RJ-45 压线槽。在压线钳 8P 压线槽的背面，可以看到呈齿状的模块，主要是用于把水晶头上的 8 个触点压稳在双绞线之上。

2. 网线测试仪

用网线测试仪能够测试连接好的网线是否符合要求，如图 4-19 所示。

4.3.2　网线制作使用的材料

1. RJ-45 水晶头

RJ-45 插头之所把它称为"水晶头"，主要是因为其外表晶莹透亮的原因而得名的。RJ-45 接口是连接非屏蔽双绞线的连接器，为模块式插孔结构。如图 4-20 所示，RJ-45 接口前端有 8 个凹槽，简称 8P（Position），凹槽内的金属接点共有 8 个，简称 8C（Contact），因此也有 8P8C 的别称。

2. 双绞线

双绞线是由不同颜色的 4 对 8 芯线组成，每两条按一定规则绞合在一起，成为一个芯线对。通常使用最多的是五类和超五类（传输速率 100Mb/s）非屏蔽双绞线，布此类线时应注意使网线尽量避开电磁干扰，并且规定双绞线的最大长度不超过 100m，如图 4-21 所示。

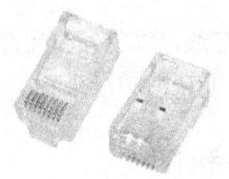 

图 4-20　RJ-45 水晶头　　　图 4-21　双绞线

双绞线按电气性能可以划分为：三类、四类、五类、超五类、六类、七类双绞线等类型，数字越大，也就代表着级别越高、技术越先进、带宽也越宽，当然价格也越贵。三类、四类线在市场上几乎没有了，目前在一般局域网中常见的是五类、超五类或者六类非屏蔽双绞线。双绞线作为一种价格低廉、性能优良的传输介质，在综合布线系统中被广泛应用于水平布线。双绞线价格低廉、连接可靠、维护简单，可提供高达 1000Mb/s 的传输带宽，不仅可用于数据传输，而且还可用于语音和多媒体传输。

4.3.3 接线顺序

水晶头的做法标准，如图 4-22 所示。

T568A 标准：白绿，绿，白橙，蓝，白蓝，橙，白棕，棕。

T568B 标准：白橙，橙，白绿，蓝，白蓝，绿，白棕，棕。

顺序方向为：RJ-45 水晶头的金属片面对我们，入线口朝下，从左到右是 1～8。

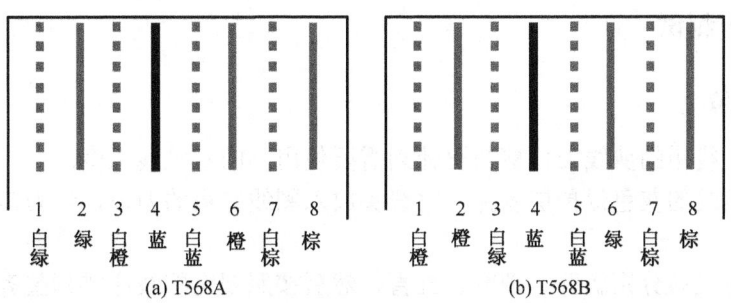

图 4-22 水晶头的接线标准

以太网双绞连接线有两种：一种是广泛使用的直连线，另一种是特殊情况下使用的交叉线，如果是 PC 连接交换机或其他网络接口等，或是其他连接的双方地位不对等的情况下都使用直连线，而如果连接的两台设备是对等的，例如，两台 PC、笔记本电脑等，就要使用交叉线了，两者的差别是线序不一致，接口是一样的，如图 4-23 所示。

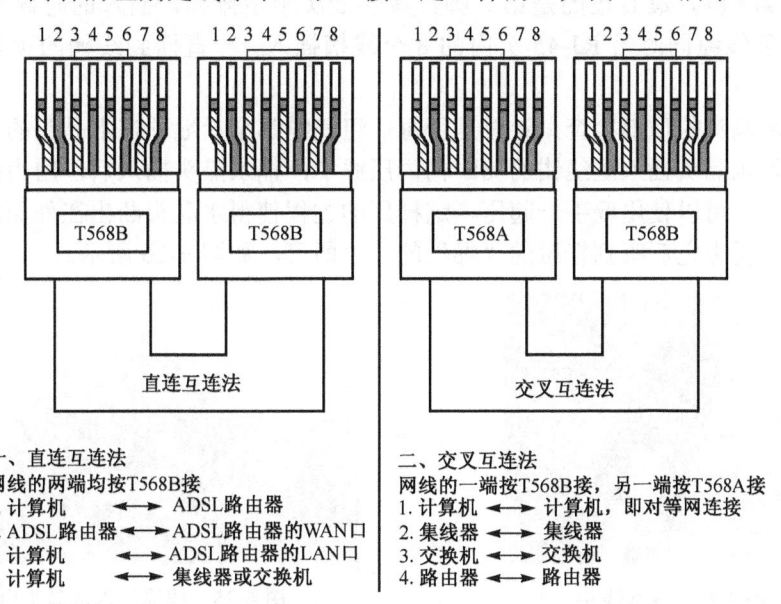

图 4-23 两种网线互连

使用两种网线的一般性的原则如下。

①同类（连接线的两端是同一种设备）交叉（做交叉线）。

②异类（连接线的两端是不同的设备）平行（做平行线）。

两种网线的做法如下所述。

①交叉线的做法：一头采用 T568A 标准，一头采用 T568B 标准。

②平行线的做法：两头采用同样的标准（同为 T568A 标准或 T568B 标准）。

4.3.4 制作和测试

1. 制作步骤

（1）利用压线钳的剪线刀口剪裁出计划需要使用到的双绞线长度。

（2）把双绞线的灰色保护层剥掉，将线头放入剥线专用的刀口，让刀口划开双绞线的保护胶皮。

（3）将 4 对线芯分别解开、理顺、扯直，然后按照规定的线序排列整齐。排列时应注意尽量避免线路的缠绕和重叠。

（4）利用压线钳的剪线刀口把线缆顶部裁剪整齐。保留去掉外层保护层的部分约为 15mm，如图 4-24 所示。

（5）把整理好的线缆插入水晶头内。要将水晶头有塑料弹簧片的一面向下，有针脚的一端向上，使有针脚的一端指向远离自己的方向，有方形孔的一端对着自己。此时，最左边的是第 1 脚，最右边的是第 8 脚，其余依次顺序排列。插入的时候需要注意缓缓地用力把 8 条线缆同时沿 RJ-45 头内的 8 个线槽插入，一直插到线槽的顶端，如图 4-25 所示。

（6）从水晶头的顶部检查，看看是否每一组线缆都紧紧地顶在水晶头的末端，确认无误后就可以把水晶头插入压线钳的 8P 槽内压线了，把水晶头插入后，用力握紧线钳，若力气不够的话，可以使用双手一起压，这样压的过程使得水晶头凸出在外面的针脚全部压入水晶头内，受力之后听到轻微的"啪"的一声即可，如图 4-26 所示。

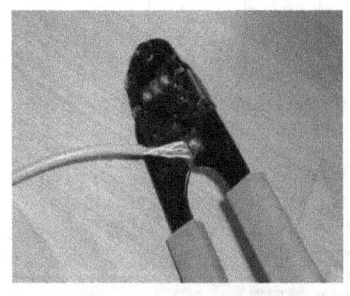
图 4-24　裁剪线头

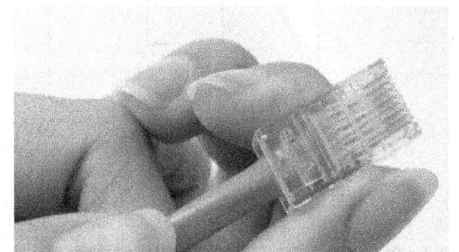
图 4-25　线缆插入水晶头内

2. 测试方法

网线水晶头制作完成后还不能确定是否可以正常使用，所以测试其连通性是非常必要的。把 RJ-45 两端的接口插入测试仪的两个接口之后，打开测试仪可以看到测试仪上的两组指示灯都在闪动。若测试的线缆为直通线缆，在测试仪上的 8 个指示灯应该依次为绿色闪过，证明了网线制作成功，可以顺利地完成数据的发送与接收。若测试的线缆为交叉线缆，其中一侧同样是依次由 1～8 闪动绿灯，而另外一侧则会根据 3、6、1、4、5、2、7、8 这样的顺序闪动绿灯。如果有不亮的灯或者亮的顺序不正确，则说明该条线路有问题，如图 4-27 所示。

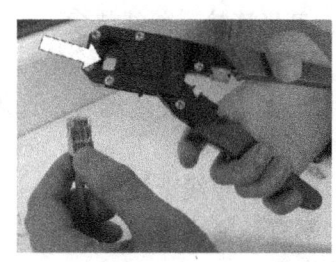

图 4-26　压线

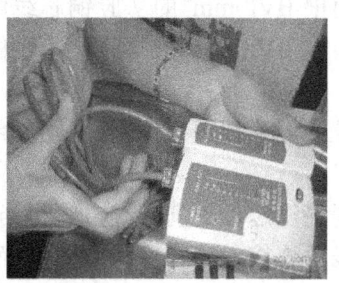

图 4-27　测试网线

4.4　实 训 项 目

4.4.1　实训一：导线的连接

1. 实训目的

（1）通过训练，熟练掌握电工常用工具的正确使用方法。
（2）加深对常用导线类型的识别，掌握导线的剖削及连接的方法。
（3）掌握线头绝缘的去除及导线连接的绝缘恢复。

2. 实训材料与工具

（1）电工刀、尖嘴钳、钢丝钳、剥线钳每人各 1 把。
（2）芯线截面积为 BV2.5mm^2 的单股塑料绝缘铜线若干。
（3）截面积为 BV10mm^2 的 7 股铜线塑料绝缘线若干。
（4）塑料绝缘胶带若干。

3. 实训前的准备

（1）了解钢丝钳、尖嘴钳的规格和用途。
（2）了解导线的基本分类与常用型号。

（3）明确单芯铜导线的直线连接方法与分支连接方法及工艺要求。
（4）明确多芯导线的直线连接方法与分支连接方法及工艺要求。
（5）熟悉各种接线端子的结构。

4. 实训内容

（1）两根 BV2.5mm^2 铜芯线做绝缘层剖削、直线连接、绝缘恢复。
（2）两根 BV2.5mm^2 铜芯线做绝缘层剖削、T形连接、绝缘恢复。
（3）两根 BV10mm^2 的 7 股铜芯线做绝缘层剖削、直线连接、绝缘恢复。
（4）两根 BV10mm^2 的 7 股铜芯线做绝缘层削削、T形连接、绝缘恢复。

要求：
①对导线的系列进行识别，做到会根据负载的性质、大小和使用场合，选用导线的规格、型号。
②剖削绝缘层，剖削导线方法得当、工艺规范、剖削后导线无损伤。
③导线的连接，导线缠绕方向正确、缠绕整齐、平直、紧凑且圆。
④绝缘恢复，包缠正确、工艺规范、绝缘满足要求。

5. 安全注意事项

（1）剖削导线绝缘层应正确使用电工工具，在使用电工刀时要注意安全，不要误伤手指。
（2）剖削导线绝缘层时不能损伤线芯。
（3）导线连接时缠绕方法要正确，缠绕要平直、整齐和紧密，最后要钳平毛刺，以便于恢复绝缘。
（4）使用绝缘带包缠时，应均匀紧密不能过疏，更不允许露出芯线。
（5）要节约导线材料，不要浪费。
（6）保持工位整洁，完成实训后应马上把工位清洁干净。

4.4.2 实训二：网线水晶头的连接制作

1. 实训目的

理解直连线和交叉线的应用范围，掌握直连线和交叉线的制作方法。

2. 实训器材工具

网线钳、网线测试仪、五类线、RJ-45 插头。

3. 实训内容

（1）制作网线水晶头，参照前面叙述的步骤进行。
（2）网线制作完毕后，用网线测试仪检测线序和连通性。

第5章 室内布线与电气照明

电气照明是人们对电能最基本的应用，也是电应用最广泛的领域，各个行业以及人们日常的生活都离不开照明。特别是现在家用电器设备越来越多，了解和掌握这些生活用电的知识，了解照明系统在设计和安装时的注意事项，保证照明设备安全运行，防止安全事故的发生是非常重要的。

电气照明在不同的场合有不同的照明装置和照明线路。室内布线和照明电器的安装是最基础的一项电工技能。电气照明线路的安装一般包括室内布线、照明灯具安装、照明配电板（箱）安装。

5.1 照明配电系统

室内照明系统由照明装置及其电气部分组成。照明装置主要是灯具，照明装置的电气部分包括照明开关、照明线路及照明配电等。

5.1.1 照明线路电压与用电负荷等级

1. 照明线路电压

照明线路的供电电压，直接影响到配电方式和线路敷设的投资费用。我国的配电网络电压，在低压范围内的标准等级为 500V、380V、220V、127V、110V、36V、24V、12V 等。而一般照明用的白炽灯电压等级主要有 220V、110V、36V、24V、12V 等。供电电压必须符合标准的网络电压等级和光源的电压等级。

2. 用电负荷等级

按照供电的可靠性、中断供电所造成的损失或影响程度，将照明负荷分为三级，即一级负荷、二级负荷、三级负荷。

用于户内各种电器和电灯、电热器等负荷的，是最接近日常生活的电气设施，所以称为生活用电。日常生活用电属于为三级负荷。

5.1.2 照明负荷供电方式与照明配电系统

1. 照明负荷供电方式

一级负荷应由两个电源供电,当一个电源发生故障时,另一个电源可以照常供电。

对二级负荷供电的要求是:当电力变压器或线路发生故障时不致中断供电,或中断后能迅速恢复。

三级负荷(一般负荷)电源,对照明无特殊要求者可由单电源供电,动力和照明负荷功率较大时应分开供电,功率较小时可合并供电。建筑物内有变电所时,照明与动力由低压屏以放射形式供电;没有变电所的建筑物,动力与照明应在进户线处分开。供电方式如图 5-1～图 5-3 所示。

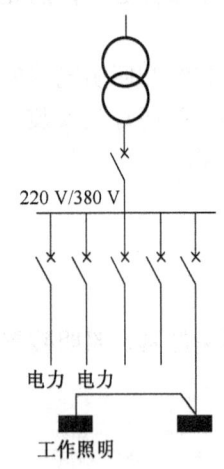

图 5-1 建筑物内有变电站的供电方式

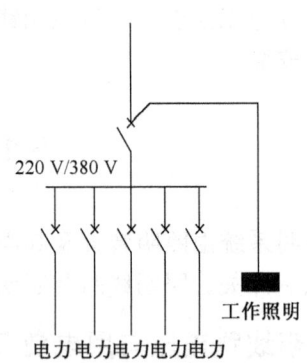

图 5-2 建筑物内没有变电站时动力、照明混合供电

2. 照明配电系统

照明供电网络主要是指照明电源从低压配电屏到用户配电箱之间的接线方式。主要由馈电线、干线、分支线及配电盘组成。汇集支线接入干线的配电装置称为分配电箱,汇集干线接入总进户线的配电装置称为总配电箱。馈电线是将电能从变电所低压配电屏送到区域(或用户)总配电柜(箱)的线路;干线是将电能从总配电柜(箱)送至各个分照明配电箱的线路;分支线是将电能从各分配电箱送至各户配电箱的线路。如图 5-4 所示。

(1)常用照明配电方式。

配电接线方式大致分为四种。

①放射式接线。

放射式接线(见图 5-5)的优点是各负荷独立受电,线路发生故障时,不影响其他回路供电，可靠性较高。同时，回路中电动机启动引起的电压波动，对其回路的影响较小。但建设费用较高，有色金属耗量较大，一般用于重要的负荷。

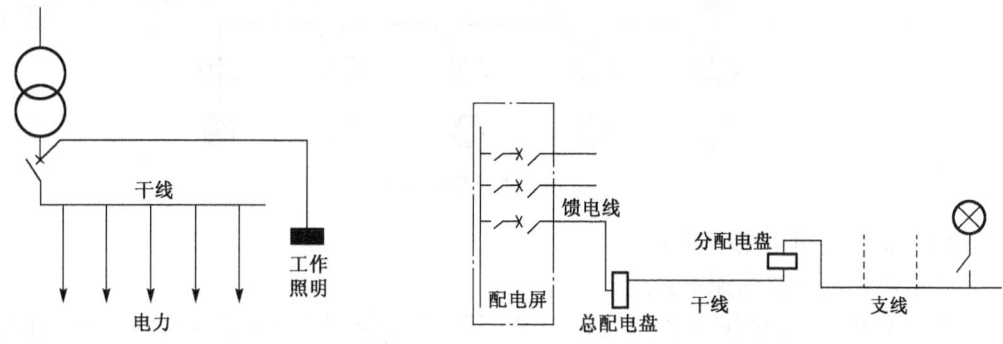

图 5-3 建筑物内动力采用母干线供电时照明接线　　图 5-4 照明供电网络的组成形式

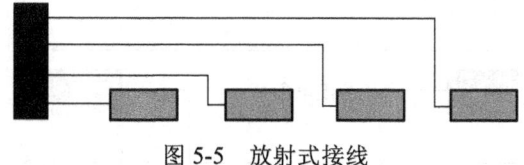

图 5-5 放射式接线

② 树干式接线。

树干式接线（见图 5-6）与放射式接线相比，其优点是建设费用低。但干线出现故障时影响范围大，可靠性差。

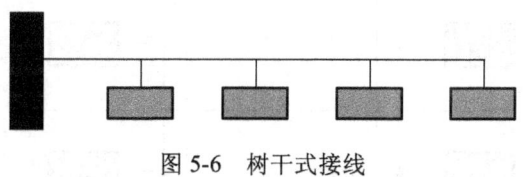

图 5-6 树干式接线

③ 混合式接线。

混合式接线（见图 5-7）是放射式接线和树干式接线的综合，具有两者的优点，因此在实际中应用最广。

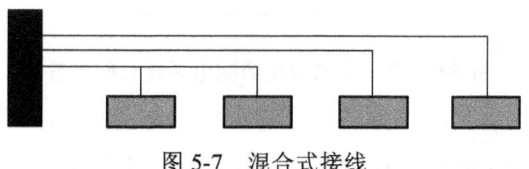

图 5-7 混合式接线

④ 链式接线。

链式接线（见图 5-8）与树干式接线相似，适用于距离配电所较远，而彼此之间相距又比较近的不重要的小容量照明设备。

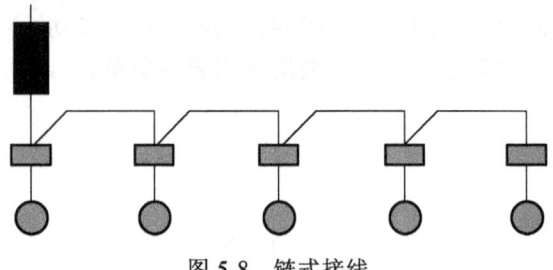

图 5-8　链式接线

（2）典型的照明配电系统。

①多层公共建筑的配电系统。

多层公共建筑的配电系统（见图 5-9）进户线直接接入大楼的传达室或配电间的总配电箱，由总配电箱采取干线立管式向各层分配电箱馈电，再经分配电箱引出支线向各房间的照明设备供电。

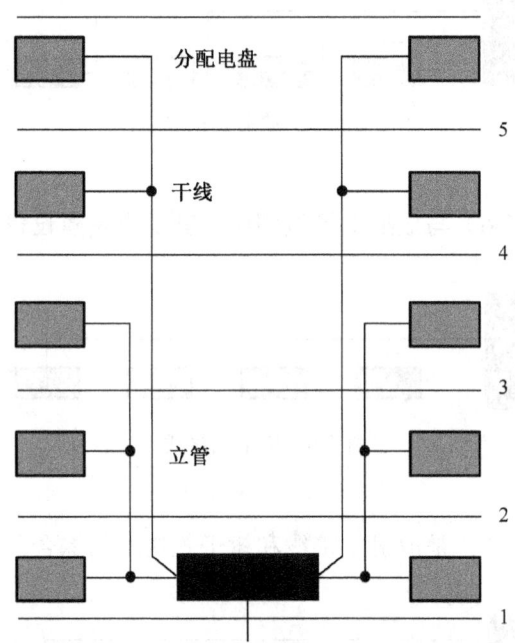

图 5-9　多层公共建筑的配电系统总配电盘

②住宅的照明配电系统。

住宅的照明配电系统（见图 5-10）以每一楼梯间作为一单元，进户线引至楼的总配电箱，再由干线引至每一单元的配电箱，各单元配电箱采用树干式（或放射式）向各层用户的分配电箱馈电。为了便于管理，住宅楼的总配电箱和单元配电箱一般装在楼梯公共过道的墙面上，分配电箱可装设电能表，以便用户单独计算电费。

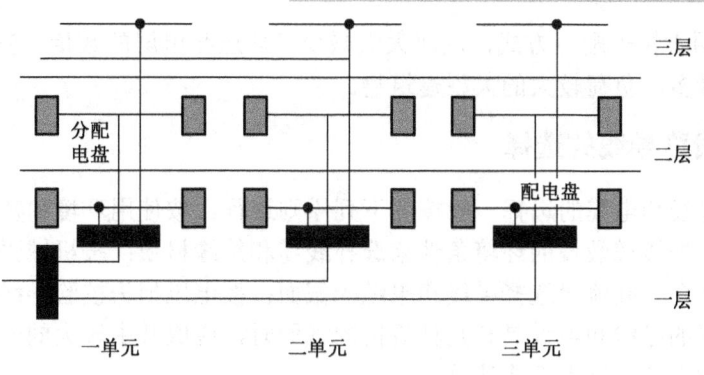

图 5-10　住宅的照明配电系统总配电盘

③高层建筑的照明配电系统。

高层建筑的照明配电系统（见图 5-11）常用四种方案。其中方案(a)、方案(b)、方案(c)为混合式，它们先将整幢楼按层分为若干供电区，每区的层数为 2~6 层。每路干线向一个供电区配电，故又称为分区树干式配电系统。

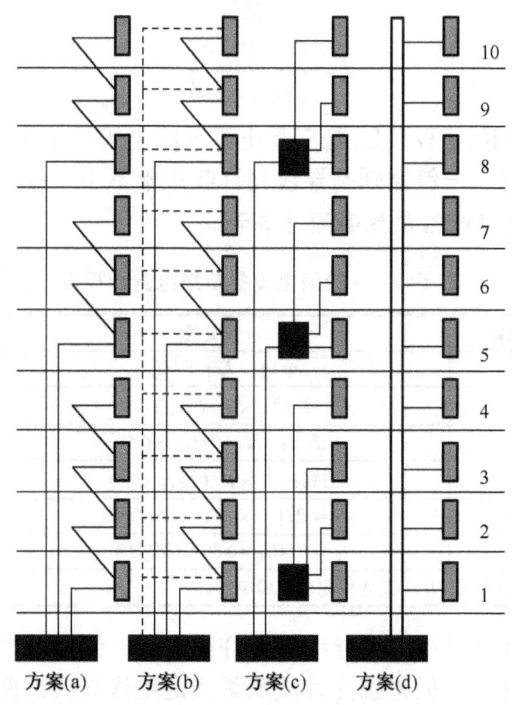

图 5-11　高层建筑的照明配电系统总配电盘

方案(a)与方案(b)基本相同，但方案(b)增加了一共用的备用回路，备用回路采用大树干配电方式。方案(c)增加了一个分区配电箱，它与方案(a)和方案(b)比较，可靠性较高。

方案(d)采用大树干配电方式,从而大大减少了低压配电屏的数量,安装、维护方便。适用于楼层数量多,负荷较大的大型建筑物。

5.1.3 照明线路导线的选择

照明线路导线和电缆的选择一般按照下列原则进行:按使用环境和敷设方法选择导线和电缆的类型;按线缆敷设的环境条件来选择线缆和绝缘材质;按机械强度选择导线的最小允许截面;按允许载流量选择导线和电缆的截面;按电压损失校验导线和电缆的截面。按上述条件选择的导线和电缆具有几种规格的截面时,应取其中较大的一种。

线路负荷的电流,可由下式计算。

单相纯电阻电路:
$$I = \frac{U}{P}$$

单相含电感电路:
$$I = \frac{P}{U\cos\phi}$$

三相纯电阻电路:
$$I = \frac{P}{\sqrt{3}U_L}$$

三相含电感电路:
$$I = \frac{P}{\sqrt{3}U_L\cos\phi}$$

式中:P 为负荷功率,单位为 W;U_L 是三相电源的线电压,单位为 V;$\cos\phi$ 为功率因数。按导线允许载流量选择时,一般原则是导线允许载流量不小于线路负荷的计算电流。

表 5-1 所示是一般用电设备负载电流计算表。

表 5-1 一般用电设备负载电流计算表

负载类型	功率因数	计算公式	每 kW 电流量/A
电灯、电阻	1	单相:$I_P = P/U_P$	4.5
		三相:$I_L = P/\sqrt{3}U_L$	1.5
荧光灯	0.5	单相:$I_P = P/(U_P \times 0.5)$	9
		三相:$I_L = P/(\sqrt{3}U_L \times 0.5)$	3
单相电动机	0.75	$I_P = P/[U_P \times 0.75 \times 0.75(效率)]$	8
三相电动机	0.85	$I_L = P/[U_L \times 0.85 \times 0.85(效率)]$	2

注:公式中,I_P、U_P 为相电流、相电压;I_L、U_L 为线电流、线电压。

这仅是估算,实际计算时应根据导线的允许载流量、线路的允许电压损失值、绝缘导线的机械强度等条件选择。一般先按允许载流量选定绝缘导线截面积,再以其他条件进行校验。如果该截面积满足不了某校验条件的要求,则应按不能满足该条件的最小允许截面积来选择绝缘导线,还应在最小允许截面积上加校正量。常选用的塑料、橡皮绝缘导线的安全载流量可参考表 5-2、表 5-3。

表 5-2　500V 塑料绝缘线安全载流量（A）

导线截面积 (mm²)	明线安装		穿钢管安装						硬塑料管安装					
			一管二根线		一管三根线		一管四根线		一管二根线		一管三根线		一管四根线	
	铜	铝	铜	铝	铜	铝	铜	铝	铜	铝	铜	铝	铜	铝
1.0	17		12		11		10		10		9			
1.5	21	16	17	13	15	11	14	10	14	11	13	10	11	9
2.5	28	22	23	17	21	16	19	13	21	16	18	14	17	12
4	35	28	30	23	27	21	24	19	27	21	24	19	22	17
6	48	37	41	30	36	28	32	24	36	27	31	23	28	22
10	65	51	56	42	49	38	43	33	49	36	42	33	38	29
16	91	69	71	55	64	49	56	43	62	48	56	42	49	38
25	120	91	93	70	82	61	74	57	82	63	74	56	65	50
35	147	113	115	87	100	78	91	70	104	78	91	69	81	61
50	187	143	143	108	127	96	113	87	130	99	114	88	102	78
70	230	177	177	135	159	124	143	110	160	126	145	113	128	100
95	282	216	216	165	195	148	173	132	199	151	178	137	160	121

表 5-3　500V 橡皮绝缘线安全载流量（A）

导线截面积 (mm²)	明线安装		穿钢管安装						硬塑料管安装					
			一管二根线		一管三根线		一管四根线		一管二根线		一管三根线		一管四根线	
	铜	铝	铜	铝	铜	铝	铜	铝	铜	铝	铜	铝	铜	铝
1.0	18		13		12		10		11		10		10	
1.5	23	16	17	13	16	12	15	10	15	12	11	11	12	10
2.5	30	24	24	18	22	17	20	14	22	17	19	15	17	13
4	39	30	32	24	29	22	26	20	29	22	26	20	23	17
6	50	39	43	32	37	30	34	26	37	29	33	25	30	23
10	74	57	59	45	52	40	46	35	51	38	45	35	40	30
16	95	74	75	57	67	51	60	45	66	50	59	45	52	40
25	126	96	98	75	87	66	78	59	87	67	78	59	69	52
35	156	120	121	92	106	82	95	72	109	83	96	73	85	64
50	200	152	151	115	134	102	119	91	139	104	121	94	107	82
70	247	191	186	143	167	130	150	115	169	133	152	117	135	104
95	300	230	225	174	203	156	182	139	208	160	186	143	169	130
120	346	268	260	200	233	182	212	165	242	182	217	165	197	147
150	407	312	294	226	268	208	243	191	277	217	252	197	230	178
185	468	365												
240	570	442												
300	668	520												
400	815	632												
500	950	738												

1. 导线类型的选择

（1）导体材料的选择。

照明配电干线和分支线，应采用铜芯绝缘电线或电缆；分支线截面不应小于 $2.5mm^2$。

（2）绝缘及护套的选择。

塑料绝缘线的绝缘性能良好，价格较低，无论明设或穿管敷设均可代替橡皮绝缘线。由于不能耐高温，绝缘容易老化，所以塑料绝缘线不宜在室外敷设。

橡皮绝缘线根据玻璃丝或棉纱原料的货源情况选配编织层材料，其型号不再区分，而统一用 BX 及 BLX 表示。

氯丁橡皮绝缘线的特点是耐油性能好，不易霉，不延燃，光老化过程缓慢，因此可以在室外敷设。

在各类导线中，氯丁橡皮线耐气候老化性能和不延燃性能良好，并且有一定的耐油、耐腐蚀性能。聚氯乙烯绝缘导线价格较低，但易于老化而变硬；橡皮绝缘线耐老化性能良好，但价格较高。

照明线路常用的导线型号及用途如表 5-4 所示。

室内配线线芯最小允许横截面如表 5-5 所示。

表 5-4　照明线路常用的导线型号及用途

序号	导线型号	名　称	主要用途
1	BX	铜芯橡皮绝缘线	固定明暗敷
2	BXF	铜芯氯丁橡皮绝缘线	固定明暗敷，尤其适用于户外
3	BV	铜芯聚氯乙烯绝缘线	固定明暗敷
4	BV-105	耐热105℃铜芯聚氯乙烯绝缘线	用于温度较高的场所
5	BVV	铜芯聚氯乙烯绝缘、聚氯乙烯护套线	用于直贴墙壁敷设
6	BXR	铜芯橡皮绝缘软线	用于 250V 以下的移动电器
7	RV	铜芯聚氯乙烯软线	用于 250V 以下的移动电器
8	RVB	铜芯聚氯乙烯绝缘扁平线	用于 250V 以下的移动电器
9	RVS	铜芯聚氯乙烯绝缘软绞线	用于 250V 以下的移动电器
10	RVV	铜芯聚氯乙烯绝缘、聚氯乙烯护套软线	用于 250V 以下的移动电器
11	RVX-105	铜芯耐热聚氯乙烯绝缘软线	同上，耐热 105℃

表 5-5　室内配线线芯最小允许横截面

敷设方式及用途		线芯最小允许横截面（mm^2）		
		铜芯软线	铜线	铝线
1. 敷设在室内绝缘支持上的裸导线			2.5	4.0
2. 敷设在绝缘支持件上的绝缘导线，其支持点间距				
（1）1m 及以下	室内		1.0	1.5
	室外		1.5	2.5

续表

敷设方式及用途		线芯最小允许横截面（mm²）		
		铜芯软线	铜线	铝线
(2) 2m 及以下	室内		1.0	2.5
	室外		1.5	2.5
(3) 6m 及以下			2.5	4.0
(4) 12m 及以下			2.5	6.0
3. 穿管敷设的绝缘导线		1.0	1.0	2.5
4. 槽板内敷设的绝缘导线		1.0	1.0	2.5
5. 塑料护套线敷设		1.0	1.0	2.5

2．中性线（N）和保护线（PE）截面的选择

（1）中性线截面选择。

中性线截面可按下列条件选定：在单相或二相的线路中，中性线截面应与相线相等；在三相四线制的平衡线路中（如负荷均为白炽灯、卤钨灯），其中性线截面应不小于相线载流量的 50%，但当相线截面为 $10mm^2$ 及以下时，中性线截面宜与相线相同；在荧光灯、荧光高压汞灯、高压钠灯等气体放电灯三相四线供电线路中，即使三相平衡，由于各相电流中存在着三次谐波电流，使正弦波的电压波形发生畸变，中性线中会流过 3 的倍数奇次谐波电流，因此截面应按最大一相的电流选择。

（2）保护线截面的选择。

保护线（PE）截面选择，按规定其电导不得小于相线电导的 50%，且要满足单相接地故障保护的要求。

（3）保护中性线（PEN 线）截面的选择。

对于兼有保护线（PE）和中性线（N）双重功能的 PEN 线，其截面选择应同时满足上述保护线和中性线的截面要求，即按它们的最大者选取。采用单芯导线作为 PEN 线干线时，铜芯导线截面不应小于 $10mm^2$，铝芯导线截面不应小于 $16mm^2$。采用多芯导线或电缆作为 PEN 线干线时，其截面不应小于 $4mm^2$。

5.1.4　照明线路的保护

引起照明线路过电流的原因主要是短路或过负荷。短路大多由线路的绝缘破坏引起，短路电流通常比负荷电流大许多倍，最容易引起火灾或事故。过负荷则主要是由于照明负荷过大而引起的。对于照明低压配电线路，其主要保护措施有短路保护、过负荷保护、过压保护和漏电保护。

（1）照明线路的短路保护。

照明线路应装设短路保护，一般可采用熔断器或低压断路器。这种保护装置在照明线路的电流超过整定值时，能自动将被保护的线路切断。由于线路的导线截面根据计算负荷选取，因此在正常运行的情况下，负荷电流不会超过导线的长期允许载流量。但是为了避开线路中短时间过负荷的影响（如大功率异步电动机的启动等），同时又能可靠地保护线路，采用熔断器作短路保护时，熔体的额定电流应小于或等于电缆或穿管绝缘导线允许载流量的 2.5 倍。对于明敷导线，由于绝缘等级偏低，绝缘容易老化等原因，熔体的额定电流应小于或等于导线允许载流量的 1.5 倍。当采用低压断路器作短路保护时，由于其过电流脱扣器具有延时性并且可调，可以避开线路中的短时过负荷电流，所以过电流脱扣器的整定电流一般应小于或等于绝缘导线允许载流量的 1.1 倍。

短路保护还应考虑线路末端发生短路时保护装置动作的可靠性。当上述保护装置作为配电线路的短路保护时，要求在被保护线路的末端发生单相接地短路以及两相短路时，其短路电流值应大于或等于熔断器熔体额定电流的 4 倍；如用低压断路器保护，则应大于或等于低压断路器过电流脱扣器整定电流的 1.5 倍。

（2）照明线路的过负荷保护。

照明线路在下列场合应装设过负荷保护：不论在何种房间内，由易燃外层无保护型电线（如 BX、BLX、BXS 型电线等）构成的明配线路；所有照明配电线路。对于无火灾危险及爆炸危险的仓库中的照明线路，可不装设过负荷保护。过负荷保护一般可由熔断器或自动开关构成，熔断器熔体的额定电流或自动开关过电流脱扣器的整定电流应小于或等于导线允许载流量的 0.8 倍。

（3）照明线路的过压保护。

某些照明线路有时会意外地出现过电压，如高压架空线断落在低压线路上，三相四线制供电系统的零线断落引起中性点偏移，以及雷击低压线路等都可能使低压供电线路上出现超过正常值的电压，使接在该低压线路上的用电设备因电压过高而损坏。为了避免这种意外情况，应在低压配电线路上采取适当分级装设过压保护的措施，如在用户配电盘上装设带过压保护功能的漏电保护开关等。

（4）漏电保护装置。

对于照明线路，无论采用 TN 系统还是采用 TT 系统保护，都有不足之处。如三种 TN 系统的保护装置对于线路绝缘损坏所引起的漏电就不一定能正常工作。在家用电器种类日益增多，使用越来越普遍的情况下，在各种保护系统中另加漏电保护装置的优点十分明显。漏电保护器又称配电保护器，主要用来对有致命危险的人身触电进行保护，以及防止因电气设备或线路漏电而引起的火灾。

漏电保护器分类很多，如按其动作原理可分为电压型、电流型和脉冲型；按其脱扣的形式可分为电磁式和电子式；按其保护功能及结构又可分为漏电继电器、漏电断路器、漏电开关及漏电保护插座。

5.1.5 居住建筑照明电气设计的注意事项

搞好居住建筑照明电气设计应注意以下几点。

(1) 照明配电宜采用放射式和树干式结合的系统。

(2) 三相配电干线的各相负荷宜分配平衡，最大相负荷不宜超过三相负荷平均值的115%，最小相负荷不宜小于三相负荷平均值的85%。

(3) 照明配电箱宜设置在靠近照明负荷中心便于操作及维护的位置。

(4) 每一照明单相分支回路的电流不宜超过16A，所接光源数不宜超过25个；连接建筑组合灯具时，同路电流不宜超过25A，光源数不宜超过60个；连接高强度气体放电灯的单相分支回路的电流不宜超过30A。

(5) 插座不宜和照明灯接在同一分支回路。

(6) 居住建筑应按户设置电能表。

(7) 照明配电干线和分支线，应采用铜芯绝缘电线或电缆，分支线截面不应小于2.5mm^2。

(8) 照明配电线路应按负荷计算电流和灯端允许电压值选择导体截面积。

(9) 居住建筑有天然采光的楼梯间、走道的照明，除应急照明外，宜采用节能自熄开关。

(10) 每个照明开关所控光源数不宜太多。

5.2 室 内 布 线

5.2.1 室内布线的形式

导线（或电缆）在室内的敷设，以及支持、固定和保护导线用配件的安装等，总称为室内布线（配线）。

室内布线分为明装和暗装两种。明装是导线沿建筑物或构筑物的墙壁、天花板、桁架和梁柱等表面敷设；暗装是导线在楼板、顶棚和墙壁泥灰层下面敷设。

随着建筑水平的提高以及装修的美观，现在的家庭通常采用暗线。暗线布线主要为线管布线，即将绝缘导线穿在管内敷设。这种布线方式安全可靠，能抗腐蚀和机械损伤，线管为硬塑管。

明线布线的早期多用瓷夹板、绝缘子及线管进行导线的固定，现在为了导线走线的安全和外在美观，多采用线槽进行导线的固定。

5.2.2 室内布线的要求与步骤

1. 室内布线的要求

(1) 室内布线合理、安装牢固、整齐美观、用电安全可靠。

(2) 使用导线的额定电压应大于线路的工作电压，绝缘应符合线路的安装方式要求和敷设环境，截面积应能满足供电和机械强度的要求。

（3）布线时应尽量避免导线有接头，必须有接头时，应采用压接或焊接。导线连接和分支处不应受到机械力的作用。穿在管内的导线不允许有接头，必要时把接头放在接线盒或灯头盒内。

（4）明线是指导线沿墙壁、天花板、柱子等明敷。暗线是指导线穿管埋设在墙内、地内或装设在顶棚内，室内敷设暗线，都必须穿 PVC 管加以保护。

（5）室内敷设明导线距地面不低于 2.5m，垂直敷设距地面不低于 1.8m，否则应将导线穿在钢管内加以保护。

（6）导线与用电器连接接头要符合技术要求，以防接触电阻过大，甚至脱落。

（7）敷设导线要尽量避开热源，避开人体容易触到的地方。

（8）配线的位置要便于检修。

2. 室内布线的步骤

（1）按施工图确定配电箱、用电器、插座和开关等的位置。

（2）根据线路电流的大小选购导线、穿线管、支架和紧固件等。

（3）确定导线敷设的路径，穿过墙壁或楼板等的位置。

（4）配合土建打好布线固定点的孔眼，预埋线管、接线盒和木砖等预埋件。暗线要预埋开关盒、接线盒和插座盒等。

（5）装好绝缘支架物、线夹或管子。

（6）敷设导线。

（7）做好导线的连接、分支、封端和设备的连接。

（8）通电试验，全面检查、验收。

5.2.3 线管配线

把绝缘导线穿在管内的配线称为线管配线。线管配线有耐潮、耐腐蚀，导线不易受到机械损伤等优点，但安装、维修不方便。适用于室内/外照明和动力电路的配线。

1. 线管配线的方法

（1）线管的选择。

①根据使用场所选择线管的类型，对于潮湿和有腐蚀气体的场所选择管壁较厚的白铁管；对于干燥场所采用管壁较薄的电线管；对于腐蚀性较大的场所一般选用硬塑料管。

②根据穿管导线的截面和根数来选择线管的直径。一般要求穿管导线的总截面（包括绝缘层）不应超过线管内径截面的 40%。

（2）线管的敷设。

根据用电设备位置设计好电路的走向，尽量减少弯头。用弯管机制作弯头时，管子弯曲角度一般不应小于 90°，要有明显的圆弧，不能弯瘪线管，这样便于导线穿越。硬塑料管弯曲时，先将硬塑料管用电炉或喷灯加热直到塑料管变软，然后放到木坯具上弯曲，用湿布冷却后成型，如图 5-12 所示。线管的连接：对于钢管与钢管的连接采用管箍连接，如图 5-13(a)所示，管子的丝扣部分应顺螺纹方向缠上麻丝后用管子钳拧紧；钢管与接线盒的连接用锁紧螺母夹紧，如图 5-13(b)所示；塑料硬管之间的连接采用插入法和套接法连接，如图 5-14 所示，在连接处需涂上黏合剂。

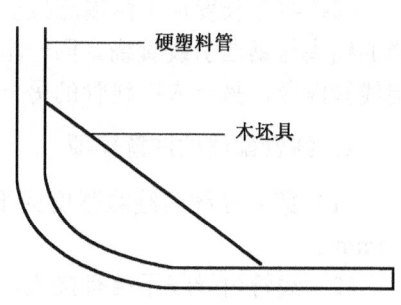

图 5-12 硬塑料管的弯曲

（3）线管的固定。线管明敷设时，采用管卡支持：线管进入开关、灯头、插座、接线盒前 300mm 处及线管弯头两边需用管卡固定。线管暗线敷设时，用铁丝将管子绑扎在钢筋上或用钉子钉在模板上，将管子用垫块垫高，使管子与模板之间保持一定的距离。

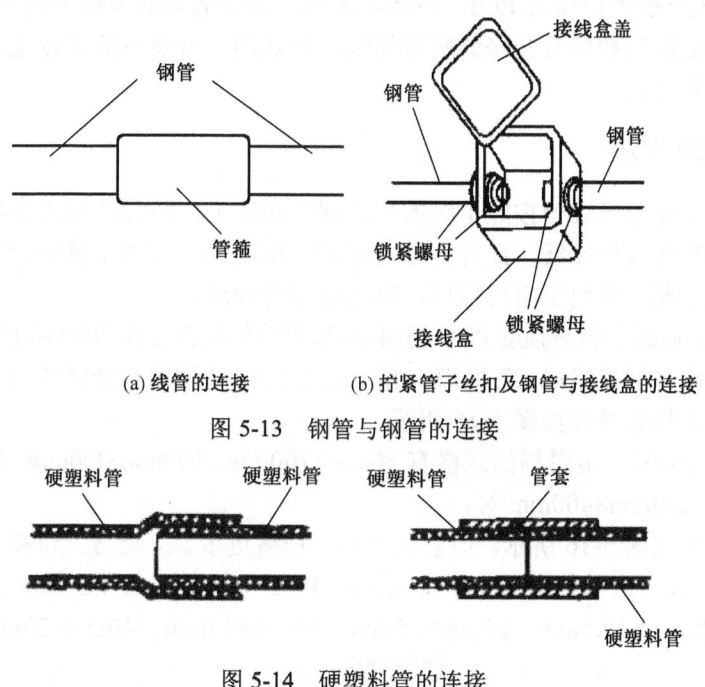

(a) 线管的连接　　(b) 拧紧管子丝扣及钢管与接线盒的连接

图 5-13 钢管与钢管的连接

图 5-14 硬塑料管的连接

（4）线管的接地。线管配线的钢管必须可靠接地。

（5）扫管穿线。

①先将管内杂物和水分清除。

②选用 ϕ1.2mm 的钢丝做引线，钢丝一头弯成小圆圈，送入线管的一端，由线管另一端穿出。在两端管口加护圈保护并防止杂物进入管内。

③按线管长度加上两端连接所需长度余量截取导线,削去导线绝缘层,将所有穿管导线的线头与钢丝引线缠绕。同一根导线的两头做上记号。穿线时由一人将导线理成平行束向线管内送,另一人在线管的另一端慢慢抽拉钢丝,将导线穿入线管。

2．线管配线的注意事项

(1)穿管导线的绝缘强度应不低于 500V,导线最小截面规定铜芯线 $1mm^2$,铝芯线 $2.5mm^2$。

(2)线管内导线不准有接头,也不准穿入绝缘破损后经包缠恢复绝缘的导线。

(3)交流回路中不许将单根导线单独穿于钢管,以免产生涡流发热。同一交流回路中的导线,必须穿于同一钢管内。

(4)线管电路应尽可能减少转角或弯曲。管口、管子连接处均应做密封处理,防止灰尘和水汽进入管内,明管管口应装防水弯头。

(5)管内导线一般不得超过 10 根,不同电压或不同电能表的导线不得穿在一根线管内。但一台电动机包括控制和信号回路的所有导线,以及同一台设备的多台电动机的电路,允许穿入同一根线管内。

5.2.4 线槽布线方法

在室内布线中先把导线槽按照走线的规划固定在墙上,把导线放进线槽内,然后再盖上线槽盖的布线称为线槽布线。此种方法有耐潮、耐腐蚀,导线不易受到机械损伤,且安装和维修也比较方便。适用于室内照明和动力电路的布线。

线槽一般由金属或阻燃高强度 PVC 材料制成,有单件扣合方式和双件扣合方式两种类型。

金属槽由槽底和槽盖组成,每根槽一般长度为 2m,槽与槽连接时使用相应尺寸的铁板和螺丝固定。金属槽的外形如图 5-15 所示。

在综合布线系统中,金属槽的规格有 50mm×100mm、100mm×100mm、100mm×200mm、100mm×300mm、200mm×400mm 等。

塑料槽的外形如图 5-16 所示,但它的品种、规格更多,从型号上讲有:PVC-20 系列、PVC-25 系列、PVC-25F 系列、PVC-30 系列、PVC-40 系列、PVC-40Q 系列等。规格有 20mm×12mm、25mm×12.5mm、25mm×25mm、30mm×15mm、40mm×20mm 等。

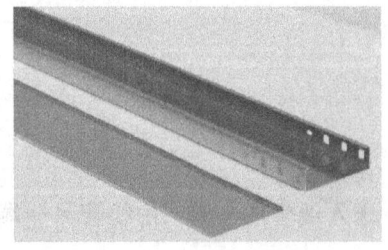

图 5-15 金属槽的外形

图 5-16 塑料槽的外形

与 PVC 槽配套的附件有阳角、阴角、直转角、平三通、左三通、右三通、连接头、终端头、接线盒（暗盒、明盒）等。

线槽的选择根据所用电线的类型、规格计算出电线截面，再将各截面累加，根据不同的填充率（强电线槽填充率为 20%，弱电线槽填充率为 50%）算出所需线槽截面，并以此选择线槽规格。

5.2.5 安装线路的检查

线路安装完毕，在通电运行前，必须进行全面、细致的检查。一旦发现故障，应立即检修。

（1）外观检查。
①检查导线及其他电气材料的型号、规格及支持件的选用是否符合施工图的设计要求。
②检查器材的选用和支持物的安装质量；手拉拔预埋件，检查其是否牢固。
③检查电气线路与其他设施的距离是否符合施工要求。

（2）回路连接的检查。对各种配线方式，都可用万用表电阻挡分别检查各个供电回路的接通和分断状况。在用万用表检测前，对明敷线路，先察看线路的分布和走向，线头的连接、分支等是否与图标相符。检查暗敷线路时，主要通过线头标记、导线绝缘皮的颜色进行区分。最后用万用表电阻挡检测各个回路是否导通。

（3）线头绝缘层的检查。各线头均应包缠绝缘层，且绝缘性能应良好，有一定的机械强度。

（4）绝缘电阻的检查。线路和设备绝缘电阻的测量通常用兆欧表检测。测量线路的绝缘电阻时，在单相供电线路中应测量相线与零线、相线与保护接地线接地的绝缘电阻。在三相四线制电路中，分别测量接入用电设备前每两根导线间绝缘电阻和每根导线的对地绝缘电阻，在低压线路中，其阻值应不低于 $0.5M\Omega$。注意，测量前应先断开所有用电器具，再将兆欧表接入线路进行测量。

5.3 室内照明装置的安装

照明装置是我们日常工作、学习和生活都离不开的必备品。民用常见的照明装置一般分为白炽灯、荧光灯和节能灯等。白炽灯的结构简单、操作方便；节能灯的结构与荧光灯类似。

5.3.1 常用照明装置的种类及安装规程

利用电来发光而作为光源的，称为电气照明。电气照明按发光的方法分，有热辐射放电（如白炽灯）、气体放电（如荧光灯）两类；按照明的方式分，有一般照明、局部照明和混合照明三类；按使用的性质分，有正常照明、事故照明、值班照明、警卫照明、障碍照明、装饰性照明（如射灯、闪灯）和广告性照明（如霓虹灯）等。

1. 照明灯具的种类及安装形式

(1) 照明灯具的种类。

照明灯具的种类有白炽灯、荧光灯、节能灯、荧光高压汞灯、卤钨灯、高压钠灯、金属卤化物灯等。

(2) 照明灯具的安装形式。

灯具的安装要遵守电工施工有关规定。通常的安装形式有悬挂式（悬吊式）、吸顶式、壁挂式和嵌入式，如图 5-17 所示。

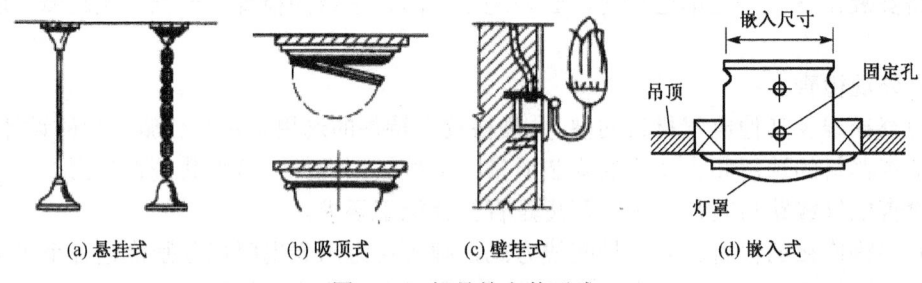

(a) 悬挂式　　(b) 吸顶式　　(c) 壁挂式　　(d) 嵌入式

图 5-17　灯具的安装形式

2. 照明装置的安装规程

(1) 在特别潮湿、有腐蚀性气体的场所以及易燃、易爆的场所，应分别采用合适的防潮、防爆、防雨的灯具和开关。

(2) 吊灯应装有挂线盒，每一只挂线盒只可装一盏灯（多管日光灯和特殊灯具除外）。吊线的绝缘必须良好，并不得有接头。在挂线盒内的接线应防止接头处受力断开使灯具跌落。超过 1kg 的灯具须用金属链条吊装或用其他方法支持，使吊灯导线不受力。

(3) 采用螺口灯座时，为避免人身触电，应将相线（即开关控制的火线）接入螺口内的中心铜片上，零线接入螺旋部分。

(4) 各种吊灯离地面距离不应低于 2m，潮湿危险的场所和户外应不低于 2.5m，低于 2.5m 的灯具外壳应妥善接地，最好使用 12～36V 的安全电压。

(5) 室内照明开关一般安装在门边便于操作的位置上。各种照明开关必须串接在相线上，开关离地高度一般不低于 1.3m。明插座的安装高度一般离地 1.3～1.5m，暗插座一般离地 0.3m。同一场所安装高度应一致。

(6) 照明装置的接线必须牢固，接触良好，接线时，相线和零线要严格区别，将零线接灯头上，相线须经过开关再接到灯头。

5.3.2　常用电光源线路的安装

1. 白炽灯

白炽灯具有结构简单、安装简便、使用可靠、成本低、光色柔和等特点，是应用最普遍的一种照明灯具。一般灯泡为无色透明灯泡,也可根据需要制成磨砂灯泡、乳白灯泡及彩色灯泡。

(1) 白炽灯的构造。

白炽灯由灯丝、玻璃壳、玻璃支架、引线、灯头等组成,如图 5-18 所示。灯丝一般用钨丝制成,当电流通过灯丝时,由于电流的热效应使灯丝温度上升至自炽程度而发光。

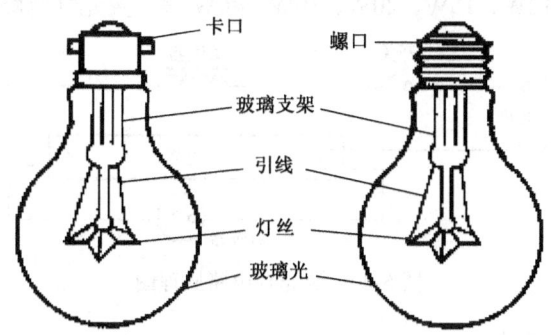

图 5-18　白炽灯的构造

(2) 白炽灯的种类。

白炽灯的种类有很多,按其灯头结构可分为卡口式和螺口式两种;按其额定电压分为 6V、12V、24V、36V、110V 和 220V 6 种。各种不同额定电压的灯泡外形很相似,所以在安装使用灯泡时应注意灯泡的额定电压必须与线路电压一致。

白炽灯发光效率较低,寿命也不长。一般在 1000h,但光色较受人们欢迎,故应用普遍。

(3) 灯座。

灯座又称灯头,品种较多。常用的灯座如图 5-19 所示。灯座可根据使用的环境条件进行选择。

图 5-19　常用灯座外形

注意采用螺口灯座时,应将相线(即开关控制的火线)接入螺口内的中心铜片上,零线接入螺旋部分。

2. 荧光灯照明线路的安装

荧光灯的最大特点是发光效率高,在同等功率下,它的发光率是白炽灯的4～6倍。荧光灯的规格有6W、8W、12W、15W、20W、30W、40W等。荧光灯电路原理图如图5-20所示。

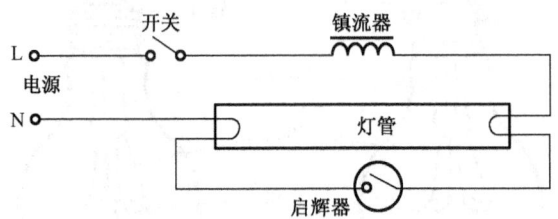

图 5-20　荧光灯电路原理图

(1)荧光灯的工作特点。

灯管在启动时必须高电压(远大于220V)激活水银蒸气,才能导电发光。正常工作时必须降低灯管电压(小于220V,约200V),才能持续发光。为了达到上述要求必须增设外围设备,启辉器和镇流器就应运而生,它们和灯管的自动默契配合,使灯管自动完成启动及正常运行。

(2)主要器件。

荧光灯由灯管、启辉器、镇流器、灯架和灯座等组成。下面介绍其主要元器件。

①灯管。由玻璃管,灯丝和灯丝引角等构成。玻璃管内壁涂有荧光粉,管内真空后充入少量水银蒸气,灯丝上涂有电子发射物质。当两端灯丝加上电压后,灯丝上的电子发射物质发射电子,激活水银蒸气导电,水银蒸气电子打在荧光粉上使之发出可见光,因可见光酷似太阳光,故又称日光灯。

②启辉器。由氖泡、小电容、出线脚和外壳组成。氖泡内装有动触片(U形双金属片)和静触片,并充有惰性气体——氖,如图5-21所示。U形双金属片如图5-22所示。

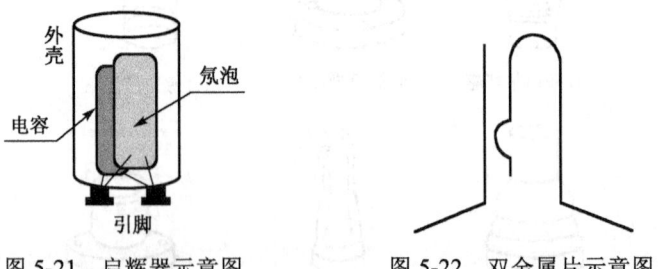

图 5-21　启辉器示意图　　　图 5-22　双金属片示意图

在两引脚未加电压时,动、静触片是分开的,当两引脚加上足够电压后(220V),由于间隙较小，电压将击穿间隙导电，并使惰性气体——氖发出粉红色的可见光，此时因间隙处电阻较大，造成双金属片因发热膨胀而使两触片闭合。当两触片闭合后而接触电阻近乎为零，故温度急剧下降，由于双金属片的记忆恢复作用，使动、静触片重新断开。启辉器恢复通电前的初始状态。

经过上述分析可知，启辉器的氖泡在双金属片的作用下，自动地实现了开—闭—开的工作过程。其内部的小电容是因为在双金属片闭合产生火花的瞬间会发出电磁波，可对周围的无线电接收产生不良影响，与氖泡并联一个小电容可消除此影响。

③镇流器。主要由铁芯和电感线圈组成。其作用是启动瞬间产生感生电动势 E，启动后正常工作时产生感抗压降，起降压和限流的功能。

（3）荧光灯的工作原理。

将开关闭合，电压（220V）通过镇流器加在灯管两端和启辉器两端（两者可视为并联），电流对灯丝加热但灯管并不发光（灯管在启动时必须高压才能激活水银蒸气导电发光）。而启辉器此时则进行一系列的开—闭—开的动作。

在启辉器完成开—闭动作时，由于有电流通过镇流器，当启辉器完成闭—开动作时，因电流的突然断开则在镇流器里产生较大的感生电动势 E，感生电动势 E 将和外加电压"叠加起来加在荧光灯管两端灯丝上，此电压足以激活水银蒸气而使其导电发光。

当荧光灯管导电发光后，镇流器里产生的感生电动势 E 变成正常的感抗压降（70V），荧光灯管的压降也降落到正常数值（200V）。此时镇流器的作用是降压和限流，启辉器已完全失去作用，摘除它丝毫不影响荧光灯的正常工作。

3. 节能灯

节能灯又叫紧凑型荧光灯（国外简称 CFL 灯），它是 1978 年由国外厂家首先发明的，由于它具有光效高（是普通灯泡的 5 倍），节能效果明显，寿命长（是普通灯泡的 8 倍），体积小，使用方便等优点，受到人们的重视和欢迎。

节能灯是自带镇流器的日光灯，节能灯点燃时首先通过电子镇流器给灯管灯丝加热，涂了电子粉（电子粉是指吸收较低的能量就可发射电子的金属，如钍、铯等粉末）的灯丝开始发射电子，电子碰撞充装在灯管内的氩原子，氩原子碰撞后获得能量又撞击内部的汞原子，汞原子在吸收能量后跃迁产生电离，灯管内形成等离子态，灯管两端电压直接通过等离子态导通并发出紫外线，紫外线激发荧光粉发光。由于荧光灯工作时灯丝的温度在 1160K 左右，比白炽灯工作的温度 2200～2700K 低很多，所以它的寿命大大提高，达到 5000h 以上。由于它使用效率较高的电子镇流器，同时不存在白炽灯那样的电流热效应，荧光粉的能量转换效率也很高，所以节约电能。

LED 节能灯由于节约能源，色彩丰富，其无与伦比的装饰性正走进千家万户。LED 节能灯发光二极管的核心部分是由 P 型半导体和 N 型半导体组成的晶片，在 P 型半导体和 N 型半导体之间有一个过渡层，即 PN 结。在某些半导体材料的 PN 结中，注入的少数载流子与多数载流子复合时会把多余的能量以光的形式释放出来,从而把电能直接转换为光能。PN 结加反向电压,少数载流子难以注入,故不发光。这种利用注入式电致发光原理制作的二极管叫发光二极管,通称 LED。当它处于正向工作状态时,电流从 LED 阳极流向阴极,半导体晶体就发出从紫外到红外不同颜色的光线,光的强弱与电流有关。

5.3.3 照明开关的安装

开关的作用是接通或断开电源的器件,开关大多用于室内照明电路,故统称室内照明开关,也广泛用于电气器具的电路通断控制。

1. 分类

开关的类型有很多,一般分类方式如下。

(1)按装置方式分,有明装式——明线装置用;暗装式——暗线装置用;悬吊式——开关处于悬垂状态使用;附装式——装设于电气器具外壳上。

(2)按操作方法分,有跷板式、倒扳式、拉线式、按钮式、推移式、旋转式、触摸式、感应式。

(3)按接通方式分,有单联(单投、单极)、双联(双投、双极)、双控(间歇双投)、双路(同时接通两路)。

明装式有拉线开关、扳把开关(又称平开关)等,暗装式多采用扳把开关(也称跷板式开关)。按其结构分为单极开关、双极开关、三极开关、单控开关、双控开关、多控开关以及旋转开关等。常用开关如图 5-23 所示。

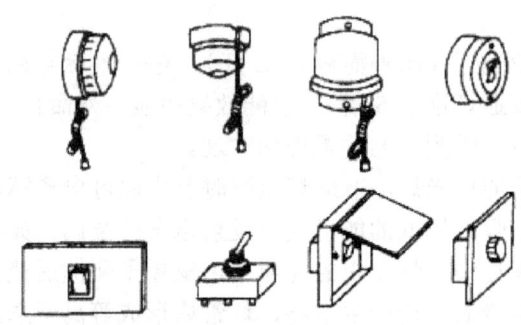

图 5-23 常用开关

2. 单联开关的安装

单联开关控制一盏灯,接线时,开关应接在相线(俗称火线)上,使开关断开后,灯头上没有电,以利安全,如图 5-24 所示。

3. 双联开关的安装

双联开关一般用在两处,用两只双联开关控制一盏灯。双联开关的安装方法与单联开关类似，但其接线较复杂。双联开关有三个接线端，分别与三根导线相接，注意双联开关中间铜片的接线桩（即 COM 端）不能接错，一个开关的中间铜片接线桩（即 COM 端）应和电源相线连接，另一个开关的中间铜片接线桩（即 COM 端）与螺口灯座的中心弹簧片接线桩连接。每个开关还有两个接线桩用两根导线分别与另一个开关的两个接线桩连接。

双联开关在两个地方控制一盏灯，这种控制方式通常用于楼梯处的电灯，在楼上和楼下都可以控制，如图 5-25 所示。

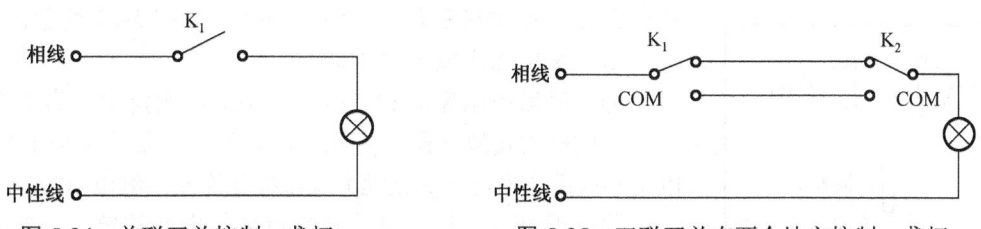

图 5-24　单联开关控制一盏灯　　　　　图 5-25　双联开关在两个地方控制一盏灯

无论是明装开关还是暗装开关，开关控制的应该是相线。在安装扳把开关时，无论是明装开关还是暗装开关，装好后应该是往上扳电路接通，往下扳电路切断。

时下的住宅装饰几乎都是采用暗装跷板开关。从外形看，其扳把有琴键式和圆钮式两种。此外，常见的还有调光开关、调速开关、触摸开关、声控开关，它们均属暗装开关，其板面尺寸与暗装跷板开关相同。暗装开关通常安装在门边。为了开门后开灯方便，距门框边最近的第一个开关，距框边为 15～20cm，以后各个开关相互之间紧挨着，其相互之间的尺寸则由开关边长确定。触摸开关、声控开关是一种自控关灯开关，一般安装在走廊、过道上，距地高度 1.2～1.4m。

5.3.4　插头与插座的安装

1．插头

插头是为用电器具引取电源的插接器件。插头的形式，国家标准规定为扁形插脚，为了保证用电安全，除了有绝缘外壳及低压电源（安全电压）的用电器具可以使用两极插头外，其他有金属外壳及可碰触的金属部件的电器都应装有接地线的三极插头。

2．插座

插座的作用是为移动式照明电器、家用电器或其他用电设备提供电源接口。

（1）分类。

插座分明式、暗式和移动式三种类型，是互配性要求较严而又形式多样的一大类器件。它连接方便、灵活多用，有明装和暗装之分，按其结构可分为单相两极两孔、单相三极三孔（有一极为保护接地或接零）和三相四极四孔（有一极为接零或接地）插座等。工作电压为 50V、250V 和 380V。

（2）插座的安装。

插座的种类颇多，用途各异。插座安装方式有明装和暗装两种，方法与开关安装一样。在住宅电气设计中，尤以暗装插座居多。在安装中，住宅照明、家用电器（如空调器、微波炉、电冰箱、消毒柜、电饭煲、电视等）所用两极、三极单相插座最多。在安装插座时，插座接线孔要按一定顺序排列。单相两极插座的两极垂直排列时，相线孔在上方，零线孔在下方；单相两极插座水平排列时，相线在右孔，零线在左孔；单相三极插座，保护接地线在上孔、相线在右孔、零线在左孔，如图5-26所示。

（3）家用插座安装要求。

①普通家用插座的额定电流为10A，额定电压为250V。

②插座的安装位置距地面高度。明装时一般应不小于1.3m，以防小孩用金属丝（如铁丝）探试插孔而发生触电事故。

③对于电视、计算机、音响设备、电冰箱等，一般是安装插孔带防护盖的暗插座，其距地面高度不应小于200mm，这是为了方便上述家电接插的需要。

④住宅客厅安装空调器，一般是就近安装明装单相插座（250V 15A）。

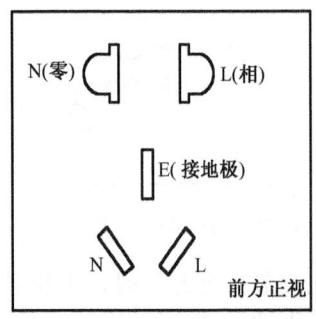

图5-26 插座外形及接线

⑤豪华住宅客厅安装柜式空调侧，一般是就近明装三相四极插座。

⑥微波炉单独安装插座。

⑦电饭煲、电炒锅、电水壶等电炊具一般设在厨房灶台上，它们的插座一般安装在灶台的上方，且距离台板面不小于200mm。

5.3.5 照明配电箱线路的安装

照明配电箱是用户室内照明及电器用电的配电点，它是连接输入电源与用电器的关键设备。除了分配电能外，还用于保护和控制电器，便于管理和维护，有利于安全用电。

单相照明配电箱一般由控制开关，失压、过载和短路漏电保护器等组成，普通单相照明配电箱如图5-27所示。

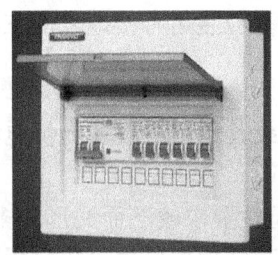 

图5-27 照明配电箱外形图

照明配电箱主要起到控制整套房子的所有用电，开关个数主要取决于回路划分。一般应不少于八个回路。电源线进户最好采用三相 $6mm^2$，可承载总负荷 10kW 以上。回路划分要尽量合理，照明可分为 1~2 个回路，插座为 2~3 个回路，空调为 2~3 个回路，注意不要将大容量用电负荷集中装于一个回路上，应尽可能分配均匀。除空调外的插座回路必须装有漏电保护装置，漏电开关动作电流可采用 30mA，动作时间 0.1s，主要为了保证人身安全。如图 5-28 所示为某住宅单相照明配电箱系统图。

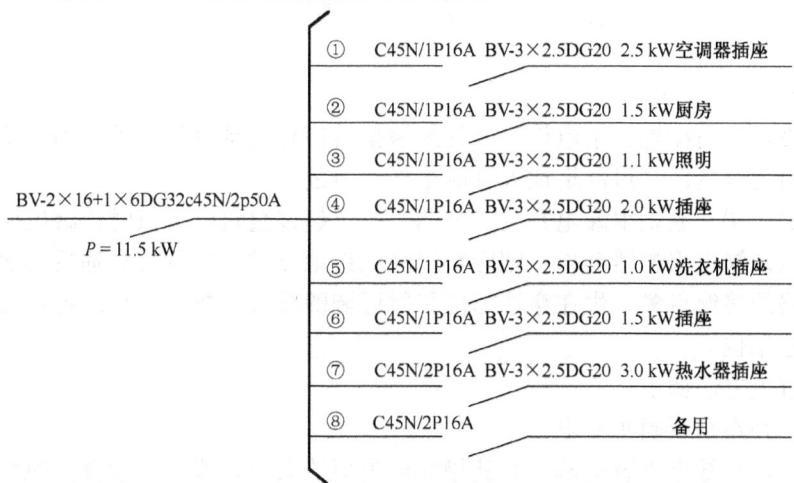

图 5-28 某住宅单相照明配电箱系统图

照明配电箱一般安装在距进门不远处，如客厅或餐厅墙上，位置宜稍高，以避免小孩轻易接触。

5.4 照明电路故障的检修

照明电路的常见故障主要有断路、短路和漏电三种。

1. 断路

产生断路的原因主要是熔丝熔断、线头松脱、断线、开关没有接通等，如果一个灯泡不亮而其他灯泡都亮，应首先检查是否灯丝烧断。若灯丝未断，则应检查开关和灯头是否接触不良、有无断线等。为了尽快查出故障点，可用试电笔测灯座（灯口）的两极是否有电，若两极都不亮，则说明相线断路；若两极都亮（带灯泡测试），则说明中性线（零线）断路；若一极亮一极不亮，则说明灯丝未接通。对于荧光灯来说，还应对其启辉器进行检查。如果几盏电灯都不亮，应首先检查总保险是否熔断或总闸是否接通，也可按上述方法及试电笔判断故障。

2. 短路

造成短路的原因大致有以下几种。

（1）用电器具接线不好，以致接头碰在一起。
（2）灯座或开关进水，螺口灯头内部松动或灯座顶芯歪斜碰及螺口，造成内部短路。
（3）导线绝缘层损坏或老化，并在零线和相线的绝缘处碰线。

发生短路故障时，会出现打火现象，并引起短路保护动作（熔丝烧断）。当发现短路打火或熔丝熔断时应先查出发生短路的原因，找出短路故障点，并进行处理后再更换保险丝，恢复送电。

3. 漏电

相线绝缘损坏而接地、用电设备内部绝缘损坏使外壳带电等原因，均会造成漏电。漏电不但造成电力浪费，还可能造成人身触电伤亡事故。

漏电保护装置一般采用漏电开关。当漏电电流超过整定电流值时，漏电保护器动作切断电路。若发现漏电保护器动作，则应查出漏电接地点并进行绝缘处理后再通电。

照明线路的接地点多发生在穿墙部位和靠近墙壁或天花板等部位。查找接地点时，应注意查找这些部位。

漏电的查找方法如下。

（1）首先判断是否确实漏电。

可用 500V 绝缘电阻表检测，看其绝缘电阻值的大小，或在被检查建筑物的总刀闸上接一只电流表，接通全部电灯开关，取下所有灯泡，进行仔细观察。若电流表指针摇动，则说明漏电。指针偏转的多少，取决于电流表的灵敏度和漏电电流的大小。若偏转多则说明漏电大，确定漏电后可按下一步继续进行检查。

（2）判断漏电类型。

是火线与零线间的漏电，还是相线与大地间的漏电，或者是两者兼而有之。以接入电流表检查为例，切断零线，观察电流的变化：电流表指示不变，是相线与大地之间漏电；电流表指示为零，是相线与零线之间的漏电；电流表指示变小但不为零，则表明相线与零线、相线与大地之间均漏电。

（3）确定漏电范围。

取下分路熔断器或拉下开关刀闸，电流表若不变化，则表明是总线漏电；电流表指示为零，则表明是分路漏电；电流表指示变小但不为零，则表明总线与分路均漏电。

（4）找出漏电点。

按前面介绍的方法确定漏电的分路或线段后，依次拉断该线路灯具的开关，当拉断某一开关时，电流表指针回零或变小，若回零则是这一分支线漏电，若变小则是除该分支漏电外还有其他漏电处；若所有灯具开关都拉断后，电流表指针仍不变，则说明是该段干线漏电。

依照上述方法依次把故障范围缩小到一个较短线段或小范围之后，便可进一步检查该段线路的接头，以及电线穿墙处等有无漏电情况。当找到漏电点后，应及时妥善处理。

5.5 实训项目

5.5.1 实训一：居家电气设计与安装

1. 实训目的

（1）理解"居家电气设计与安装"的理论和方法；独立完成"居家电气设备"的设计和安装任务。

（2）能熟悉各种开关的结构与工作原理，正确连接双联开关、三孔插座的控制线路。

（3）能够独立排除"居家电气设备"的常见故障。

2. 实训内容

（1）居家电气最基本的种类如下。

①白炽灯、日光灯。

②单相开关和双联开关。

③插座。

④漏电保护开关（自动空气开关）。

⑤单相有功电度表（简称单相电度表）。

（2）居家电气的设计。

①图 5-29 所示为白炽灯电路图。L 表示为 220V 相线，N 表示为 220V 零线，S 表示为单相开关。S 闭合电路导通，点亮白炽灯。

②图 5-30 所示为日光灯电路图。L 表示为 220V 相线，N 表示为 220V 零线，S 表示为单相开关。S 闭合电路导通，启辉器工作，镇流器两端产生较高的脉冲感应电势并加载在灯管两端，点亮日光灯管。

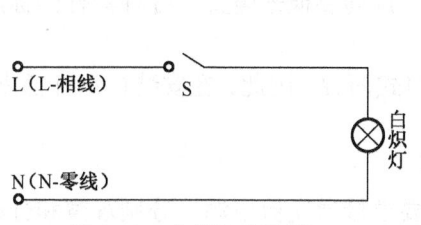

图 5-29　白炽灯电路图

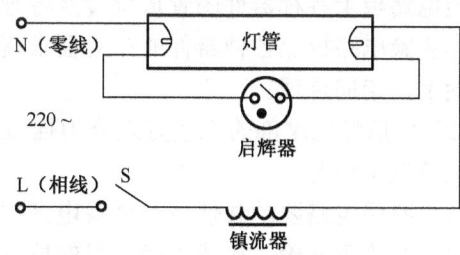

图 5-30　日光灯电路图

③图 5-31 所示为双联双控开关电路图。L 表示为 220V 相线，N 表示为 220V 零线。S_1 和 S_2 表示为双联双控开关。S_1 闭合在 1 处，S_2 闭合在 2 处，电路不导通。当 S_1 和 S_2 闭合在 2 处，点亮白炽灯；当 S_1 闭合在 2 处，S_2 闭合在 1 处，关闭白炽灯。反之亦然。

④单相三孔插座回路，三孔插座保护接地线在上孔、相线在右孔、零线在左孔。

⑤图 5-32 所示为漏电保护开关（自动空气开关）电路图。当 220V 交流电压的出线部分发生漏电、触电及短路时，漏电保护开关即自动跳闸断电。

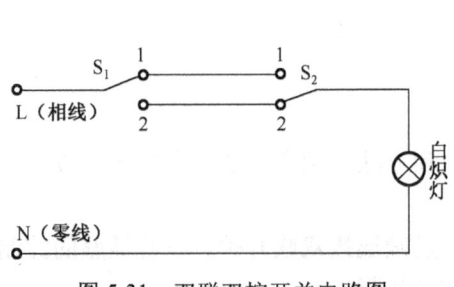

图 5-31　双联双控开关电路图

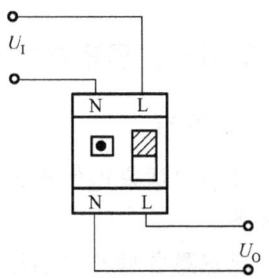

图 5-32　漏电保护开关电路图

⑥图 5-33 所示为单相电度表电路图。L 表示为 220V 相线，N 表示为 220V 零线。图中端子 1、2 间相连一个电流线圈；端子 1、3 间相连一个电压线圈。电度表工作时，单相有功功率为：W（瓦特）。

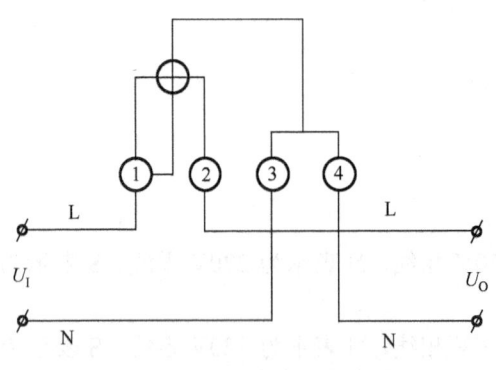

图 5-33　单相电度表电路图

3. 实训要求

（1）根据图 5-29 所示白炽灯电路图、图 5-30 所示日光灯电路图、图 5-31 所示双联双控开关电路图、单相三孔插座、图 5-32 所示漏电保护开关电路图、图 5-33 单相电度表电路图，在实验电路（通用）板按要求完成实验电路的连接。

①根据实验电路板的面积大小和各种器件的形状以及几何尺寸，按照上述各电路图设计实验电路板上各种器件的置放位置及各导线的走向。

②实验电路板上各种器件的布置要求疏密得当，排列要横平竖直；各种器件的标志符必须朝上，走向合理。

（2）白炽灯泡尾部的连接方式分为插口式和螺口式两种，因此，在安装白炽灯插座时，必须注意这个问题。

（3）照明电路要单独使用一个漏电开关。

（4）经检查并确认接线正确无误的情况下，按要求接通交流电源，分别观察和分析各种电路的工作状态。

5.5.2　实训二：组装照明配电箱及常用照明线路的安装

1. 实训目的

（1）掌握常用照明电路的组成及线路的连接方法。

(2)学会使用单、双联开关,并完成一定功能的控制线路。

(3)正确安装单相电度表、照明配电箱、漏电保护开关、螺口灯座的接线。

2. 实训器材工具

(1)单相电度表、照明配电箱、断路器、漏电保护器、单联开关、双联开关、插座、白炽灯泡、灯座、节能灯等。

(2)电工常用工具1套。

3. 实训内容

(1)组装接线。

接线图如图 5-34 所示。

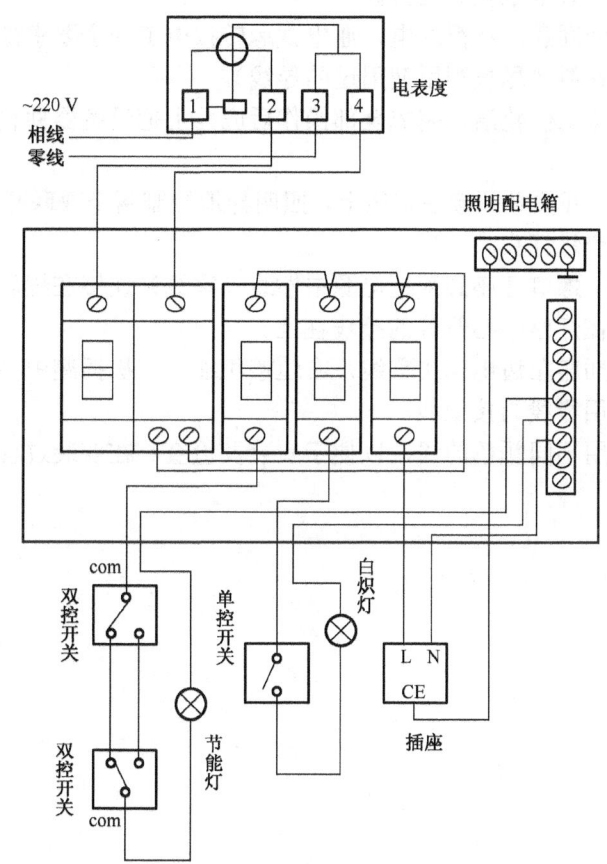

图 5-34　组装照明配电箱及常用照明线路的安装线路图

①单相电度表的安装接线,相线、中性线接入单相电度表的进线端,出线端接入照明配电箱。

②组装照明配电箱，配电箱内部走线规整，横平竖直。
③一般照明线路：一个单联开关控制一盏白炽灯。
④照明异地控制：两个双联开关控制一盏节能灯。
⑤普通插座的接线。

（2）操作测试。

①通过控制单联开关的通断，观察白炽灯的亮与灭，确认单联开关控制一盏白炽灯。

②通过控制两个双联开关的通断，观察节能灯的亮与灭，确认两个双联开关都可自由控制一盏节能灯。如果将两个开关安装于两个不同的位置，即可实现异地控制照明灯。

4．注意事项

（1）注意安全，严禁带电安装及检修。

（2）未经指导教师同意，不得通电，通电试运转按电工安全要求操作。

（3）要节约导线材料（尽量利用使用过的导线）。

（4）操作时应保持工位整洁，完成全部操作后应马上把设备器件整理好，把工位清洁干净。

（5）开关的安装。开关必须接在相线上。照明异地控制两个双联开关注意com端的接线，一个接开关，一个进灯头。

（6）灯座的安装。螺口灯座必须把电源中性线（零线）连接在螺旋套的接线柱上，把相线（来自开关）接在灯座中心簧片的接线柱上。

（7）插座。双极插座左边电极接零线，右边接相线；三极插座中接地的接线柱必须与接地线连接，不可借用零线为接地线。

（8）相线和零线用不同颜色的线，以便于安装及检查。在安装过程中不可把两种颜色混淆。

第6章 常用低压电器及电动机控制

在机械设备电气自动控制中,无论采用传统的继电器-接触器逻辑控制系统、直流调速系统、硬件数控系统,还是采用现代的控制系统、交流变频调速系统、计算机数控系统,均离不开电源的通断、电路的切换、电力拖动用电动机的启动、停止、正转、反转的控制及控制电路的保护。要实现这些功能必须依赖于低压电器及其基本控制电路。

本章在简述机械设备常用低压电器元件的基础上,介绍由低压电器构成的基本控制电路及基本控制环节。

6.1 常用低压电器

6.1.1 概述

电器对电能的生产、输送、分配与应用起着控制、调节、检测和保护的作用。在电力输配电系统和电力拖动自动控制系统中,电器的应用极为广泛。随着电子技术、自动控制技术和计算机应用技术的迅猛发展,一些电器可能被电子电路所取代。但是由于电器本身也朝着新的领域扩展,例如,电器性能的提高,新型电器的产生,机、电、仪一体化电器的实现,电器应用范围的扩展等,而且有些电器元件有其特殊性,因此电器元件是不可能完全被取代的,以继电器、接触器等工业电器为基础的电气控制技术仍占有相当重要的地位。

电器是一种根据外界的信号和要求,手动或自动地接通或断开电路,断续或连续地改变电路参数,以实现电路或非电对象的切换、控制、保护、检测、变换和调节的电气设备。低压电器通常是指工作在交流电压 1200V、直流电压 1500V 以下的电路中的电气设备。

本节主要介绍电气控制系统中常用的各种低压电器的结构、工作原理和技术规格,不涉及元器件的设计,而着重于应用。

6.1.2 低压电器的分类

电器的品种、规格繁多,功能及用途也很广泛,为了系统地掌握,必须对其分类。

1. 按工作电压等级分类

(1)高压电器。用于交流电压 1200V、直流电压 1500V 及以上电路中的电器,如高压断路器、高压隔离开关和高压熔断器等。

(2)低压电器。用于交流 50Hz(或 60Hz)、额定电压 1200V 以下,直流额定电压 1500V 以下的电路内,起通断、保护、控制或调节作用的电器,如接触器、继电器等。

2. 按动作原理分类

（1）手动电器。通过人的操作发出动作指令的电器，如刀开关、按钮等。

（2）自动电器。产生电磁吸力而自动完成动作指令的电器，如接触器、继电器、电磁阀等。

3. 按用途分类

（1）控制电器。用于各种控制电路和控制系统的电器，如接触器、继电器、电动机启动器等。

（2）配电电器。用于电能的输送和分配的电器，如高压断路器、低压断路器等。

（3）主令电器。用于自动控制系统中发送动作指令的电器，如按钮、转换开关等。

（4）保护电器。用于保护电路及用电设备的电器，如熔断器、热继电器等。

（5）执行电器。用于完成某种动作或传送功能的电器，如电磁铁、电磁离合器等。

6.1.3 电气控制系统常用低压电器

电气控制系统常用低压电器概括如下。

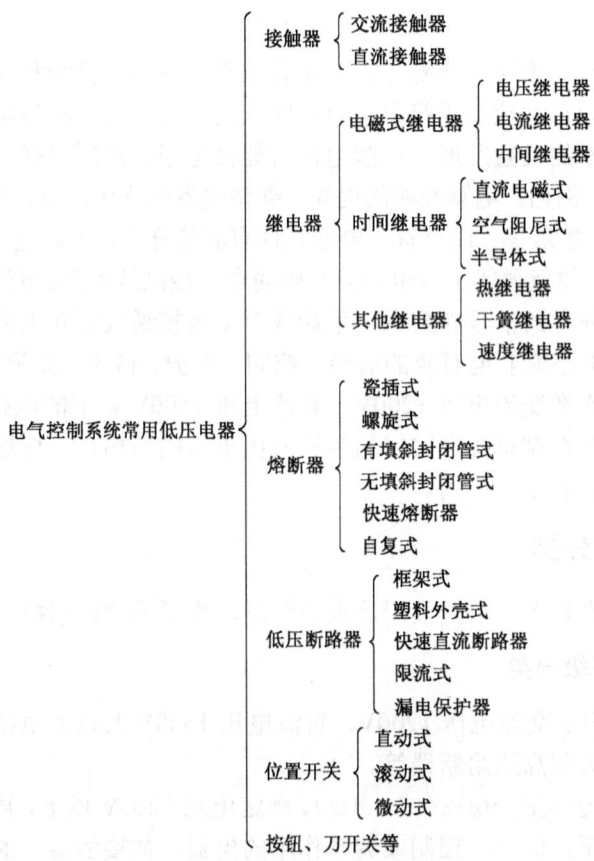

6.1.4 接触器

接触器是一种自动控制电器,适用于在低压配电系统中远距离控制、频繁操作交直流主回路及大容量控制电路,自动控制交、直流电动机,电热设备,电容器组等设备,应用十分广泛。接触器具有强大的执行机构,大容量主触头和多组辅助触头,具有迅速熄灭电弧的能力和低压释放功能。与保护电器组合可构成各种电磁启动器,用于电动机的控制及保护。

接触器按灭弧介质分,有空气电磁式接触器、油浸式接触器和真空接触器等;按主触头控制的电流种类分,有交流接触器、直流接触器、机械连锁(可逆)接触器、切换电容接触器等。其中应用最广泛的是空气电磁式交流接触器和直流接触器,习惯上简称为交流接触器和直流接触器。接触器的图形、文字符号如图 6-1 所示。

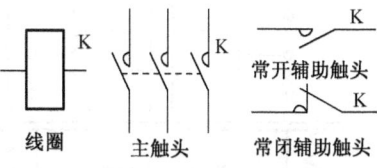

图 6-1 接触器的图形、文字符号

1. 接触器的结构及工作原理

接触器由电磁系统、触头系统、灭弧系统、释放弹簧机构、接线端子、绝缘外壳及基座等几部分组成,新型接触器还有各种可选附件。

电磁系统包括线圈、动铁芯和静铁芯,铁芯和衔铁用硅钢片叠成;触头系统包括主触头和辅助触头,它和动铁芯一起联动。中小容量的交、直流接触器的电磁机构一般都采用直动式电磁系统,主、辅触头一般都采用直动式双断点桥式结构设计;大容量的采用绕棱角转动的拍合式电磁铁结构,主触头采用转动式单断点指式触头。交流接触器采用多纵缝灭弧装置灭弧;直流接触器采用磁吹式灭弧装置灭弧。如图 6-2 所示为交流接触器电磁系统和触头系统的结构原理图。

在图 6-2 中,A1 和 A2 是产品外壳上标注的线圈接线端子标记号,同样,在触头附近标注的数字是触头接线端子标记号。单数字 1、3、5 等是主触头标记,双数字 13、21、31、53、61 等是辅助触头标记号。

交流接触器的基本工作原理如图 6-3 所示。它利用电磁原理通过控制电路的控制,使衔铁运动,从而带动触头进行状态转换。当接触器线圈不通电时,弹簧的反作用力和衔铁的自重使主触头保持断开位置。当线圈施加控制电压时,电磁力克服弹簧的反作用力将衔铁吸向静铁芯,带动主触头闭合,接通主电路,同时辅助触头也随之动作。

2. 交流接触器

接触器按其主触点所控制主电路电流的种类可分为交流接触器和直流接触器两种。

交流接触器线圈通以交流电,主触点接通、分断交流主电路,如图 6-4 所示。当交流磁通穿过铁芯时,将产生涡流和磁滞损耗,使铁芯发热。为减少铁损,铁芯用硅钢片冲压而成。为便于散热,线圈做成短而粗的圆筒状绕在骨架上。

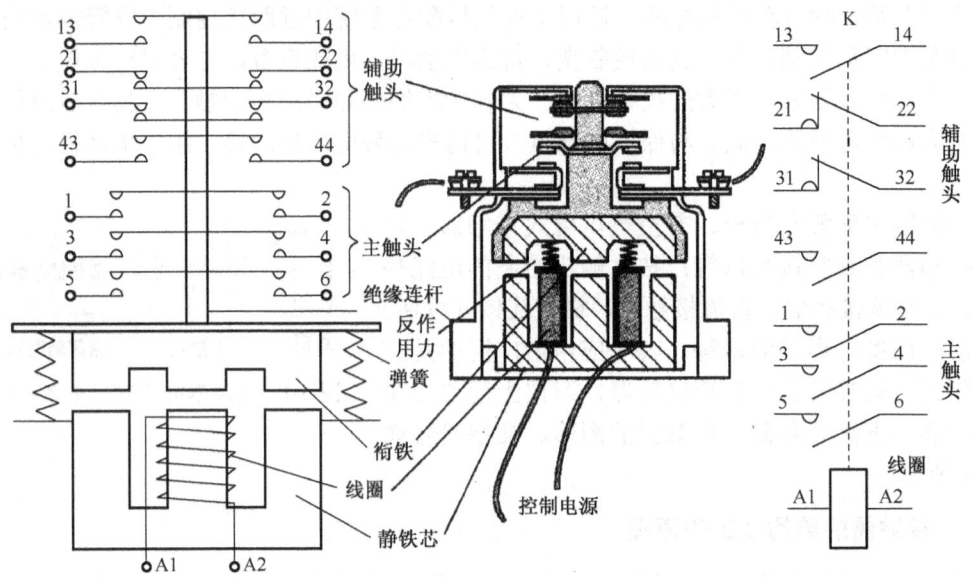

图 6-2　交流接触器电磁系统和触头系统的结构原理图

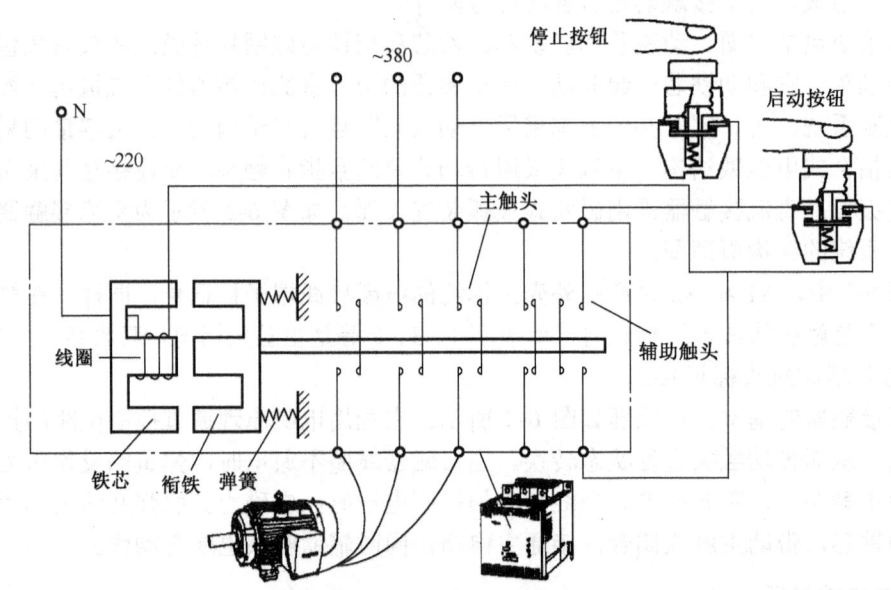

图 6-3　交流接触器的基本工作原理

我国生产的交流接触器系列较多,具体选用时可查产品目录,常用的交流接触器有 CJ12、CJ20 等。近年来从德国引进的产品中,西门子公司的 3TB 系列和 CJX1 系列应用较多。

第6章 常用低压电器及电动机控制

(a) CJ10-60 接触器

(b) CJX2-N 系列交流接触器

(c) CJ12 系列交流接触器

图 6-4 交流接触器

3. 直流接触器

直流接触器线圈通以直流电流，主触点接通、切断直流主电路，某直流接触器外形如图 6-5 所示。因为线圈通入的是直流电，铁芯中不会产生涡流和磁滞损耗，所以不会发热。为方便加工，铁芯用整块钢块制成。为使线圈散热良好，通常将线圈绕制成长而薄的圆筒状。直流接触器灭弧较困难，一般采用灭弧能力较强的磁吹灭弧装置。

对于 250A 以上的直流接触器，往往采用串联双绕组线圈，直流接触器双绕组线圈接线图如图 6-6 所示。接触器的一个常闭辅助触点与保持线圈 2 并联连接。在电路刚接通瞬间，保持线圈 2 被常闭触点短接，可使启动线圈 1 获得较大的电流和吸力。当接触器动作后，常闭触点断开，两线圈串联通电，由于电源电压不变，所以电流减小，但仍可保持衔铁吸合，因而可以节电和延长电磁线圈的使用寿命。

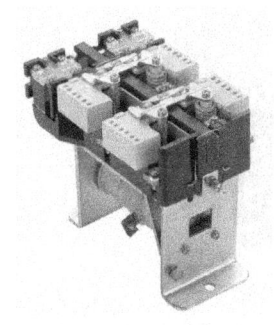

图 6-5 CZ0-150G 直流接触器

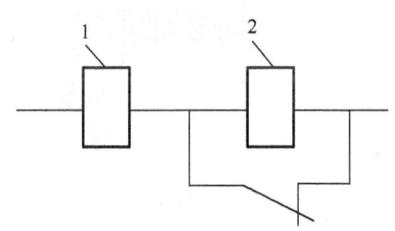

1—启动线圈；2—保持线圈

图 6-6 直流接触器双绕组线圈接线图

6.1.5 继电器

1. 概述

继电器是一种利用各种物理量的变化，将电量或非电量信号转化为电磁力或使输出状

111

态发生阶跃变化,从而通过其触点或突变量促使在同一电路或另一电路中的其他器件或装置动作的一种控制元件。它用于各种控制电路中进行信号的传递、放大、转换、连锁等,控制主电路和辅助电路中的器件或设备按预定的动作程序进行工作,实现自动控制和保护的目的。

继电器的种类有很多,常用的分类方法有:按输入量的物理性质分为电压继电器、电流继电器、功率继电器、时间继电器和温度继电器等;按动作原理分为电磁式继电器、感应式继电器、电动式继电器、热继电器和电子式继电器等;按动作时间分为快速继电器、延时继电器、一般继电器;按执行环节作用原理分为有触点继电器、无触点继电器;按用途分为电器控制系统用继电器、电力系统用继电器。这里主要介绍电器控制系统用的电磁式(电压、电流、中间)继电器、时间继电器、热继电器等。

2. 电磁式(电压、电流、中间)继电器

常用的电磁式继电器有电压继电器、电流继电器及中间继电器。

(1)电磁式继电器的结构与工作原理。

电磁式继电器的结构和工作原理与接触器类似,是由铁芯、衔铁、线圈、释放弹簧和触点等部分组成的,如图6-7所示。由于继电器用于控制电路,所以流过触点的电流较小,故不需要灭弧装置。电磁式继电器的图形、文字符号如图6-8所示。

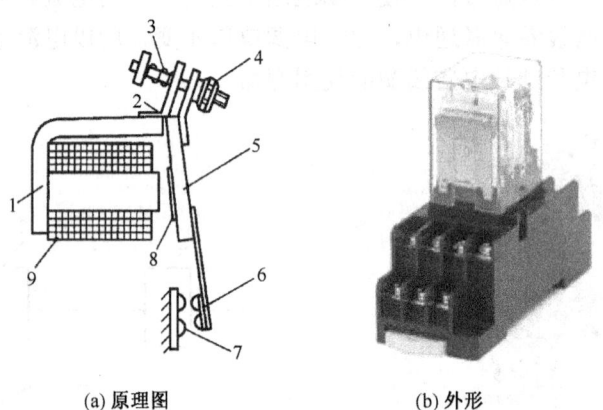

(a)原理图   (b)外形

1—铁芯;2—旋转棱角;3—释放弹簧;4—调节螺母;5—衔铁;6—动触点;7—静触点;8—非磁性垫片;9—线圈

图6-7 电磁式继电器原理图

(2)电压继电器。

电压继电器反映的是电压信号。使用时,电压继电器线圈与负载并联,其线圈匝数多而线径细。常用的有欠(零)电压继电器和过电压继电器两种。

在电流正常工作时,欠电压继电器吸合动作,当电路电压减小到某一整定值(0.3~0.5)U_N以下时,欠电压继电器释放,对电路实现欠电压保护。

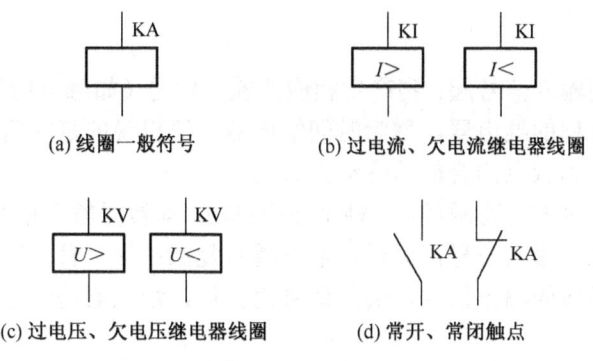

图 6-8 电磁式继电器的图形、文字符号

零电压继电器是当电路电压降低到（0.05~0.25）U_N 时释放，对电路实现零电压保护。

在电流正常工作时，过电压继电器不动作，当电路电压超过某一整定值（1.05~1.2）U_N 时，过电压继电器吸合，对电路实现过电压保护。

（3）电流继电器。

电流继电器反映的是电流信号。在使用时，电流继电器的线圈和负载串联，其线圈匝数少而线径粗。这样，线圈上的电压降很小，不会影响负载电路的电流，而导线粗、电流大仍可获得需要的磁动势。常用的电流继电器有欠电流继电器和过电流继电器两种。

在电路正常工作时，欠电流继电器吸合动作，当电路电流减小到某一整定值（0.3~0.65）I_N 以下时，欠电流继电器释放，对电路起欠电流保护作用。

在电路正常工作时，过电流继电器不动作，当电路中电流超过某一整定值（1.1~4）I_N 时，过电流继电器吸合动作，对电路起过电流保护作用。

（4）中间继电器。

中间继电器实质上是一种电压继电器。它的特点是触点数目较多，电流容量可增大，起到中间放大（触点数目和电流容量）的作用。表 6-1 列出了 JZ7 系列中间继电器的主要技术数据。

表 6-1 JZ7 系列中间继电器的主要技术数据

型号	额定电压/V		吸引线圈电压/V	额定电流/A	触点数量		最高操作频率/（次/h）	寿命/万次	
	交流	直流			常开	常闭		机	电
JZ7-22	500	440	36,127,220,380,500	5	2	2	1200	300	100
JZ7-41	500	440	36,127,220,380,500	5	4	1	1200	300	100
JZ7-44	500	440	12,36,127,220,380,500	5	4	4	1200	300	100
JZ7-62	500	440	12,36,127,220,380,500	5	6	2	1200	300	100
JZ7-80	500	440	12,36,127,220,380,500	5	8	0	1200	300	100

3. 时间继电器

从敏感元件得到输入信号起，到产生相应的输出信号（如触点的通断等），有一个符合一定准确度的延时过程的继电器，称为时间继电器。这里说的延时区别于一般电磁式继电器从线圈得到电信号到触点闭合的固有动作时间。

时间继电器的延时方式有两种：一种是通电延时，即接受输入信号后要延迟一段时间，输出信号才发生变化，输入信号消失后，输出瞬时复原；另一种是断电延时，当接受输入信号时，立即产生相应的输出信号，输入信号消失后，继电器需经过一定的延时，输出才复原。

时间继电器种类有很多，常用的有电磁式、空气阻尼式和半导体式等。时间继电器的图形符号及文字符号如图 6-9 所示。

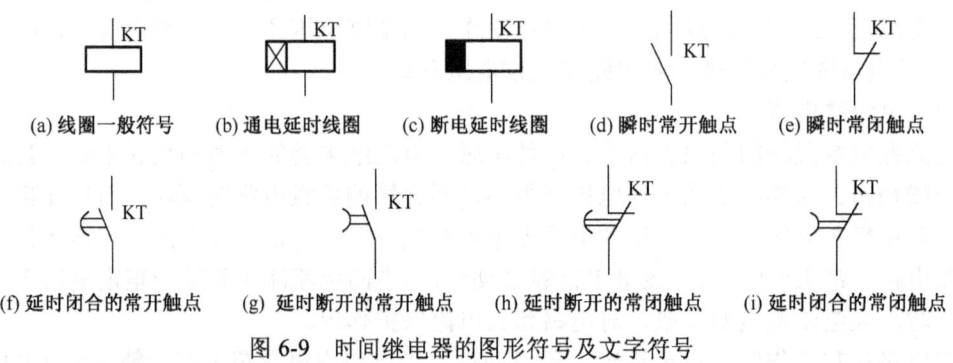

图 6-9　时间继电器的图形符号及文字符号

（1）直流电磁式时间继电器。

直流电磁式时间继电器在铁芯上增加了一个阻尼铜套，其结构示意如图 6-10 所示。由电磁感应定律可知，在继电器通断电过程中铜套内将感生涡流，它将反对穿过铜套的磁通变化，因而对原吸合磁通起了阻尼作用。

当继电器吸合时，由于衔铁处于释放位置，气隙大、磁阻大、磁通小、铜套阻尼作用相对也小，因此铁芯闭合时的延时不显著（一般忽略不计）。而当继电器断电时，磁通变化量大、铜套阻尼作用也大，因此这种继电器仅用作断电延时。相应地，其延时触点也只有常开触点延时打开、常闭触点延时闭合两种。

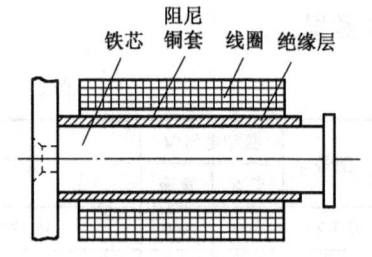

图 6-10　带有阻尼铜套的铁芯

直流电磁式时间继电器延时时间的长短是靠改变铁芯与衔铁间非磁性垫片的厚薄（粗调）或改变释放弹簧的松紧（细调）来调节的。垫片厚则延时短；垫片薄则延时长；释放弹簧紧则延时短；释放弹簧松则延时长。这种延时继电器的延时较短，JT 系列继电器的延时时间不超过 5s，而且准确度较低，一般只用于要求不高的场合，如电动机的延时启动。

（2）空气阻尼式时间继电器。

空气阻尼式时间继电器又称气囊式时间继电器，它是利用空气阻尼作用达到延时目的的，由电磁结构、延时结构和触点组成。

空气阻尼式时间继电器的电磁结构有交流、直流两种。延时方式有通电延时型和断电延时型。其外观区别在于：当衔铁位于铁芯和延时结构之间时为通电延时型；当铁芯位于衔铁和延时结构之间时为断电延时型。JS7-A系列空气阻尼式时间继电器的结构原理如图6-11所示。

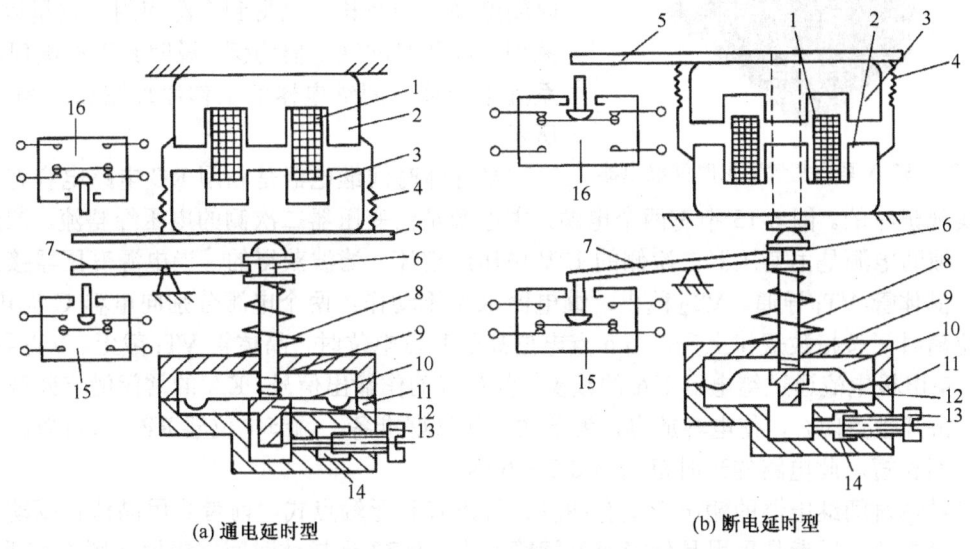

(a) 通电延时型　　　　　　　　　　　(b) 断电延时型

1—线圈；2—铁芯；3—衔铁；4—反作用力弹簧；5—推板；6—活塞杆；7—杠杆；8—塔形弹簧；9—弱弹簧；10—橡皮膜；11—空气室壁；12—活塞；13—调节螺钉；14—进气孔；15、16—微动开关

图6-11　JS7-A系列空气阻尼式时间继电器的结构原理图

现以通电延时型为例说明其工作原理。当线圈得电后，衔铁吸合，活塞杆在塔形弹簧的作用下带动活塞及橡皮膜向上移动，橡皮膜下方空气室的空气变得稀薄，形成负压，活塞杆只能缓慢移动，其移动速度由进气孔气隙大小决定。经一段延时后，活塞杆通过杠杆压动微动开关，使其触点动作，起到通电延时作用。

当线圈断电时，衔铁释放，橡皮膜下方空气室内的空气通过活塞肩部所形成的单向阀迅速地排出，使活塞杆、杠杆和微动开关等迅速复位。由线圈得电到触点动作的一段时间即为时间继电器的延时时间，其大小可以通过调节螺钉调节进气孔的气隙大小来改变。

断电延时型的结构、工作原理与通电延时型相似，只是电磁铁安装方向不同，即当衔铁吸合时推动活塞复位，排出空气。当衔铁释放时，活塞杆在弹簧作用下使活塞向下移动，实现断电延时。

在线圈通电和断电时，微动开关在推板的作用下能瞬时动作，其触点即为时间继电器的瞬动触点。

空气阻尼式时间继电器具有结构简单、延时范围较大（0.4～180s）、价格较低的优点，但其延时精度较低，没有调节指示，适用于延时精度要求不高的场合。JS7-A 系列空气阻尼时间继电器的外形如图 6-12 所示。

（3）半导体时间继电器。

随着电子技术的发展，半导体时间继电器也迅速发展。这类时间继电器体积小、延时范围宽、延时精度高、寿命长，已得到广泛应用。这里以 JSJ 系列半导体时间继电器为例，说明其工作原理，JSJ 系列半导体时间继电器的工作原理图如 图 6-13 所示。

图 6-12 JS7-A 系列空气阻尼时间继电器

半导体时间继电器是利用 RC 电路电容充放电原理实现延时的。图 6-13 中有两个电源：主电源是由变压器二次侧的电压经整流、滤波得到的；辅助电源是由变压器二次侧的 12V 电压经整流、滤波获得的。当电源变压器接上电源时，晶体管 VT_1 导通、VT_2 截止，继电器 KA 不动作。两个电源分别向电容 C 充电，a 点电位随时间按指数规律上升。当 a 点电位高于 b 点电位时，晶体管 VT_1 截止、VT_2 导通，VT_2 的集电极电流通过继电器 KA 的线圈，各触点动作输出信号。KA 的常闭触点断开充电电路，常开触点闭合，使电容放电，为下次工作做好准备。调节电位器 RP，就可以改变延时的时间长短。此电路的延时范围为 0.2～300s。

半导体时间继电器的输出形式有两种：触点式和无触点式，前者是用晶体管驱动小型电磁式继电器，后者是采用晶体管或晶闸管输出。JSZ3 半导体时间继电器如图 6-14 所示。

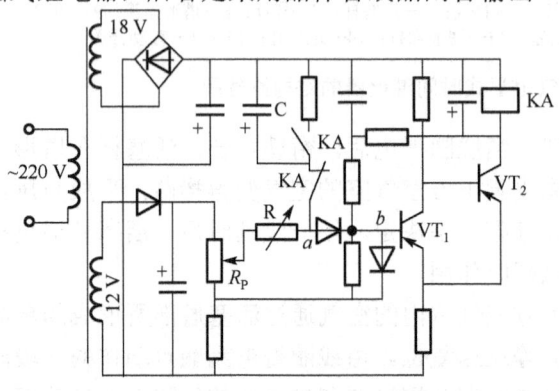

图 6-13 JSJ 系列半导体时间继电器的工作原理图

图 6-14 JSZ3 半导体时间继电器

4．热继电器

热继电器是利用电流流过发热元件产生热量来使检测元件受热弯曲，进而推动机构动作的一种保护电器。由于发热元件具有热惯性，所以在电路中不能用于瞬时过载保护，更不能用作短路保护，主要用作电动机的长期过载保护。

第6章 常用低压电器及电动机控制

热继电器主要由热元件、双金属片和触点等组成，其结构如图 6-15 所示。热元件由发热电阻丝做成。双金属片由两种不同热膨胀系数的金属辗压而成，当双金属片受热时，会出现弯曲变形。使用时，热元件串接在电动机定子绕组中，电动机绕组电流即为流过热元件的电流。当电动机正常运行时，热元件产生的热量虽能使双金属片弯曲，但还不足以使继电器动作；当电动机过载时，热元件产生的热量增大，使双金属片变形弯曲位移增大，经过一定时间后，双金属片弯曲到推动导板，并经过补偿双金属片与推杆将动触点和静触点分开，动触点和静触点为热继电器串于接触器线圈电路的常闭触点，断开后使接触器失电，接触器的常开触点将电动机与电源断开，起到保护电动机的作用。

热继电器动作后，一般不能自动复位，要等双金属片冷却后，按下复位按钮才能复位。调节旋钮是一个偏心轮，它与支撑件构成一个杠杆，改变压簧转动偏心轮的半径即可改变补偿双金属片与导板的接触距离，从而达到调节整定动作电流的目的。此外，靠调节复位螺钉来改变常开静触点的位置，使热继电器能工作在手动复位和自动复位两种工作状态。

JR36B 系列热继电器的外形如图 6-16 所示。

在三相异步电动机电路中，一般采用两相结构的热继电器，即在两相主电路中串接热元件。如果发生三相电源严重不平衡、电动机绕组内部短路或绝缘不良等故障，使电动机某一相的线电流比其他两相要高，而这一相没有串接热元件的话，热继电器也不能起保护作用，这时需采用三相结构的热继电器。

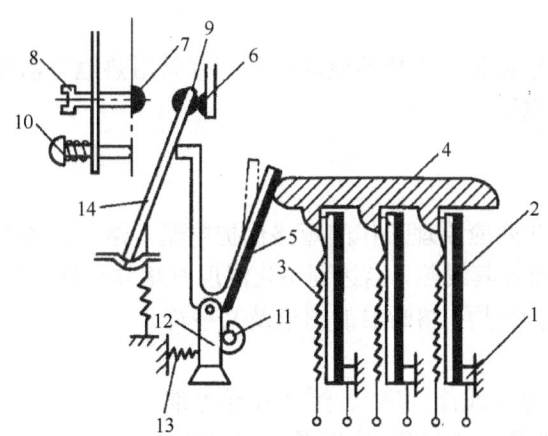

1—推杆；2—主双金属片；3—加热元件；4—导板；5—补偿双金属片；6—静触点；7—常开静触点；
8—复位螺钉；9—动触点；10—复位按钮；11—调节旋钮；12—支撑件；13—压簧；14—推杆

图 6-15　热继电器的结构示意图

热继电器的图形及文字符号如图 6-17 所示。

热继电器选用时主要根据电动机的额定电流来确定其型号及热元件的额定电流等级。具体地说：

（1）对于过载能力较差的电动机，其配用的热继电器（主要是发热元件）的额定电流可适当小些。通常，选取热继电器的额定电流（实际上是选取发热元件的额定电流）为电动机额定电流的 60%～80%。

图 6-16　JR36B 系列热继电器的外形

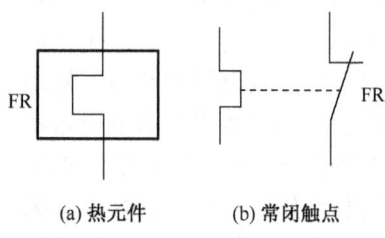

图 6-17　热继电器的图形及文字符号

（2）在不频繁启动场合，要保证热继电器在电动机的启动过程中不产生误动作。通常，当电动机的启动电流为其额定电流的 6 倍以及启动时间不超过 6s 时，若很少连续启动，就可按电动机的额定电流选取热继电器。

（3）当电动机为重复短时工作时，首先注意确定热继电器的允许操作频率。因为热继电器的操作频率是很有限的，如果用它保护操作频率较高的电动机，效果会很不理想，有时甚至不能使用。

此外，对于可逆运行和频繁通断的电动机，不宜采用热继电器保护，必要时可采用装入电动机内部的温度继电器。

6.1.6　熔断器

熔断器是一种利用热效应原理工作的短路保护电器。熔断器是当电路发生短路或过载故障时，通过熔体的电流使其发热，当达到熔化温度时熔体自行熔断，从而分断故障电路。在电路中主要起短路保护作用。熔断器的图形及文字符号如图 6-18 所示。

熔断器主要由熔断管（或盖、座）、熔体及导电部件等部分组成。其中熔体是主要部分，它既是敏感元件，又是执行元件，因此熔断器的结构比较简单。

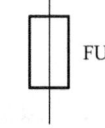

图 6-18　熔断器的图形及文字符号

熔断器种类有很多，常用的熔断器如下。

（1）瓷插式熔断器。如图 6-19 所示，它常用于低压分支电路的短路保护。

（2）螺旋式熔断器。如图 6-20 所示，熔体的上端盖有一熔断指示器，一旦熔体熔断，指示器马上弹出，可透过瓷帽上的玻璃孔观察到，它常用于机床电气控制设备中。

（3）无填料密闭管式熔断器。如图 6-21 所示，它常用于低压电力网或成套配电设备中。

第 6 章 常用低压电器及电动机控制

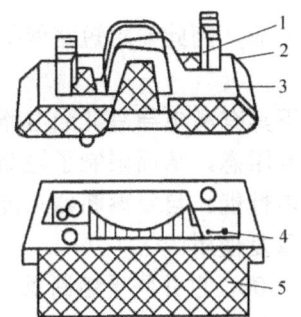 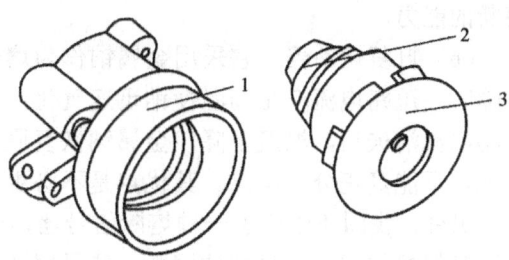

1—动触点；2—熔体；3—瓷插件；4—静触点；5—瓷座

图 6-19 瓷插式熔断器结构示意图

1—瓷座；2—熔断体；3—瓷帽

图 6-20 螺旋式熔断器结构示意图

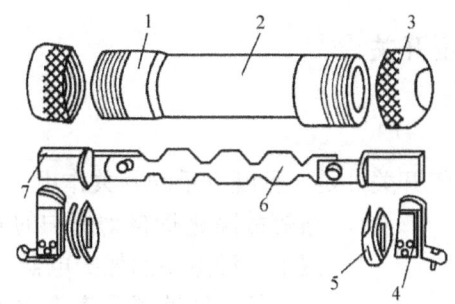

1—铜圈；2—熔断管；3—管帽；4—插座；5—特殊垫圈头；6—熔体；7—熔片

图 6-21 无填料密闭管式熔断器结构示意图

（4）有填料密闭管式熔断器。如图 6-22 所示，绝缘管内装有石英砂作为填料，用来冷却和熄灭电弧，它常用于大容量的电力网或配电设备中。

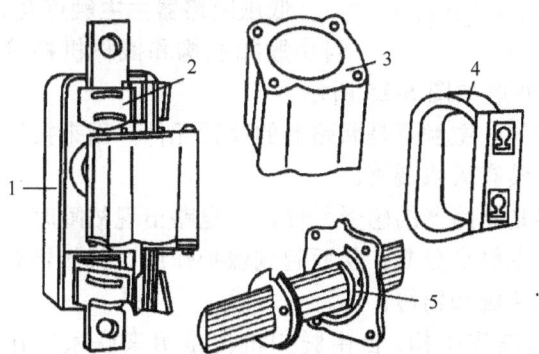

1—瓷底座；2—弹簧片；3—管体；4—绝缘手柄；5—熔体

图 6-22 有填料密闭管式熔断器结构示意图

（5）快速熔断器。它主要用于半导体整流元件或整流装置的短路保护。由于半导体元件的过载能力很低，只能在极短时间内承受较大的过载电流，因此要求短路保护具有快速熔断的能力。

（6）自复熔断器。它采用金属钠作为熔体，在常温下具有高电导率。当电路发生短路故障时，短路电流产生高温使钠迅速气化，气态钠呈现高阻态，从而限制了短路电流。当短路电流消失后，温度下降，金属钠恢复原来的良好导电性能。自复熔断器只能限制短路电流，不能真正分断电路。其优点是不必更换熔体，能重复使用。

另外，我国还生产了一种熔断信号器，型号为RX2-1000。它并联于熔断器，本身对电路不起保护作用，一旦熔体熔断，信号器随之立即动作，指示器以足够大的力推动与之相连的微动开关，接通信号源报警或作用于其他开关电器的感测元件，使三极开关分断，防止电路的断相运行。

6.1.7 低压断路器与低压开关

1. 低压断路器

低压断路器俗称自动空气开关，是一种既有手动开关作用，又能对欠电压、过载和短路等故障进行自动保护的开关电器，它是低压配电网中一种重要的保护电器。

低压断路器具有多种保护功能、动作值可调、分断能力高、操作方便、安全等优点，因此目前被广泛应用。低压断路器的图形及文字符号如图6-23所示。

（1）低压断路器的结构和工作原理。

低压断路器由主触点及灭弧装置、各种脱扣器、自由脱扣机构和操作机构等组成，其结构原理图如图6-24所示。断路器外形如图6-25所示。

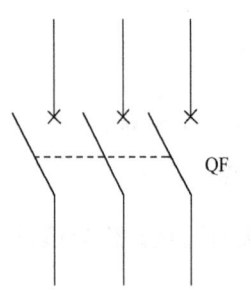

图6-23 低压断路器的图形及文字符号

①主触点及灭弧装置。主触点是断路器的执行元件，用来接通和分断主电路，为提高其分断能力，主触点上装有灭弧装置。

②脱扣器。脱扣器是断路器的感受元件，当电路出现故障时，脱扣器感测到故障信号后，经由自由脱扣器使主触点分断，从而起到保护作用。脱扣器有分励脱扣器、欠电压脱扣器、过电流脱扣器和热脱扣器等。

③自由脱扣机构和操作机构。自由脱扣机构是用来联系操作机构和主触点的机构，当操作机构处于闭合位置时，也可操作分励脱扣机构进行脱扣，将主触点断开。操作机构是实现断路器闭合、断开的机构。通常电力拖动控制系统中的断路器采用手动操作机构。

低压断路器的主触点是靠手动操作或电动合闸的。主触点闭合后，自由脱扣机构将主触点锁在合闸位置上。过电流脱扣器的线圈和热脱扣器的热元件与主电路串联，欠电压脱扣器的线圈和电源并联。当电路发生短路或严重过载时，过电流脱扣器的衔铁吸合，使自由脱扣机构动作，主触点断开主电路，起短路与过电流保护作用。当电路过载时，热脱扣器的热元件发热使双金属片向上弯曲，推动自由脱扣机构动作，主触点断开主电路，起长期过载保护作用。当电路欠电压或失电压时，欠电压脱扣器的衔铁释放，使自由脱扣机构动作，主触点断开主电路，起到欠电压与失电压保护作用。分励脱扣器作为远距离控制用，在正常工作时，其线圈是断开的，在需要远距离控制时，按下启动按钮，使线圈通电，衔铁带动自由脱扣机构动作，使主触点断开。

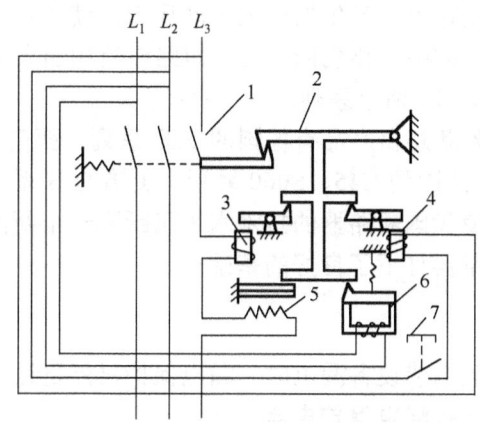

1—主触点；2—自由脱扣机构；3—过电流脱扣器；

4—分励脱扣器；5—热脱扣器；6—欠电压脱扣器；7—按钮

图 6-24　断路器的结构原理图

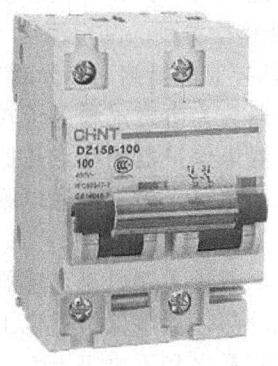 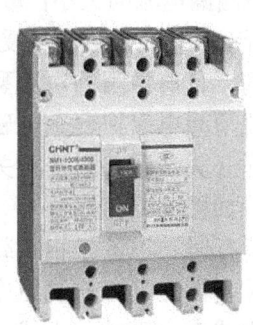

(a) DZ158-100 小型断路　　　(b)NM1 系列塑料外壳式断路器

图 6-25　断路器的外形图

(2)低压断路器的类型。

①万能式断路器。又称敞开式电压断路器,具有绝缘衬底的框架结构底座,所有的构件组装在一起,用于配电网络的保护。主要型号有 DW10 和 DW15 两个系列。

②塑料外壳式断路器。又称装置式低压断路器,具有用模压绝缘材料制成的封闭型外壳,将所有构件组装在一起,用作配电网络的保护和电动机、照明电路及电热器等控制开关。主要型号有 D25、DZ10、DZ20 等系列。

③快速断路器。具有快速电磁铁盒强有力的灭弧装置,最快动作时间可在 0.02s 以内,用于半导体整流元件和整流装置的保护。主要型号有 DS 系列。

④限流断路器。利用短路电流产生的巨大点动斥力,使触点迅速断开,能在交流短路电流尚未达到峰值之前就把故障电路切断,用于短路电流相当大(高达 70KA)的电路中,主要型号有 DWX15 和 DWX10 两个系列。

另外,我国引进的国外断路器产品有德国的 ME 系列、西门子公司的 3WE 系列,日本的 AE、AH、TG 系列,法国的 C45、S060 系列,美国的 H 系列等。这些引进的产品都有较高的技术经济指标,使我国断路器的技术水平飞跃到一个新的阶段,为我国今后开发和完善新一代智能型的断路器打下了良好的基础。

2. 漏电保护器

当低压电网发生人身触电或设备漏电时,漏电保护器能迅速自动切断电源,从而避免造成事故,它是最常用的一种漏电保护电器。

漏电保护器按其检测故障信号的不同,可分为电压型和电流型两类。由于电压型漏电保护器存在可靠性差等缺点,目前已被淘汰。这里仅介绍电流型漏电保护器。

(1)结构与工作原理。

漏电保护器结构上一般由零序电流互感器、漏电脱扣器和开关装置三部分组成。零序电流互感器用于检测漏电流的大小;漏电脱扣器能将检测到的漏电流与一个预定基准值相比较,从而判断是否动作;开关装置是受漏电脱扣器控制的能接通和分断被保护电路的机构。

根据结构不同,目前常用的电流型漏电保护器分为电磁式和电子式两种。

①电磁式电流型漏电保护器。电磁式电流型漏电保护器的特点是把漏电电流直接接通漏电脱扣器来操作开关装置,它由开关装置、试验电路、电磁式漏电脱扣器和零序电流互感器组成,其结构如图 6-26 所示。

当电网正常运行时,不论三相负载是否平衡,通过零序电流互感器主电路的三相电流的相量之和等于零,因此其二次绕组中无感应电动势,漏电保护器也工作于闭合状态。一旦电网中发生漏电或触电事故,上述三相电流的相量之和不再等于零,因为有漏电或触电电流通过人体和大地而返回变压器中性点。于是,互感器二次绕组中便产生感应电压并加到漏电脱扣器上。当达到额定漏电动作电流时,漏电脱扣器就动作,推动开关装置的锁扣,使开关打开,分断主电路。

②电子式电流型漏电保护器。电子式电流型漏电保护器的特点是把漏电电流经过电子放大电路后才能使漏电脱扣器动作,从而操作开关装置。

电子式漏电保护器的工作原理与电磁式的大致相同。只是当漏电电流超过基准值时,立即被放大并输出具有一定驱动功率的信号使漏电脱扣器动作。

图 6-27 所示为 NM1LE 系列漏电保护器,它适用于交流 50Hz,额定工作电压至 400V,额定工作电流为 16~630A 的配电网络电路中,作为漏电保护之用,也可作为电动机的不频繁启动及过载、短路保护之用。

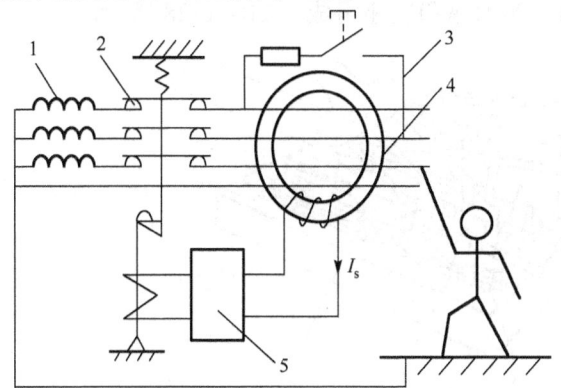

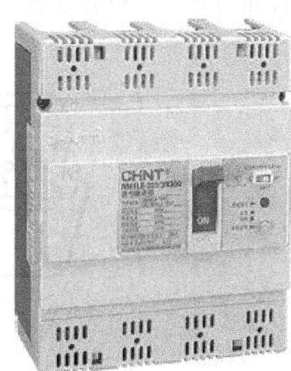

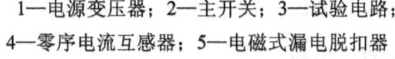

图 6-26 电磁式电流型漏电保护器结构原理图　　图 6-27 NM1LE 系列漏电保护器

(2)漏电保护器的选用。

漏电保护器的主要技术参数如下。

①额定电压。指漏电保护器的使用电压,规定为 220V 或 380V。

②额定电流。指被保护电流允许通过的最大电流。

③额定动作电流。指在规定的条件下必须动作的漏电电流值,单位是 mA。当漏电电流等于此值时,漏电保护器必须动作。

④额定不动作电流。指在规定的条件下不动作的漏电电流值,单位是 mA。当漏电电流小于或等于此值时,保护器不应动作。此电流值一般为额定动作电流的一半。

⑤动作时间。指从发生漏电到保护器动作断开的时间。快速型在 0.2s 以下,延时型一般为 0.2~2s。

漏电保护器的选用原则如下。

①手持点动工具、移动电器、家用电器应选用额定漏电动作电流不大于 30mA 的快速动作的漏电保护器(动作时间不大于 0.1s)。

②单台电动机设备可选用额定漏电动作电流为 30mA 及以上、100mA 及以下快速动作的漏电保护器。

③有多台设备的总保护应选用额定漏电动作电流为 100mA 及以上快速动作的漏电保护器。

3. 低压开关

（1）胶壳刀开关。

胶壳刀开关是一种结构简单、应用广泛的手动电器，用作电路的电源开关和小容量电动机频繁启动的操作开关。

胶壳刀开关由操作手柄、熔丝、触刀、触刀座和底座组成，如图 6-28 所示。

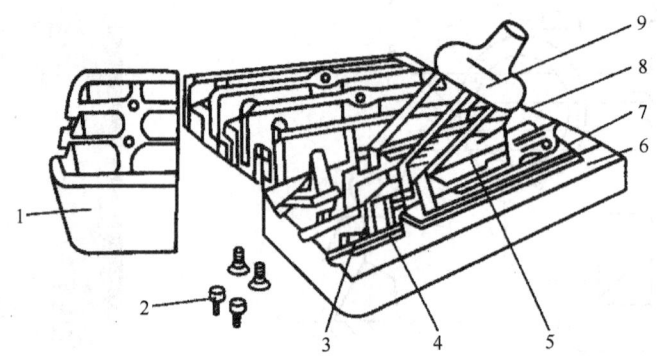

1—胶盖；2—胶盖固定螺钉；3—进线座；4—静插座；5—熔丝；6—瓷底板；7—出线座；8—动触刀；9—瓷柄

图 6-28　胶壳刀开关的结构图

胶壳使电弧不致飞出灼伤操作人员，防止级间电弧造成的电源短路；熔丝起短路保护作用。

刀开关安装时，手柄要向上，不得倒装或平装。倒装时，手柄有可能因自动下滑而引起误合闸，造成人身事故。接线时，应将电源线接在上端，负载接在熔丝下端。这样，拉闸后刀开关与电源隔离，便于更换熔丝。

刀开关的图形、文字符号如图 6-29 所示。

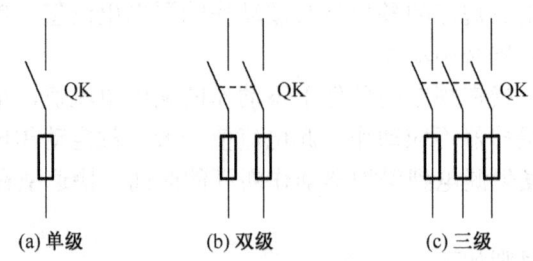

图 6-29　刀开关的图形与文字符号

（2）封闭式开关熔断器组。

封闭式开关熔断器组，俗称铁壳开关，用于非频繁启动、28kW 以下的三相异步电动机，主要由钢板外壳、触刀、操作机构、熔丝等组成。操作机构具有以下两个特点。

①采用储能合闸方式,在手柄转轴与底座间装有速断弹簧,以执行合闸或分闸操作,在速断弹簧的作用下,动触刀与静触刀分离,使电弧迅速拉长而熄灭。

②具有机械连锁,当铁盖打开时,刀开关被卡住,不能操作合闸。铁盖合上,操作手柄使开关合闸后,铁盖不能打开。

选用刀开关时,刀的极数要与电源进线相数相等;刀开关的额定电压应大于所控制的电路额定电压;刀开关的额定电流应大于负载的额定电流。

6.1.8 主令电器

主令电器主要是用来接通或断开控制电路,以发布命令或信号,改变控制系统工作状态的电器。常用的主令电器有控制按钮、行程开关、万能转换开关和主令控制器等。这里主要介绍控制按钮和行程开关。

1. 控制按钮

控制按钮是一种结构简单、应用广泛的主令电器。它主要用于远距离操作具有电磁线圈的电器,如接触器、继电器等,也用在控制电路中发布执行命令和执行电气连锁。

控制按钮一般由按钮、复位弹簧、触点和外壳等部分组成,其结构示意图如图 6-30 所示。每个按钮中的触点形式和数量可根据需要装配成 1 常开 1 常闭到 6 常开 6 常闭等形式。按下按钮时,先断开常闭触点,后接通常开触点。当松开按钮时,在复位弹簧的作用下,常开触点先断开,常闭触点后闭合。

控制按钮按用途分为启动按钮(带有常开触点)、停止按钮(带有常闭触点)和复合按钮(带有常开触点、常闭触点)等;按保护形式分为开启式、保护式、防水式和防腐式等;按结构形式分为嵌压式、紧急式、钥匙式、带信号灯、带灯揿钮式和带灯紧急式等;按钮颜色有红、黑、绿、黄、白、蓝等。

控制按钮的图形及文字符号如图 6-31 所示。

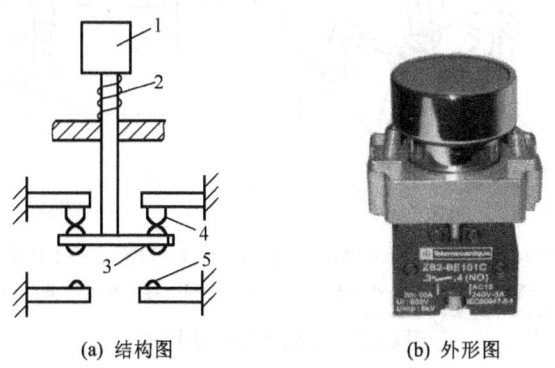

(a) 结构图 (b) 外形图

1—按钮帽;2—复位弹簧;3—动触点;4—常闭静触点;5—常开静触点

图 6-30 控制按钮

电工电子实训教程

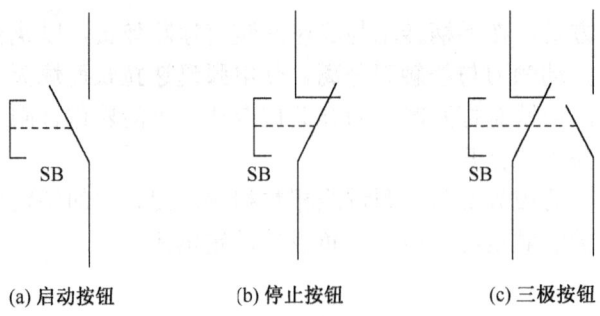

(a) 启动按钮　　　　(b) 停止按钮　　　　(c) 三极按钮

图 6-31　控制按钮的图形及文字符号

2. 行程开关

行程开关也称位置开关,它是利用运动部件的行程位置实现控制的电器。若将行程开关安装于生产机械行程的终点处,用以限制其行程,则称为限位开关或终端开关。

行程开关按结构分为机械结构的接触式有触点行程开关和电气结构的非接触式接近开关。这里主要介绍有触点行程开关。

机械结构的接触式行程开关依靠移动机械上的撞块碰撞其可动部件,使常开触点闭合、常闭触点断开来实现对电路的控制。当工作机械上的撞块离开可动部件时,行程开关复位,触点恢复其原始状态。机械式行程开关分为直动式、滚动式和微动式三种,其结构如图 6-32 所示。

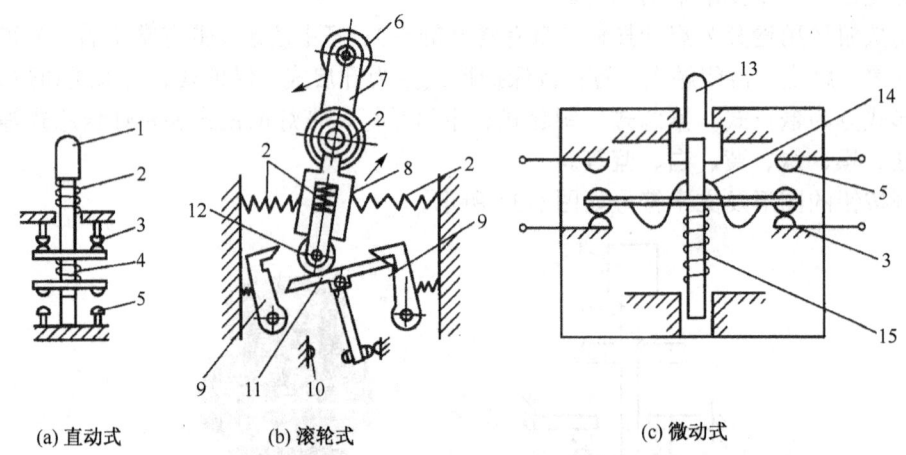

(a) 直动式　　　　(b) 滚轮式　　　　(c) 微动式

1—顶杆；2—弹簧；3—常闭触点；4—触点弹簧；5—常开触点；6—滚轮；7—上转臂；8—套架；9—压板；
10—触点；11—触点推杆；12—小滑轮；13—推杆；14—弯形片状弹簧；15—恢复弹簧

图 6-32　行程开关的结构图

直动式行程开关结构如图 6-32(a)所示,它的动作原理与按钮相同,但它的缺点是触点分合速度取决于生产机械的移动速度,当移动速度低于 0.4m/min 时,触点分断太慢,易受电弧烧蚀。为此，应采用盘形弹簧瞬时动作的滚轮式行程开关，如图 6-32(b)所示。

当生产机械的行程比较小而作用力也很小时，可采用具有瞬时动作和微小行程的微动式开关，如图 6-32(c)所示。滚轮式行程开关和微动式开关的动作原理不再详述。行程开关的外形及图形、文字符号如图 6-33 所示。

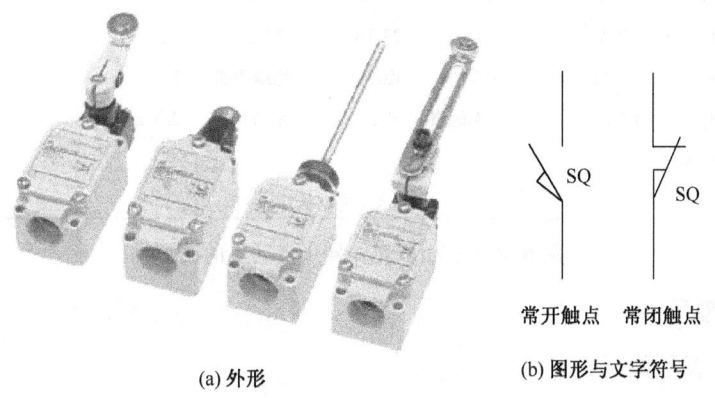

图 6-33　行程开关的外形及图形、文字符号

6.2　三相异步电动机

电动机是工农业生产实现电气化、自动化必不可少的机械。交流异步电动机以定子绕组直接连接交流电网，其结构简单，制造、使用和维护方便，运行可靠，重量轻，成本较低，是各种电动机中应用最广、需要量最大的一种电动机。

交流异步电动机按电源相数分为单相和三相两类；按电动机尺寸分为大型、中型、小型 3 种；按防护形式分为开启式、防护式、封闭式 3 种；按通风冷却方式分为自冷式、自扇冷式、他扇冷式、管道通风式 4 种；按安装结构形式分为卧式、立式、带底脚式、带凸缘式 4 种；按绝缘等级分为 E 级、B 级、F 级、H 级；按工作定额分为连续、断续、短时 3 种。

交流异步电动机品种、规格繁多，按转子绕组形式分为笼形转子和绕线转子两类。笼形转子绕组本身自成闭合回路，整个转子被浇铸成一坚实整体，结构简单牢固，应用最为广泛，一般小型异步电动机大多为笼形转子。绕线转子由铁芯和绕组组成，在其转子绕组回路中通过集电环和电刷接入外加电阻，可以降低启动电流和改善启动特性，必要时可以调节转速。

本节重点讨论三相鼠笼异步电动机。

6.2.1　三相异步电动机的铭牌

任何新的电动机，在机座上都装有铭牌，它说明了电动机的类型、主要性能和主要指标，为用户提供了使用和维修这台电动机的简要技术资料。用户在使用时要保护好铭牌。下面以如图 6-34 所示的某三相鼠笼式异步电动机的铭牌来说明电动机的技术指标。

三相异步电动机							
型号	Y160L-4	功率	15kW	频率	50Hz		
电压	380V	电流	29.7A	接法	△		
转速	1450r/min	定额	连续	绝缘等级	E		
温升	65℃	功率因素	0.8	重量	XX kg		
标准编号	XX						
XX 电动机厂							

图 6-34 三相鼠笼式异步电动机的铭牌

1. 电动机型号

电动机型号表示如下。

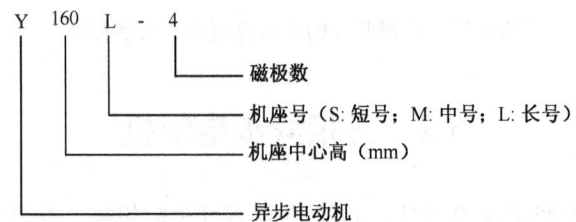

2. 电动机的额定值

额定值是指电动机的电量规定，主要参数如下。

额定功率：在规定的电压、电流条件下，电动机所输出的机械功率，单位是 W 或 kW。

额定电压：加在电动机绕组上正常运行的线电压，单位是 V 或 kV。

额定电流：加在电动机绕组上正常运行的线电流，单位是 A 或 kA。

额定频率：电动机在额定运行时的电源频率，单位是 Hz。

额定转速：电动机在额定运行时的转速，单位是 r/min。

3. 连接

这里指电动机三相绕组 6 个端子的连接方法。将三相绕组的首端（规定为 U_1、V_1、W_1）分别接电源、尾端（规定为 U_2、V_2、W_2）连接在一起的接法，称为星形（Y）连接，如图 6-35(a)所示。若将电动机的 3 个首尾端串接，如 W_1 接 V_2，V_1 接 U_2，U_1 接 W_2，再在串接点接电源的接法，称为三角形（△）连接，如图 6-35(b)所示。实物图如图 6-35(c)、图 6-35 (d)所示。

4. 异步电动机的其他指标

（1）温升。电动机运行后会发热，电动机允许的最高温度与环境温度之差称为温升。如果环境温度为 20℃，温升为 65℃，则电动机的最高温度不能超过 85℃，否则应停机。

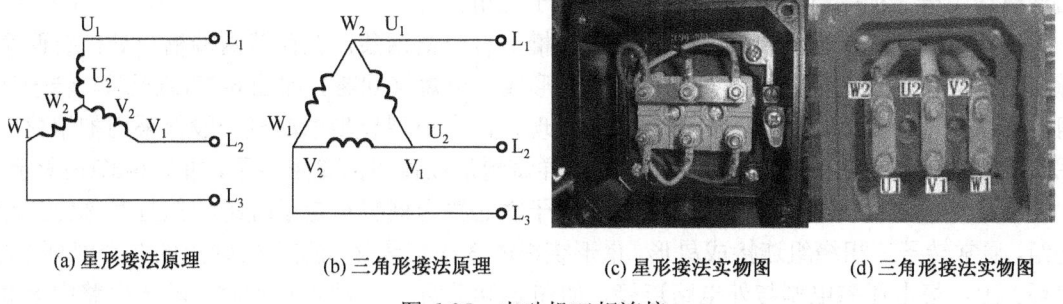

图 6-35 电动机三相连接

（2）定额。电动机的工作方式有 3 种，即连续、短时和断续。连续是指电动机连续不断地输出额定功率而温升不超过铭牌允许值；短时表示电动机不能连续使用，只能在规定的较短时间内输出额定功率；断续表示电动机只能短时输出额定功率，但可多次断续重复启动和运行。

（3）绝缘等级。指电动机绕组所用绝缘材料按其允许耐热程度规定的等级，这些级别为：A 级，105℃；E 级，120℃；B 级，130℃；F 级，155℃。

（4）功率因数。指电动机从电网所吸收的有功功率与视在功率的比值。视在功率一定时，功率因数越高，电动机对电源的利用率越高。

6.2.2 三相异步电动机的结构

三相异步电动机主要有两个基本组成部分，即定子（固定部分）和转子（转动部分）。其组成如图 6-36 所示。定子和转子彼此由空气隙隔开，为了增强磁场，空气隙尽可能小，一般为 0.3～1.5mm。电动机容量越大，气隙就越大。

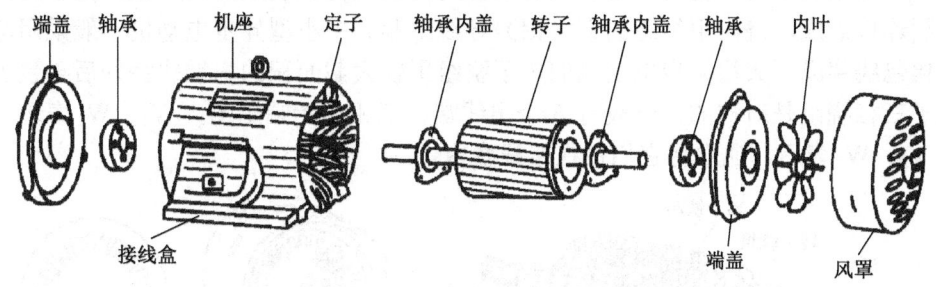

图 6-36 三相鼠笼式异步电动机组成

1. 转子

转子是电动机的旋转部分，它的作用是输出机械转矩。转子主要由转子铁芯、转子绕组和转轴3部分组成。其作用是在旋转磁场作用下获得一个转动力矩，以带动转子输出机械能量。转子铁芯是由厚度为0.35～0.5mm的绝缘硅钢片叠压成圆柱形而成，在其外圆表面冲有均匀分布的平行槽，槽内用来嵌放转子绕组。

三相鼠笼式异步电动机转子铁芯的每个槽里有一根钢条，在铁芯两端槽口处，有两个导电的端环，分别把槽里的铜条连接起来，形成一个短接回路。如图6-37(a)所示。转子绕组的形状像一个鼠笼，故称为鼠笼式转子。现在，中小型异步电动机一般都采用把熔化的铝液浇铸在转子铁芯的槽内，两个端环也一样铸造形成铸铝的笼形转子，如图6-37(b)所示。

绕线转子与鼠笼式转子不同，它是在转子铁芯槽内嵌置与定子绕组相似且对称的三相绕组，通常转子三相绕组连接成星形，星形绕组的3根端线接到装在转轴上的3个滑环（集电环）上，集电环靠电刷与外电路连接，如图6-38所示。电动机启动时，转子电路中串联可变电阻（启动电阻）；运行时将3个集环短路，将可变电阻切断。需要时，还可以在转子电路中串接可变电阻进行调速。

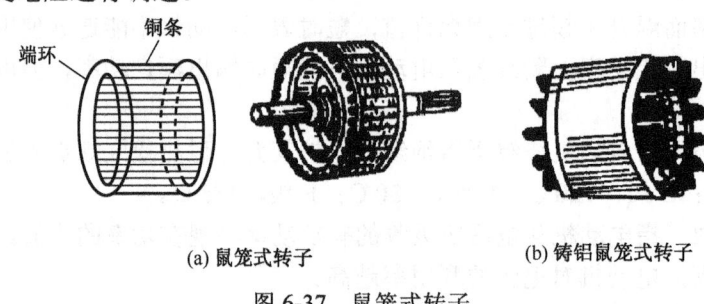

(a) 鼠笼式转子　　　　　　　(b) 铸铝鼠笼式转子

图6-37　鼠笼式转子

2. 定子

定子由定子铁芯、定子绕组和机座等组成，如图6-39所示。其作用是产生一个旋转磁场。定子铁芯由互相绝缘的0.35～0.5mm厚的硅钢片叠压而成，在硅钢片的内圆中有均匀分布的槽，用来切割定子绕组，定子铁芯装在用铸铁或铸钢制成的机座上。定子绕组由许多个线圈连接而成，绕组用绝缘的铜（铝）导线绕制。中小型异步电动机一般采用漆包线或玻璃丝包线绕成，大型异步电动机的定子绕组用较大截面积的扁铜线绕好后再包上绝缘层。定子三相绕组是对称的，一般有6个出线端，三相的始端用U_1、V_1、W_1表示，末端用U_2、V_2、W_2表示，通常将它们接在接线盒内。

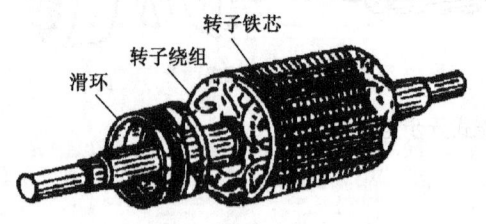

图6-38　绕线式转子

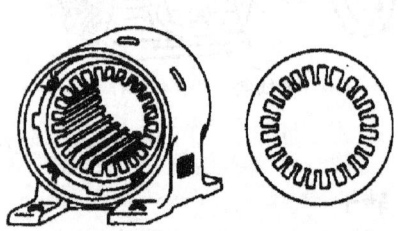

图6-39　定子铁芯与硅钢片

6.2.3　三相异步电动机的工作原理

当三相定子绕组通入三相交流电后,在定、转子间就会建立旋转磁场,根据右手定则,转子导条内会产生感应电动势,因转子导条闭合,转子导条中就有电流通过,根据左手定则,载有感应电流的导条,在旋转磁场中必然会受到电磁力,于是转子就跟着旋转磁场的转向而旋转。以下是三相异步电动机的转速、转差率公式。

同步转速

$$n_1 = \frac{60f_1}{p}$$

转子转速

$$n = \frac{60f_1}{p}(1-s)$$

转差率

$$s = \frac{n_1 - n}{n_1} \times 100\%$$

在一般情况下,满载时,小型机的转差率为5%~10%;大型机的转差率为3%~5%。电动机在启动过程中的启动电流和正常运行时通过电动机的电流是不同的。当异步电动机刚接通电源的瞬间,转子还没有启动,转速$n=0$,旋转磁场与转子之间的相对速度最大,在转子导体中的感应电动势和感应电流都很大。当转子绕组电流很大时,定子绕组电流也很大,这个电流称为启动电流,启动电流一般可达到额定电流的5~7倍。由于启动过程时间很短,引起供电线路的电压显著下降,这不仅会使电动机本身的启动转矩减小,造成启动困难,而且也会影响接在同一电源上的其他电气设备的正常工作。与此同时,虽然转子电流很大,但启动转矩并不大,不能带动负载,或者使启动时间拖长。

6.3　三相异步电动机的拆卸与装配

电动机的检修工作主要是拆、洗、换润滑油、调整和组装。现介绍电动机的拆装工艺。

6.3.1　三相异步电动机的拆卸

1. 拆卸前的准备

(1) 准备所用工具、材料,工具有电工常用工具、锤子、铜棒、轴承拆卸工具、扁铲;材料有垫木、汽油、润滑脂、毛刷、棉纱、油盘。
(2) 熟悉异步电动机的结构。
(3) 做好拆卸前的记录和检查。
(4) 标出电源线在接线盒中的相序。
(5) 标出绕组引出线在机座上的出口方向。
(6) 准备好记录本,记录拆卸的顺序。

2. 拆卸步骤

电动机的拆卸步骤如图 6-40 所示。

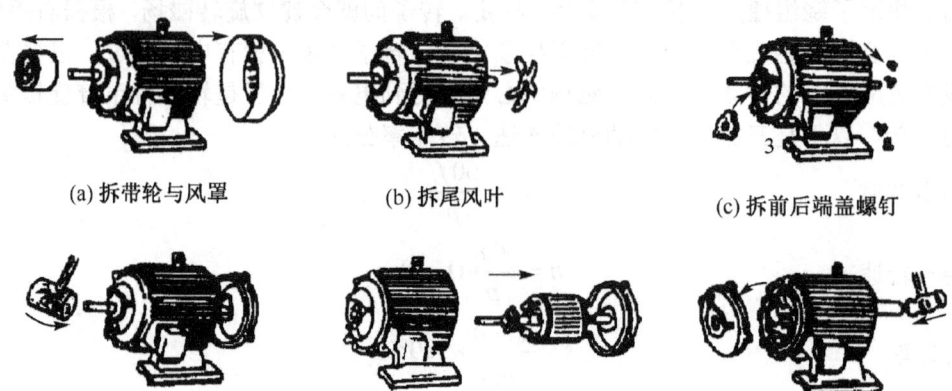

图 6-40 电动机的拆卸步骤

（1）拆除电动机的电源连接线，并对电源线线头做好清理，并做好标记，便于装配时不出错。

（2）拆除电动机的保护地线。

（3）卸下带轮或联轴器。

（4）卸下电动机尾部风罩和风叶。

（5）拆卸轴承外盖和端盖，拧下前、后端的紧固螺钉。

（6）用木板垫在转轴前端，用锤子将转子和后端盖从机座中敲出，若使用木锤子，可直接敲打转轴前端；对于绕线转子异步电动机，应先提起和拆除电刷、电刷架和引出线。

（7）从定子中抽出或吊出转子。

（8）用木棒伸进定子铁芯，顶住前端内盖，用锤子将前端盖敲离机座。

（9）拉出前后轴承及轴承内盖。

3. 主要零部件的拆卸方法

在电动机的拆卸过程中，有几个主要零部件的拆卸难度较大，不易拆卸，弄不好会损坏零部件。因此在拆卸时，要掌握正确的拆卸方法，才能完整地拆卸、维修和装配。

（1）带轮或联轴器的拆卸。

①在带轮或联轴器的轴伸端上做好尺寸标记。

②将带轮或联轴器上的定位螺钉或销子松脱取下，装上拉具，拉具的丝杠顶端要对准电动机轴端的中心，使其受力均匀。

③转动丝杠，把带轮或联轴器慢慢拉出。如拉不出，可在定位螺丝内注入煤油，待几

小时后再拉,若还拉不出,可用喷灯等急火在带轮或联轴器四周加热,使其膨胀,即可趁热迅速拉出,但加热的温度不能太高,以防止转轴变形。

注意事项:拆卸过程中不能用手锤直接敲出带轮或联轴器,敲打会使带轮或联轴器碎裂、转轴变形或端盖受损等。

(2) 风罩和风叶的拆卸。

①把外风罩螺栓松脱,取下风罩。

②把转轴尾部风叶上的定位螺栓或销子松脱、取下,用金属棒或手锤在风叶四周均匀轻敲,小型异步电动机的风叶一般不用拆卸,可随转子一起抽出。但如果后端盖内的轴承需加油更换时,就必须拆卸,这时可把转子边连同风叶放在压床中一起压出。对于采用塑料风叶的电动机,可用热水使塑料风叶膨胀后拆下来。

(3) 轴承端盖的拆卸。

①把轴承的外盖螺栓卸下,卸下轴承外盖。

②为便于装配时复位,在端盖与机座接缝处的某一位置做好标记。

③松开外端盖的紧固螺钉,垫上垫木,用锤子均匀地敲打端盖四周,把端盖取下。对小型电动机,可先把轴伸端的轴承外盖卸下,再松开后端盖的固定螺栓(如风叶装在轴伸端的,则须先把后端盖外面的轴承外盖取下),然后用木锤敲打轴伸端,这样可把转子连同后端盖一起取下。

(4) 拆卸轴承:拆卸轴承通常有以下几种方法。

①铜棒拆卸。用带有楔形的铜棒,倾斜插入轴承的内圈,用手锤敲打铜棒的顶部,边敲边沿轴承内圈移动铜棒的位置,均匀用力,慢慢地把轴承敲出,如图6-41所示。

②拉具拆卸。根据轴承的大小,选用合适的拉具,拉具的脚爪应扣入轴承的内圈,拉具的丝杆顶点要垂直对准转子轴端中心,用力要均匀,动作要缓慢,如图6-42所示。

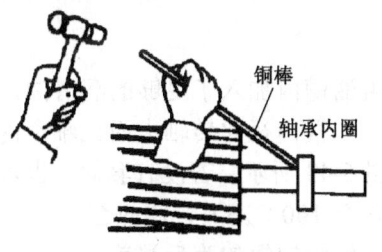

图6-41 铜棒拆轴承

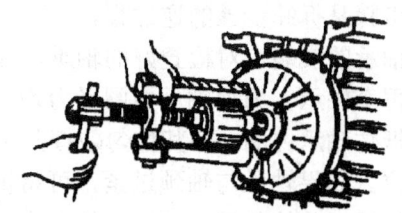

图6-42 拉具拆轴承

③油浸拆卸。对已生锈的轴承,可将轴承内圈用煤油浸泡1~2 h再进行拆卸。如还不能拆卸,可适当加热使其膨胀而松脱。注意,加热前,用湿布包好转轴,防止热量扩散。

④轴承在端盖内的拆卸。若轴承留存在端盖内时,可把端盖止口面向上,平稳地放在中间留有空隙的木板上,在轴承顶部加垫木,用铁锤敲打垫木拆下。

(5) 抽出转子。电动机的转子在抽出前应在转子下面的气隙和绕组部位垫上纸板,以免碰伤线圈绕组和铁芯。小型电动机的转子可直接抽出,大型电动机的转子可采用起重设备抽出。如转子轴承较短,可加接假轴承,让起重设备能够着力。

6.3.2 异步电动机的装配

1. 装配前的准备

(1) 准备所用工具、材料和仪表(万用表、钳形电流表、兆欧表等)。

(2) 对电动机进行检查。

①对定子、转子进行清扫、检查。用皮老虎或压缩空气吹净灰尘垢物,用毛刷再做清扫。检查绕组的外观,看其有无破损及绝缘是否老化。

②对轴承进行清洗、检查与换油。用汽油将轴承清洗干净,不要残留旧润滑脂。用手转动轴承外圈,检查其是否滑动灵活,有无过松、卡住的情况;观察滚珠、滚道表面有无斑痕、锈迹,以决定是否更换。

换油时,加入的润滑脂应适量,一般以轴承室容积的 1/3~1/2 为宜,润滑脂量过大会使电动机运转时轴承发热。

③用兆欧表测定子绕组的绝缘电阻。有两项内容:一是绕组对地绝缘电阻,二是三相绕组间的绝缘电阻,都应采用 500V 兆欧表。测量接线为:测定子绕组对地(外壳)绝缘电阻时,E 端钮接外壳,L 端钮接绕组,对三相绕组分别进行测量;测量三相绕组间绝缘时,L 端和 E 端钮分别接被测两相绕组。摇测出的绝缘电阻应不低于 0.5MΩ。

④用万用表检查定子绕组,并判定其首尾端。检查定子绕组也有两项内容:一是有无断线,二是粗略测其直流电阻。检查时所用的万用表,应选用较好的表,量程应放在电阻的"×1"挡,使用前做好调零。

2. 装配步骤

装配步骤是拆卸步骤的逆过程。

(1) 轴承的安装。对检查好的轴承,在轴承盖油槽内加入了足够的润滑油,先套在轴上,然后再套轴承,为使轴承内圈受力均匀,可用一根内径比转轴大而比轴承内圈外径略小的套筒抵住轴承内圈,将其均匀敲打到位,如图 6-43 所示。若没有套筒,也可用铜棒均匀敲打到位。如果轴承与轴颈过紧,可将轴承加热至 100℃ 左右,趁热套上。

(2) 前后端盖的装配。转轴较长的为前端盖,转轴较短的为后端盖。

①前端盖的装配。装配前端盖时,应对准机座上的标记,用木锤均匀敲打前端盖的四周,到位后交替拧紧螺栓。

②后端盖的装配。装配后端盖时,可将轴伸端垂直放置,将后端盖套上轴承,在轴端头加上垫木,用木锤轻轻地敲打四周,如图 6-44 所示。端盖到位后,可装配轴承外盖。紧固螺丝也需要交替拧紧。

(3) 绕组的首、尾端的装配。先用万用表检查绕组的首、尾端,如图 6-45 所示。进行接线，用万用表的毫安挡测试。转动电动机的转子，若表的指针不动，则说明三相绕组是首首相连，尾尾相连的。若指针摆动，则可将任一相绕组引出线首尾位置调换后再试，直到表针不动为止。

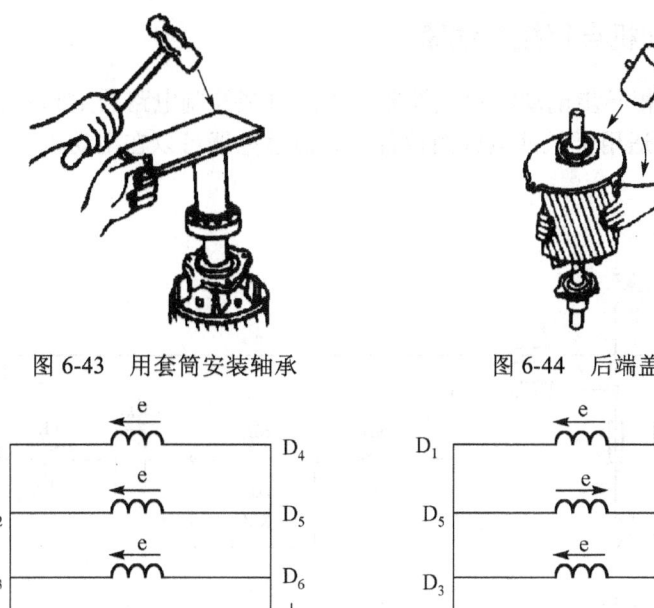

图 6-43　用套筒安装轴承　　　　　　图 6-44　后端盖的安装

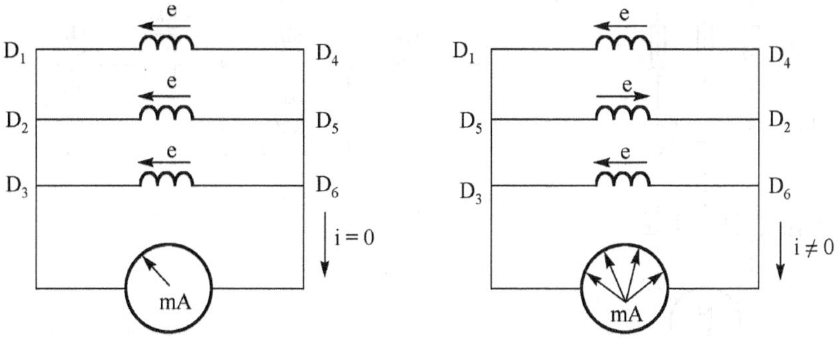

图 6-45　万用表检查电动机定子绕组的方法

3. 装配后的检验

为了保证装配后的质量，电动机经装配后需要进行检验。

（1）检查机械部分的装配质量。检查所有紧固螺丝是否拧紧，转子转动是否灵活、有无扫膛，轴承内是否有噪声，机座在地基上是否复位准确、安装牢固，与生产机械的配合是否良好。

（2）测量空载电流。按铭牌的要求接线或者根据自己检测到的首尾接好三相电源线，进行空载试车。空载试车可用接触器实现控制，也可使用磁力启动器，但都必须按所画的线路图进行接线。熔断的熔丝可按 2.5 倍电动机额定电流选择，热继电器的整定值按 1.1 倍额定电流调整。主回路导线截面积按 $1mm^2$ 通过 6～8A 来选择。接线应正确并符合安全规程规定。

用钳形电流表测三相空载电流值，一是看三相电流是否平衡，即三相空载电流值相差不超过 10%；二是看空载电流与额定电流的百分比是否在规定范围内，即是否符合允许值。对 10kV 以下的电动机，极数是 2 的为 30%～45%，极数是 4 的为 35%～55%。

（3）检查电动机温升是否正常，运转中有无异响。

6.4 常用继电接触控制电路

6.4.1 三相异步电动机自锁控制线路

图 6-46 所示为三相异步电动机自锁控制电路。自锁控制电路的主回路有一个热继电器，因为自锁控制电路适用于长期运行的设备，有热继电器可以在电动机过载时保护电动机不受损坏。

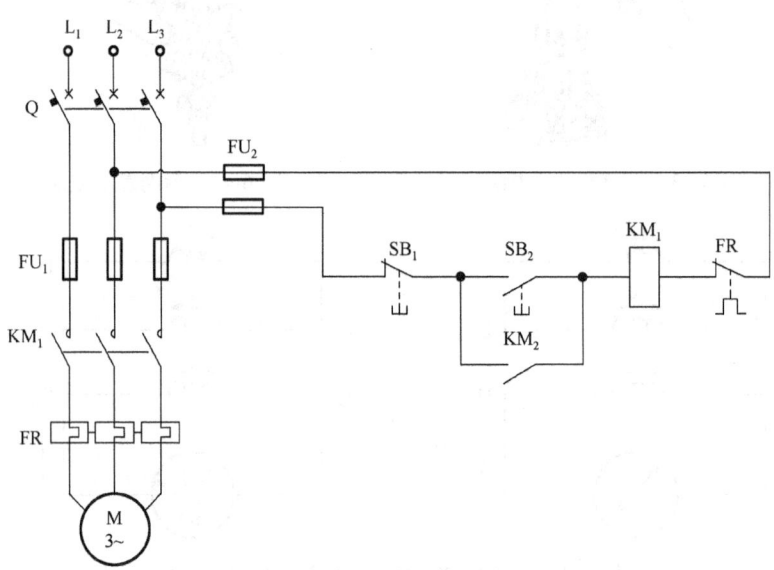

图 6-46 三相异步电动机自锁控制

该线路的控制回路是将热继电器 FR 的常闭辅助触头、停止按钮 SB_1 的常闭触头、启动按钮 SB_2 的常开触头及接触器 KM_1 的线圈串联起来，然后用接触器 KM_1 的常开辅助触头与启动按钮 SB_2 并联。

电动机启动时，合上电源开关 Q，按下按钮 SB_2 时，接触器 KM_1 线圈得电，其常开主触头与常开辅助触头同时闭合，主触头使电动机接入三相电源启动旋转。而接触器 KM_1 在控制回路中常开辅助触头与按钮 SB_2 并联也闭合，这时放开按钮 SB_2，电动机也不会停止，这就是自锁线路。电动机启动后将一直运行下去，只有当电动机过载，启动保护触头 FR 或按下停止按钮 SB_1，自锁才会解开，电动机停止运转。该线路因简单实用、操作方便，又有较完善的保护环节而得到广泛应用。

6.4.2 三相异步电动机正反向控制线路

根据三相异步电动机的工作原理特征，其正转或反转取决于电动机定子绕组在三相电源作用下的旋转磁场，而旋转磁场的方向又取决于三相电源的相序。也就是说，只要将三相电源的任意两相的相序转换一下，电动机的旋转方向就相反了。根据该原理，正反转电动机控制线路的主回路是在自锁控制主回路的启动接触器旁再并接一个相序交换接触器，如图 6-47 所示。电动机正向启动时，接通正向接触器 KM_1，电动机正相序（L_1、L_2、L_3）运行；当电动机反向启动时，接通反向接触器 KM_2，电动机是反相序（L_3、L_2、L_1）运行。

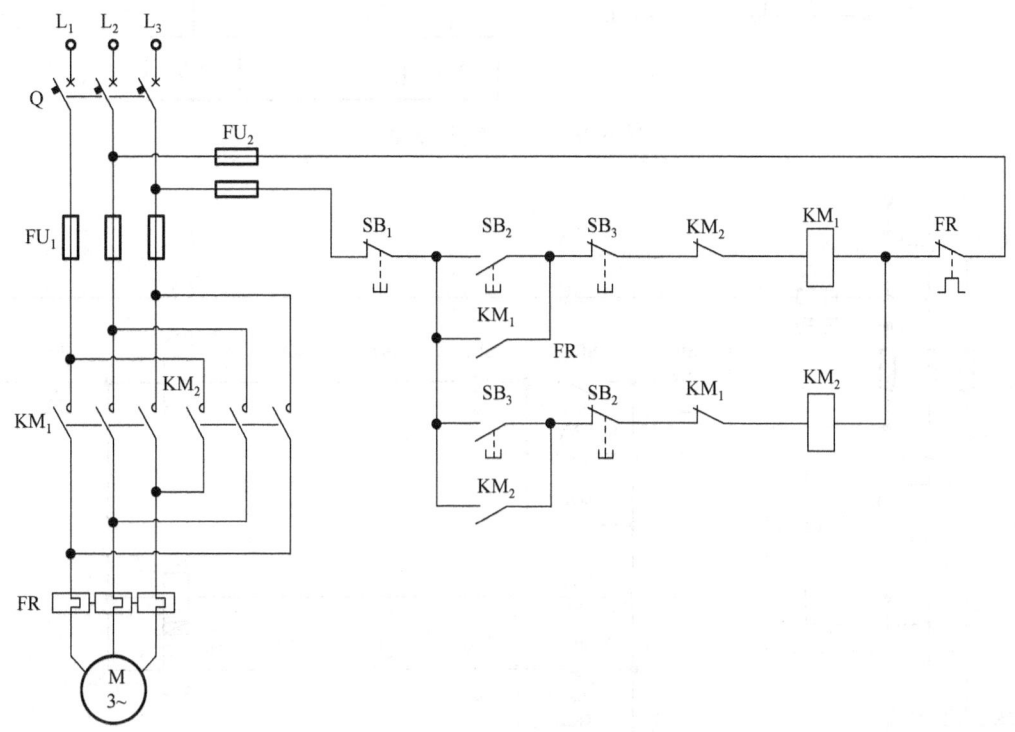

图 6-47 三相异步电动机正反转电路

电动机正反转电路的控制回路实际就是两个自锁控制线路的并联。为了防止两个方向的接触器同时吸合，造成主回路短路，在每个启动接触器线圈前都串联了对方接触器的常闭触点，这就是"互锁"线路。当正转的接触器 KM_1 吸合后，反转的接触器 KM_2 就被禁止吸合，用反转按钮 SB_3 的常闭触头去解正转接触器 KM_1 的"互锁"触头。反之，当反转的接触器 KM_2 吸合后，正转的接触器 KM_1 就被禁止吸合，用正转按钮 SB_2 的常闭触头去解反转接触器 KM_2 的"互锁"触头。而按下停止按钮 SB_1，电动机才停止。这就是"正—反—正"线路。

6.4.3 三相异步电动机行车控制线路

如图 6-48 所示，设定 A 点为原材料放置点，B 点为加工中心，每次从原材料放置点 A

点取一个原材料，送至加工中心 B 点加工，加工完成后将成品送回 A 点，同时取下一个原材料，如此循环。在电气控制电路设计中，在 A 点装置行程开关 SQ_1，在 B 点装置行程开关 SQ_2，加工时间由时间继电器 KT 设置。其控制电路如图 6-49 所示。

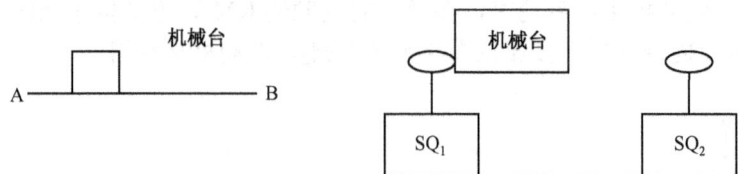

图 6-48　行车控制示意图

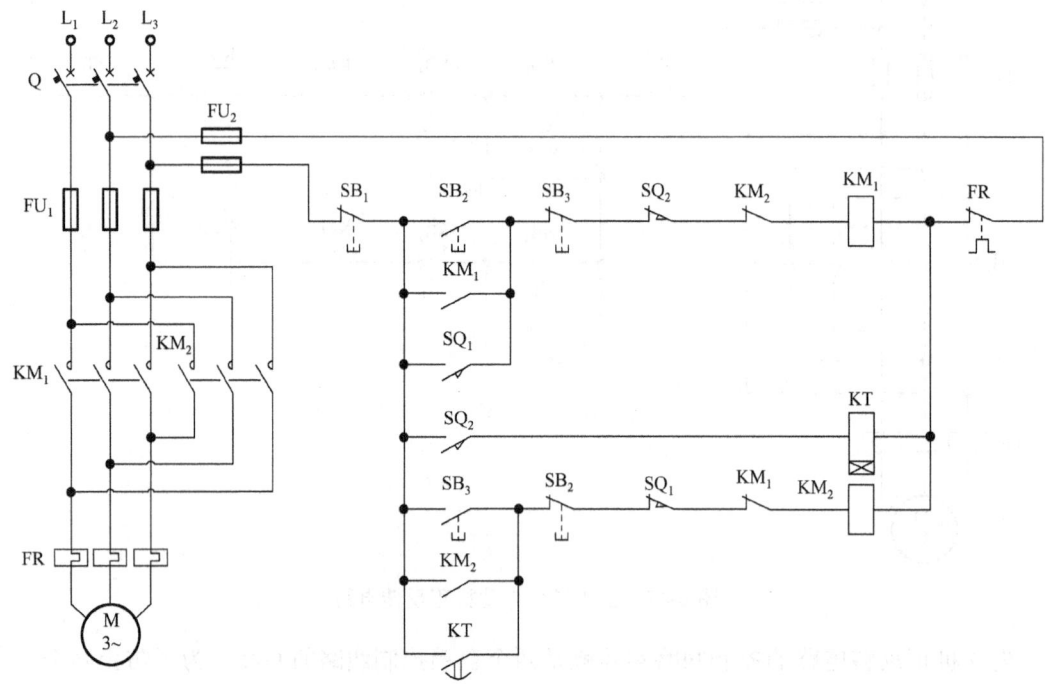

图 6-49　三相异步电动机行车控制电路

机械台从 A 点到 B 点，电动机正转带动，从 B 点到 A 点，电动机反转带动。所以电动机行车控制电路的主回路和电动机正反转运行的主回路是一样的。

按下控制线路中的正转启动按钮 SB_2，KM_1 接触器线圈得电，电动机正转。当机械台运行到碰到装有 SQ_2 的 B 点，SQ_2 常闭触头动作，KM_1 接触器线圈失电，电动机停止运转。而 SQ_2 常开触头闭合，KT 时间继电器线圈得电，KT 计时开始。当 KT 计时到设定的时间值，KT 延时闭合开关闭合，KM_2 接触器线圈得电，电动机反转。当机械台运行到碰到装有 SQ_1 的 A 点，SQ_1 常闭触头动作，KM_2 接触器线圈失电，电动机停止反转，而 SQ_1 常开触头闭合，KM_1 接触器线圈得电，电动机正转。如此反复运转。

当机械台在前进（即电动机正转）时，若前方有故障，这时，机械台要么停止前进（电动机停止），要么倒退（电动机反转）。前者需按下停止按钮 SB_1，后者则按下反转按钮 SB_3。当机械台在后退（即电动机反转）时，若后方有故障，这时，机械台要么停止后退（电动机停止），要么前进（电动机正转）。前者需按下停止按钮 SB_1，后者则按下反转按钮 SB_2。

6.4.4 三相异步电动机Y-△控制线路

1. Y-△降压启动适用的场合

Y-△启动适用于正常运行时定子绕组作为△连接的电动机，启动时先把它接成Y形，使加在每相绕组上的电压降到额定电压的 $\frac{1}{\sqrt{3}}$，待电动机转速升高后换成△连接进入全压运行。

2. Y-△启动时的特点

Y启动时 $\qquad U_{YP} = \frac{1}{\sqrt{3}} U_{\Delta P} \qquad I_{YP} = \frac{1}{\sqrt{3}} I_{\Delta P}$

△连接时 $\qquad I_{\Delta L} = \sqrt{3} I_{\Delta P} \qquad I_{YL} = \frac{1}{3} I_{\Delta L}$

启动转矩 $\qquad\qquad\qquad\qquad M \propto U^2$

所以启动转矩也降为 $\frac{1}{3}$。

如图 6-50 所示，按下Y-△减压启动控制线路中的 SB_2 按钮，时间继电器 KT 得电。因为 KT 是得电延时动作继电器，所以 KM_1 也同时得电吸合，致使 KM_2 得电，KM_2 的常开触头用于自锁，Y形启动。当延时到设定时间，KT 延时断开触头动作，KM_1 接触器线圈失电，Y形运行结束，KM_1 常闭触头复位，致使 KM_2 接触器线圈得电吸合，进入△形运行。KM_3 的常闭触头同时切断了 KT 继电器的线圈回路，以防止有人再次启动按钮而造成不必要的麻烦。而按下停止按钮 SB_1，电动机停止运行。

6.4.5 电气控制线路故障检修

电动机控制线路的故障一般可分为自然故障和人为故障两类。自然故障是由于电气设备运行过载、振动或金属屑、油污侵入等原因引起的，造成电气绝缘下降，触点熔焊和接触不良，散热条件恶化，甚至发生接地或短路。人为故障是由于在维修电气故障时没有找到真正的原因或操作不当，不合理地更换元件或改动线路，或者在安装线路时布线错误等原因引起的。

电气控制线路的形式有很多，复杂程度不一，它的故障常常和机械系统的故障交错在一起，难以分辨。这就要求我们首先要弄懂原理，并应掌握正确的维修方法。每个电气控制线路，往往由若干个电气基本单元组成，每个基本单元控制环节由若干电器元件组成，而每个电器元件又由若干零件组成。但故障往往只是由于某个或某几个电器元件、部件或接线有问题而产生的。因此，只要我们善于学习，善于总结经验，找出规律，掌握正确的维修方法，就一定能迅速准确地排除故障。下面介绍电动机控制线路发生自然故障后的一般检修步骤和方法。

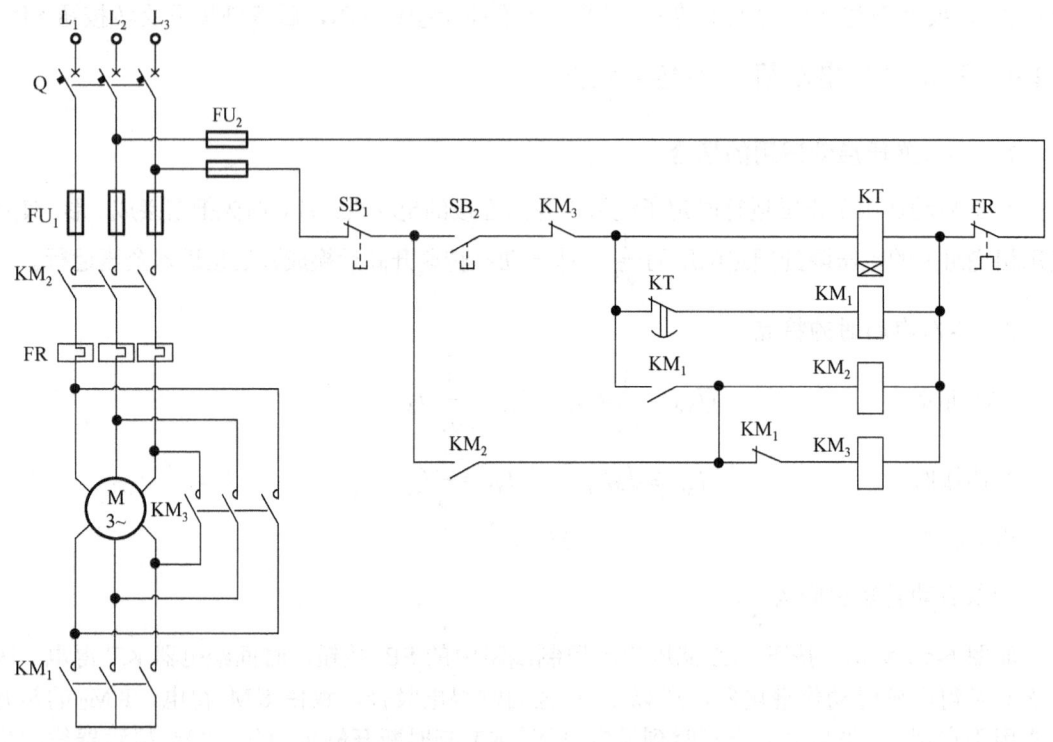

图 6-50　三相异步电动机 Y-△ 控制电路

1. 电气控制线路故障的检修步骤

（1）经常看、听、检查设备运行状况，善于发现故障。

（2）根据故障现象，依据原理图找出故障发生的部位或回路，并尽可能地缩小故障范围，在故障部位或回路找出故障点。

（3）根据故障点的不同情况，采用正确的检修方法排除故障。

（4）通电空载校验或局部空载校验。

（5）试运行正常后，投入运行。在以上检修步骤中，找出故障点是检修的难点和重点。在寻找故障点时，首先应该分清发生故障的原因是属于电气故障还是属于机械故障，同时还要分清是属于电气线路故障还是属于电器元件的机械结构故障。

2. 电气控制线路故障的检查和分析方法

常用的电气控制线路的故障检查和分析方法有调查研究法、试验法、逻辑分析法和测量法等。在一般情况下，调查研究法能帮助找出故障现象；试验法不仅能找出故障现象，而且还能找出故障部位或故障回路；逻辑分析法是缩小故障范围的有效方法；测量法是找出故障点的基本、可靠和有效的方法。

（1）调查研究法。主要是通过以下几个方面来进行分析、检修：询问设备操作工人，看有无由于故障引起明显的外观征兆，听设备各电气元件在运行时的声音与正常运行时有无明显差异，用手摸电气发热元件及线路的温度是否正常等。

（2）试验法。在不损伤电气、机械设备的条件下，可进行通电试验。一般可先点动试验各控制环节的动作程序，若发现某一电器动作不符合要求，即说明故障范围在与此电器有关的电路中。然后在这一部分故障电路中进一步检查，便可找出故障点。

（3）逻辑分析法。逻辑分析法是根据电气控制线路工作原理，控制环节的动作程序，以及它们之间的联系，结合故障现象进行具体分析，迅速地缩小检查范围，然后判断故障部位。逻辑分析法是一种以准为前提、以快为目的的检查方法。它更适用于对复杂线路的故障检查。在使用时，应根据原理图，故障现象进行具体分析，在划出可疑范围后，再借鉴试验法，对与故障回路有关的其他控制环节进行控制，即可排除公共支路部分的故障，使貌似复杂的问题变得条理清晰，从而提高维修的针对性，以收到准而快的效果。

（4）测量法。测量法是利用校验灯、测电笔、万用表、摇表等对线路进行带电或断电测量，是找出故障点的有效方法。在测量时要特别注意是否有并联支路或其他回路对被测线路的影响，以防产生误判断。

总之，电动机控制线路的故障不是千篇一律的，即使是同一种故障现象，发生的部位也不一定相同。所以在采用故障检修的一般步骤和方法时，不要生搬硬套，而应按不同的故障情况灵活处理，力求迅速准确地找出故障点，判明故障原因，及时排除故障。

6.5 实 训 项 目

6.5.1 实训一：三相异步电动机的拆装

1. 实训目的

（1）熟悉三相异步电动机的结构。
（2）掌握三相异步电动机的拆装方法。
（3）测量三相异步电动机绝缘电阻、启动电流、空载电流和转速。

2. 实训器件工具

（1）鼠笼式三相异步电动机一台。

（2）拉具一套，活动扳手、呆扳手和套筒扳手若干把，紫铜棒一根，小盒（或纸盒）一个，手锤一把，油盒一只，刷子一把，煤油、钠基润滑脂等。

（3）常用电工工具一套。

（4）兆欧表、钳形电流表、转速表、万用表各一块。

3. 实训内容

（1）测电动机的绝缘电阻，具体测量方法见第 2 章实训二常用电工仪表的使用。

打开接线盒，先拆开三相绕组之间的连接片，使三相绕组相互独立，用兆欧表测量三相异步电动机各相绕组之间以及各相绕组对外壳的绝缘电阻，将测量数据填入表 6-2 中。

（2）电动机的拆卸。

按 6.3 节所述步骤和方法拆卸电动机。清理电动机各部分的积灰，清洗轴承和轴承盖并加润滑脂。

（3）电动机的装配。电动机的装配按拆卸的逆顺序操作。

（4）用钳形电流表测量电动机的启动电流和空载电流，并填入表 6-3 中；具体测量方法见第 2 章实训二常用电工仪表的使用。

（5）用转速表测量电动机的转速，并填入表 6-3 中；具体测量方法见第 2 章实训二常用电工仪表的使用。

表 6-2 电动机绝缘电阻测量结果

	电动机拆卸前	电动机拆开后	电动机组装后
U—地（MΩ）			
V—地（MΩ）			
W—地（MΩ）			
U—V（MΩ）			
U—W（MΩ）			
V—W（MΩ）			

表 6-3 电动机启动电流、空载电流、转速测量结果

	启动电流	空载电流
U 相（A）		
V 相（A）		
W 相（A）		
电动机转速		r/min

4. 注意事项

（1）拆卸带轮或轴承时，要正确使用拉具。

(2) 电动机解体前,要标好记号,按顺序拆卸和摆放零件,不要堆垒,以便组装。
(3) 抽出转子或安装转子时要小心,一边送一边接,不可擦伤定子绕组。
(4) 不能用手锤直接敲打电动机的任何部位,只能用紫铜棒在垫好木块后再敲击。
(5) 电动机装配后,要检查转子转动是否灵活,有无卡阻现象。
(6) 安装时要对准螺栓孔,并使用合适的扳手,且不可用力过猛。
(7) 电动机试车前,应做绝缘检查。
(8) 通电前必须做好各项检查,必须经指导教师检查后方可试车。
(9) 注意安全。

6.5.2 实训二:三相异步电动机继电接触器控制线路的安装

1. 实训目的

(1) 学习按钮、空气开关、接触器、热继电器、行程开关、时间继电器等常用电气控制器件的基本结构、工作原理及接线方法。
(2) 学习三相异步电动机的各种接触器继电器控制电路的原理及接线方法。
(3) 掌握继电器控制电路的工作原理、保护过程及操作方法。
(4) 学习三相异步电动机基本控制电路的故障的排除。

2. 实训器材工具

(1) 交流接触器 3 个。
(2) 热继电器 1 个。
(3) 时间继电器 1 个。
(4) 控制按钮 3 个。
(5) 行程开关 2 个。
(6) 三相电动机 1 台。
(7) 熔断器 6 个。
(8) 空气开关 1 个。
(9) 电工工具 1 套。

3. 实训内容

(1) 复习三相异步电动机基本控制电路的工作原理。
(2) 在实训台板上找到交流接触器等控制器件,了解其结构及动作原理。
(3) 完成下面三相异步电动机基本控制电路的组装与调试。
① 三相异步电动机自锁控制电路,见图 6-46。
② 三相异步电动机正反转控制电路,见图 6-47。
③ 三相异步电动机行程控制电路,见图 6-49。

④三相异步电动机丫-△控制电路，见图 6-50。

4. 注意事项

（1）注意安全，严禁带电安装及检修。

（2）未经指导教师同意，不得通电，通电试运转按电工安全要求操作。

（3）要节约导线材料（尽量利用使用过的导线）。

（4）操作时应保持工位整洁，完成全部操作后应马上把设备器件整理好，把工位清理干净。

（5）实训结束，登记实训记录簿。

第 7 章 可编程序控制器及其应用

可编程控制器（Programmable Logic Controller），简称 PLC，是 20 世纪 70 年代以来在集成电路、计算机技术基础上发展起来的一种新型工业控制设备。目的是用来取代继电器，执行逻辑、计时、计数等顺序控制功能，它使控制线路的连接，由柔性和灵活的编程来实现，使具有开关量控制特点的线路控制简单可靠，很快就在实际应用中取代了低压继电-接触器线路。

目前，PLC 在国外已广泛应用于自动化控制领域，在国内 PLC 的开发应用也很快，从单台机电设备自动化到整条生产线的自动化乃至整个工厂的生产自动化，从柔性制造系统工业机器人到大型集散控制系统，无处不用到 PLC。国际电工委员会（IEC）对 PLC 的定义是："可编程控制器是一种数字运算操作的电子系统，专为在工业环境下应用而设计，它采用了可编程序的存储器，用来在其内部存储执行逻辑运算、顺序控制、定时、计数和算术运算等操作的指令，并通过数字式和模拟式的输入和输出，控制各种类型机械的生产过程。可编程序控制器及其有关外部设备，都按易于与工业系统连成一个整体，易于扩充其功能的原则设计。"

7.1 可编程序控制器概述

7.1.1 PLC 的应用领域

现代社会要求制造业对市场需求做出迅速反应，生产出小批量、多品种、多规格、低成本和高质量的产品，为了满足这一要求，生产设备和自动生产线的控制系统必须具有极高的可靠性和灵活性。在发达的工业国家，PLC 已经应用于所有的工业部门，随着其性能价格比的不断提高，应用范围也不断扩大。PLC 主要用于以下几个方面。

1. 开关量逻辑控制

PLC 用"与"、"或"、"非"等逻辑指令来实现触点和电路的串联、并联，代替继电器进行组合逻辑控制、定时控制与顺序逻辑控制。开关量逻辑控制可以用于单台设备，也可以用于自动生产线，其应用领域已遍及各行各业，甚至深入到家庭中。

2. 运动控制

PLC 使用专业的指令或运动控制模块，对直线运动或圆周运动的位置、速度和加速度进行控制。使运动控制与顺序控制功能有机地结合在一起，可以实现单轴、双轴、三轴和多轴位置控制。PLC 的运动控制功能被广泛应用于各种机械，如金属切削机床、金属成形机械、装配机械、机器人、电梯等场合。

3. 闭环过程控制

闭环过程控制是指对温度、压力、流量等连续变化的模拟量的闭环控制。PLC 通过模拟量 I/O 模块，实现模拟量和数字量之间的 A/D 转换与 D/A 转换，并对模拟量实现闭环 PID（比例—积分—微分）控制。现代的 PLC 一般都有 PID 闭环控制功能，这一功能可以用 PID 子程序或专用的 PID 模块来实现。其 PID 闭环控制功能已经被广泛应用在塑料挤压成型机、加热炉、热处理炉、锅炉等设备，以及轻工、化工、机械、冶金、电力、建材等行业。

4. 数据处理

现代的 PLC 具有数学运算（包括四则运算、矩阵运算、函数运算、字逻辑运算、求反、循环、移位和浮点数运算等）、数据传送、转换、排序和查表、位操作等功能，可以完成数据的采集、分析和处理。这些数据可以与存储在存储器中的参考值比较，也可以通过通信功能传送到其他智能装置中或打印制表。

5. 通信联网

PLC 的通信包括主机与远程 I/O 之间的通信、多台 PLC 之间的通信、PLC 与其他智能控制设备（如计算机、变频器、数控装置）之间的通信。PLC 与其他智能控制设备一起，可以组成"集中管理、分散控制"的分布式控制系统。

7.1.2 PLC 的基本结构和工作原理

1. PLC 的基本结构

PLC 的基本结构由输入/输出模块（I/O 模块）、中央处理单元（CPU 部分）、电源部件和编程器等组成，其结构框图如图 7-1 所示。由图可见，PLC 与计算机的基本组成相似，因为 PLC 实际上就是一种工业控制计算机。

（1）输入/输出模块。

在 PLC 中，CPU 是通过输入/输出模块与外围设备连接的。输入模块用于将控制现场输入信号变换成能接收的信号，并对其进行滤波、电平转换、隔离和放大等；输出模块用于将 CPU 的决策输出信号变换成驱动控制对象执行机构的控制信号，并对输出信号进行功率放大、隔离 PLC 内部电路和外部执行元件等。输入/输出模块一般包括数字量输入模块、数字量输出模块、模拟量输入模块和模拟量输出模块等。按用途来区分，输入/输出模块还包括数据传送/校验、串/并行转换、电平转换、电气隔离、A/D 转换、D/A 转换以及其他功能模块等。

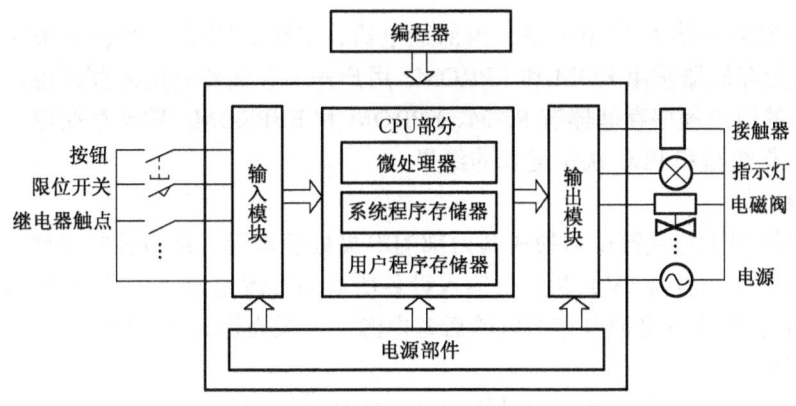

图 7-1 PLC 的基本结构

（2）中央处理单元。

中央处理单元包括微处理器、系统程序存储器和用户程序存储器。

①微处理器。

微处理器是 PLC 的核心部件，整个的工作过程都是在中央处理器的统一指挥和协调下进行的。它在系统程序的控制下，诊断电源、PLC 内部电路工作状态；接收、诊断并存储从编程器输入的用户程序和数据；用扫描方式接收现场输入装置的状态或数据，并存入输入映像寄存器或数据寄存器；在 PLC 进入运行状态后，从存储器中逐条读取用户程序，经过命令解释后，按指令规定的任务，产生相应的控制信号，去启/闭有关控制门电路，分时分渠道地去执行数据的存取、传送、组合、比较和变换等动作，完成用户程序中规定的逻辑或算术运算等任务；根据运算结果，更新有关标志位的状态和输出映像寄存器的内容，再由输出映像寄存器的位状态或数据寄存器的有关内容，实现输出控制、制表、打印或数据通信等。

PLC 所采用的 CPU 随机型的不同而有所不同，通常有三种：通用微处理器（如 8086、80286、80386 等）、单片机芯片（如 8031、8096、M6801 等）和双极型位片式微处理器（如 AMD-2900 系列）。有些厂商还采用自己开发的专用微处理器。PLC 的档次越高，CPU 的位数也越多，运算速度也越快，其指令功能也就越强。

小型 PLC 大多采用 8 位微处理器或单片机，中型 PLC 大多采用 16 位微处理器或单片机或采用双 CPU，而大型 PLC 则多采用高速位片机。采用双 CPU 的 PLC 中，其中一个 CPU 作为主处理器，主要用于处理字节操作指令，控制系统总线，监视扫描时间，管理内部计数器及定时器、输入/输出接口、编程接口，以及协调位处理器；另一个 CPU 则作为从处理器，用来处理位操作指令，完成源程序向目标代码程序的转换等。

②存储器。

在 PLC 中，存储器是保存系统程序、用户程序和工作数据的器件。系统程序存储器用来存放系统程序或监控程序、管理程序、指令解释程序、功能应用子程序和系统诊断程序等，此外还用来存放输入/输出电路、内部继电器、定时器/计数器和移位寄存器等各部分固定参数。系统存储器常用 ROM 和 EPROM。用户程序存储器是用来存放用户程序即应用程序的。常用的用户程序存储器有 RAM、EPROM 和 EEPROM。数据存储器主要用来存放控制现场的工作数据和 PLC 决策运算的结果。

（3）电源部件。

PLC 的电源用于把交流电转换成其内部的中央处理单元、存储器单元等电子电路工作所需的直流电源（一般为 5V）和外部输入设备所需的直流电源（一般为 24V）。此外，还包括 PLC 断电后为掉电保护电路供电的后备电源（一般为锂离子电池）。

（4）编程器。

编程器是 PLC 必不可少的重要外围设备，它通过通信端口与 CPU 联系，以此完成人机对话的功能。编程器上提供了用于编程的各种按键、指示灯和用于编程、监控和运行的转换开关。

编程器有简易型和智能型两类。简易型编程器一般只能联机编程，只能以梯形图语言编辑用户程序；而智能型编程器既可联机编程，又可脱机编程，同时，既可以用梯形图语言编辑用户程序，又可以用语句语言或更高级的图形语言来编程。目前推出的 PLC 普遍以普通个人计算机配以专门的编程软件，通过屏幕对话方式进行编程。

2. PLC 的基本工作原理

（1）循环扫描工作原理。

PLC 的控制过程实质上是采用了对整个用户程序循环执行的工作方式——循环扫描方式，即执行用户程序不是只执行一遍，而是一遍一遍不停地循环执行。这里每执行一遍称为扫描一次。扫描一次全部用户程序的时间称为扫描周期。扫描周期的长短，与程序中指令的数量以及每条指令执行时间的长短有关，应保证扫描周期足够短，以确保在前一次扫描中刚好未捕捉到的某变量的变化状态，在下一次扫描过程中必定被捕捉到。

PLC 的扫描工作方式可以按固定的顺序运行，即每扫描一次立即执行一遍，这种方法多用于小型 PLC，其优点是提高了系统抗干扰能力。而对于大型系统，当 I/O 点数很多时，响应的及时性则较难以满足。此时，也可以采用分时、分批扫描执行的方法，以缩短扫描周期、提高系统实时响应性。此外，也可以直接使用专门指令执行一个 I/O 映像区的及时采样输入、直接刷新输出，或中断输入/输出，或运用专门的智能化快速响应 I/O 模板等方法来提高系统实时响应性。

（2）PLC 扫描周期的执行过程。

PLC 是在其系统软件的支持下按扫描原理工作的，它的工作过程就是周期性的循环扫描过程，每一个扫描周期均分为自诊断、采样输入、执行用户程序、输出刷新和通信 5 个阶段，如图 7-2 所示。

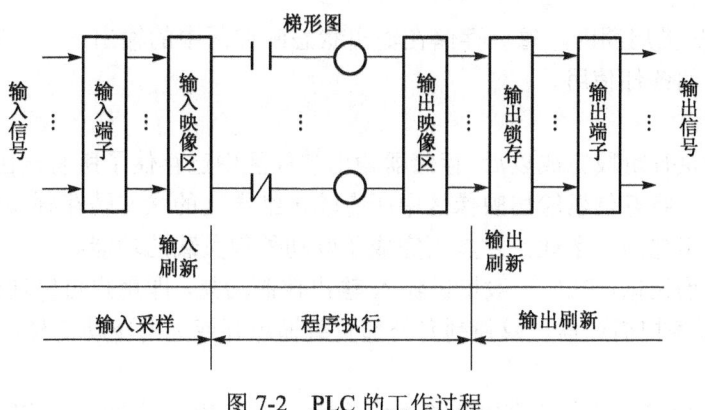

图 7-2　PLC 的工作过程

① 自诊断。

PLC 在上电后和进行每一次扫描之前都要执行自诊断程序以保证设备的可靠性。诊断包括校验系统软件的校验和、CPU 测试、存储器测试、I/O 接口测试和总线动态测试等。如果自诊断发现异常情况，PLC 将全部输出置为 OFF 状态，保留当前相关状态，然后停止 PLC 运行。PLC 除了上述自诊断功能外，往往还使用一个硬件时钟即时间监视器（WatchDog Timer，WDT）来辅助自诊断，即在每一次扫描之前均复位 WDT。如果 CPU 出现故障，或用户程序执行时间过长，使扫描周期时间超过 WDT 的设定时间，WDT 将使 PLC 停止运行，复位输入/输出，并给出报警信号。而 WDT 的主要功能是针对 CPU 工作过程中出现受外界干扰而产生程序跑飞，导致以后始终不能再进行正常扫描循环的严重情况而设置的。

② 采样输入。

在采样阶段，PLC 以顺序扫描的方式采样所有输入的状态，并存入存储器输入映像区中，然后转入程序扫描执行阶段。在程序扫描执行期间，用户程序中所有的输入值是输入映像区的值，即使外部输入状态发生变化，输入映像区的内容也不会随之改变，这种变化只能在下一扫描周期输入采样时才能再读入。

③ 执行用户程序。

PLC 处于运行状态时，一个扫描周期中包含了用户程序执行过程。在程序扫描执行阶段，先从存储器输入映像区中读入程序中所需的输入状态，从存储器输出映像区中读入程序中所需的输出状态，以及程序中规定要读入的内部辅助继电器、定时器和计数器的状态。然后，按照程序的安排进行逻辑运算，并将运算结果存入存储器输出映像区。由于使用了输入/输出状态映像区，用户程序具有以下 3 个明显特点。

A．由于在同一扫描周期内，对每一输入状态只采样一次，其在整个扫描周期内是一致的，因而不会造成在同一扫描周期内运算结果的混乱。

B．在同一扫描周期内，对每一输出状态一般只运算并存储一次，如果程序中运算、存储多次，则仅最后一次存储有效。

C．在同一扫描周期内，每一存储在输出状态映像区中的输出状态，在用户程序中也可作为逻辑运算的条件使用。

④输出刷新。

在程序扫描执行阶段完成以后，存储器输出映像区中已存储了所有输出继电器的状态。在输出刷新阶段，将存储器输出映像区中所有输出继电器的状态转存到输出锁存电路，并驱动所有外部输出电路，至此，才真正完成了驱动外部负载的功能。

为了便于现场调试，PLC 一般提供输入/输出控制功能，即用户可以通过编程器关闭或打开输入/输出服务扫描过程，或强制向外部负载输出开或关的驱动信号。

⑤通信。

配有网络的 PLC，可在扫描周期的通信阶段，进行 PLC 之间以及 PLC 与计算机之间的信息交换。

PLC 的用户程序是通过编程器写入的，在调试过程中，用户也是通过编程器进行在线监视和在线修改相应参数的。在扫描周期的通信阶段中，用户可以通过编程器修改内存程序、启动或停止 CPU、读 CPU 状态、清内存、封锁或开放输入/输出。也将欲显示的状态、数据、逻辑变量和数字变量、误码等发送给编程器。当 PLC 配有数字模块时，该扫描周期中这一过程用于数字模块与 CPU 间的数据交换。

7.2　PLC 的分类及选型要求

7.2.1　PLC 的分类

PLC 的种类有很多，规格性能不一，目前还没有一个权威的分类标准，准确分类是很困难的。一般按下面几种情况进行大致分类。

1. 按结构形式分类

按 PLC 的结构形式可分为整体式、模块式和叠装式三种。

整体式（箱体式）PLC 将 PLC 的电源、中央处理器、输入/输出部件等集中配置在一起,有的甚至全部安装在一块印制电路板上，装在一个箱体内，通常称为主机，如 MicroLogix 系列 PLC、F1 系列 PLC 等。整体式 PLC 结构紧凑、体积小、质量轻、价格低，但主机 I/O 点数固定，使用不灵活。小型 PLC 常使用这种结构。

模块式（积木式）PLC 把 PLC 的各部分以模块形式分开，如电源模块、CPU 模块、输入模块和输出模块等，把这些模块插到机架底板上，组装在一个机架内。这种结构配置灵活、装配方便、便于扩展。一般中型和大型 PLC 常采用这种结构，如 S7-300、GE-I、SLC5 系列 PLC 等。这种结构较复杂，造价高。

叠装式 PLC 将整体式和模块式结合起来。它除了基本单元外,还有扩展模块和特殊功能模块,兼有上面两种形式的优点,如 S7-200 就采用了这种结构。

2. 按输入/输出点数和存储容量分类

按输入/输出点数和存储容量来分,PLC 大致可分为大、中、小和微型(超小型)4 种。

微型 PLC 的输入/输出点数小于 64,用户程序存储器容量在 2KB 以下。

小型 PLC 的输入/输出点数为 64~256,用户程序存储器容量为 2~4KB。

中型 PLC 的输入/输出点数为 256~2048,用户程序存储器容量一般为 4~16KB。

大型 PLC 的输入/输出点数在 2048 以上,用户程序存储器容量达 16KB 以上。

3. 按功能分类

按 PLC 功能强弱来分,可大致分为低档机、中档机和高档机三种。

低档机 PLC 具有逻辑运算、定时、计数等基本功能,有的还增设模拟量处理、算术运算、数据传送等功能,可实现逻辑、顺序、计时计数控制等。

中档机 PLC 除具有低档机的功能外,还具有较强的模拟量输入/输出、算术运算、数据传送、通信联网等功能,可完成既有开关量又有模拟量控制的任务。

高档机 PLC 除具有中档机的功能外,还增设带符号算术运算、矩阵运算等功能,使运算能力更强,还具有模拟调节、联网通信、监视、记录和打印等功能,使 PLC 的功能更多、更强,能进行智能控制、远程控制、大规模过程控制,构成分布式控制系统,成为整个工厂的自动化网络。

7.2.2 PLC 系统及其组件的选型

1. 变送器的选型

变送器用于将传感器提供的电量或非电量转换为标准的直流电流或直流电压信号。变送器分为电流输出型和电压输出型(如直流 4~20mA 和 0~10V),电压输出型变送器具有恒压源的性质。由于 PLC 模拟量输入模块的电压输入端的输入阻抗很高,通常为 100kΩ~10MΩ,如果变送器距离 PLC 较远,通过线路间的分布电容和分布电感感应出的干扰信号电流在模块的输入阻抗处将产生较高的干扰电压。例如,1μA 干扰电流在 10MΩ 输入阻抗上将产生 10V 的干扰电压信号,所以远程传送模拟量信号时抗干扰能力很差。

电流输出型变送器具有恒流源的性质,恒流源的输出内阻很大。由于 PLC 的模拟量电流输入模块,输入阻抗较低,线路上的干扰信号在模块的输入阻抗上产生的干扰电压很低,所以模拟量电流信号适用于远程传送。

电流的传送距离比电压的传送距离远得多。

2. PLC 型号的选择

（1）PLC 的硬件功能。

①确定输入/输出（I/O）点数。

应确定哪些信号需要输入给 PLC，哪些负载由 PLC 驱动，是开关量还是模拟量，是直流量还是交流量，电压的等级以及是否有特殊要求（如快速响应）等，并建立相应的表格。如果系统不同部分相互距离很远，可以考虑使用远程 I/O。

②确定输入/输出（I/O）的性质。

开关量控制是 PLC 的基本功能，对于开关量控制系统，主要需要考虑 PLC 的最大开关量 I/O 点数是否能满足系统的要求。对于有模拟量输入/输出的系统，需要考虑 PLC 的最大模拟量 I/O 点数是否能满足要求，每个模块的点数和平均每点的价格。

③确定系统的特殊功能。

某些系统对 PLC 的功能有特殊要求，如通信联网、PID 闭环控制、快速响应和运动控制等，注意不同型号 PLC 能提供的功能范围。这时，选择整体式 PLC，要注意其是否具有高速计数器、高速脉冲输出、模拟量调节电位器、实时时钟等功能和中断功能；对于模块式 PLC，应考虑是否有相应的特殊功能扩展模块。

④确定 PLC 物理结构。

PLC 的物理结构分为整体式和模块式，整体式 PLC 每一个 I/O 点的平均价格比模块式的便宜，在小型控制系统中一般采用整体式 PLC。但是模块式 PLC 的功能扩展方便灵活，I/O 点数的多少、输入点数与输出点数的比例、I/O 模块的种类和块数、特殊 I/O 模块的选用等方面的选择余地都比整体式 PLC 大得多，维修时更换模块、判断故障范围也很方便，因此较复杂的、要求较高的系统一般选用模块式 PLC。

（2）PLC 指令系统的功能。

对于小型单台仅需要开关量控制的设备，一般的小型 PLC 便可以满足要求。如果系统要求 PLC 完成某些特殊的功能，应考虑的指令系统是否有相应的指令来支持。

3. I/O 模块的选择

PLC 的型号选好后，根据 I/O 表和可供选择的 I/O 模块的类型，确定 I/O 模块的型号和块数。选择 I/O 模块时，I/O 点数一般应留有一定的余量，以备今后系统改进或扩充时使用。

（1）开关量输入模块的选择。

开关量输入模块的输入电压一般为 DC24V 和 AC220V。直流输入电路的延迟时间较短，可以直接与接近开关、光电开关等电子输入装置连接。交流输入方式适合于在有油雾、粉尘和恶劣的环境下使用，在这些条件下交流输入触点的接触较为可靠。

（2）开关量输出模块的选择。

继电器型输出模块的工作电压范围广，触点的导通压降小，承受瞬时过电压和瞬时过电流的能力较强，但是动作速度较慢，触点寿命（动作次数）有一定的限制。如果系统的输出信号变化不是很频繁，建议优先选用继电器型。

晶体管型与双向晶闸管型输出模块分别用于直流负载和交流负载，它们的可靠性高、反应速度快、寿命长，但是过载能力稍差。

输出模块的输出电流额定值应大于负载电流的最大值，大多数模块对每组的总输出电流也有限制，如 0.5A/点、0.8A/4 点。

4．选择 I/O 模块还需要考虑的问题

（1）输入端匹配。

输入模块的输入电路应与外部传感器的输出电路的类型配合，使二者能直接相连。例如，有的 PLC 的输入模块只能与 NPN 晶体管集电极开路输出的传感器直接相连，如果选用 PNP 晶体管发射极输出的传感器，需要在二者之间增加转换电路。

（2）模拟量模块的选择。

应考虑变送器、执行机构的量程是否能与 PLC 的模拟量输入/输出模块的量程匹配。模拟量模块的 A/D、D/A 转换器的位数反映了模块的分辨率，8 位的模块分辨率低，价格便宜，12 位的则反之。模拟量模块的转换时间反映了模块的工作速度。

（3）成本方面的考虑。

选择某些高密度 I/O 模块（如 32 点开关量 I/O 模块），可以降低系统成本，但是高密度模块一般用 D 型插座来连接 I/O 线，不如普通 I/O 模块的接线端子那样方便。

（4）响应时间和抗干扰能力。

I/O 模块有不同的响应时间和抗干扰能力。一般来说，更高的响应速度将会牺牲干扰抑制能力。因此，如果高的响应速度不是必需的，应选择有更高的干扰抑制能力，但是工作速度较慢的 I/O 模块。

（5）高速输入。

高速计数器可以对编码器提供的高速脉冲列计数，可以提供与 PLC 的扫描工作方式无关的立即输出。应考虑高速计数器的功能和工作频率是否能满足要求。

7.3　S7-200 程序设计基础

S7-200 系列 PLC 是西门子公司生产的微型可编程控制器，其结构小巧、运行速度快、价格低廉、多功能、多用途、具有很高的性能价格比。可用于各行各业，不同场合的检测、监测及自动控制。

7.3.1　S7-200 PLC 的编程语言

STEP 7-Micro/WIN 提供用于创建程序的三个编辑器：梯形图（LAD）、语句表（STL）

和功能块图（FBD）。尽管有一定的限制，但是用任何一种程序编辑器编写的程序都可以用另外一种程序编辑器来浏览和编辑。

1. 梯形图

梯形图是使用最广泛的图形编程语言。梯形图与继电器控制系统的电路图很相似，直观易懂，很容易被工厂熟悉继电器控制的电气人员掌握，特别适用于开关量逻辑编程。梯形图由触点、线圈和应用指令等组成，如图 7-3 所示。触点代表逻辑输入条件，如外部的开关、按钮和内部条件等。线圈通常代表逻辑输出结果，用来控制外部的指示灯、交流接触器和内部的输出标志位等。

在分析梯形图中的逻辑关系时，为了借用继电器电路图的分析方法，可以想象左右两侧垂直母线之间有一个左正右负的直流电源电压（有时省略了右侧的垂直母线），当图 7-3 中 I0.0 的触点接通时，有一个假想的"能流"（Power）流过 Q0.0 的线圈。利用能流这一概念，可以帮助我们更好地理解和分析梯形图，能流只能从左向右流动。

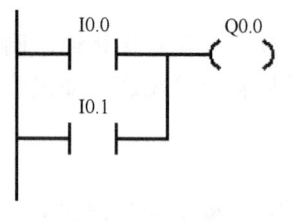

图 7-3 梯形图

梯形图的主要特点如下所述。

（1）PLC 梯形图中的某些编程元件沿用了继电器这个名称，如输入继电器、输出继电器、辅助继电器等，但它们不是真实的物理继电器（即硬件继电器），而是在软件中使用的编程元件。每一个编程元件与 PLC 存储器中元件映像寄存器的一个存储单元相对应。以辅助继电器 M0.0 为例，如果对应的存储单元为 0 状态，梯形图中 M0.0 的线圈"断电"，其常开触点断开，常闭触点闭合，称 M0.0 为 0 状态，或称 M0.0 为 OFF。该存储单元如果为 1 状态，则 M0.0 的线圈"通电"，其常开触点接通，常闭触点断开，称 M0.0 为 1 状态，或称 M0.0 为 ON。

（2）根据梯形图中各触点的状态和逻辑关系，求出与图中各线圈对应的编程元件的 ON/OFF 状态，称为梯形图的逻辑解算。逻辑解算是按梯形图中从上到下、从左至右的顺序进行的。解算的结果，马上可以被后面的逻辑解算所利用。逻辑解算是根据输入映像寄存器中的值，而不是根据解算瞬时外部输入触点的状态来进行的。

（3）梯形图中各编程元件的常开触点和常闭触点均可以无限多次地使用。

（4）输入继电器的状态唯一地取决于对应的外部输入电路的通断状态，因此在梯形图中不能出现输入继电器的线圈。

2. 语句表

S7-200 的语句是一种与微机的汇编语言中的指令相似的助记符表达式，由指令组成的程序可作为语句表（STL）程序。语句表程序较难阅读，其中的逻辑关系很难一眼看出，所以在设计时一般使用梯形图语言。如果使用手持式编程器，必须将梯形图转换成语句表后再写入 PLC。在用户程序存储器中，指令按步顺序排列。

第 7 章　可编程序控制器及其应用

如图 7-4 所示的语句表是对应于图 7-3 所示的梯形图的。

```
LD    I0.0
O     I0.1
=     Q0.0
```

图 7-4　语句表

3. 功能块图

功能块图（FBD）编辑器以图形方式显示程序，由通用逻辑门图形组成。在 LAD 编辑器中看不到触点和线圈，但是有等价的、以框指令形式出现的指令。

如图 7-5 所示给出了 FBD 程序的一个例子。

FBD 不使用左右电轨概念，因此，"功率流"术语用于表达流过 FBD 逻辑块的控制流的类比概念。

逻辑"1"通过 FBD 元素称为功率流。功率流的原始输入和最终的输出可以直接分配给操作数。程序逻辑由这些框指令之间的连接决定。也就是说，一条指令（如 AND 框）的输出可以用来允许另一条指令（如定时器），即可建立所需要的控制逻辑。这样的连接概念可以解决各种各样的逻辑问题。

4. 顺序功能图

顺序功能图是一种位于其他编程语言之上的图形语言，用来编制顺序控制程序。顺序功能图提供了一种组织程序的图形方法。在其中可以用其他语言嵌套编程。步、转换和动作是顺序功能图中 3 种主要的元件。顺序功能用来描述开关量控制系统的功能，根据它可以很容易地画出顺序控制梯形图程序，如图 7-6 所示。

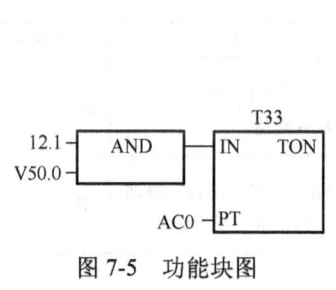

图 7-5　功能块图

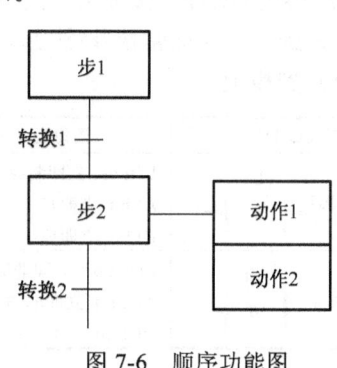

图 7-6　顺序功能图

7.3.2　S7-200 常用的指令

1. 位逻辑指令

（1）触点。

① 标准触点。

常开触点指令（LD、A 和 O）与常闭触点指令（LDN、AN 和 ON）从存储器或者过程映像寄存器中得到参考值。标准触点指令从存储器中得到参考值（如果数据类型是 I 或 Q，则也可从过程映像寄存器中得到参考值）。

当位等于 1 时，常开触点闭合（接通）；当位等于 0 时，常闭触点闭合（断开）。在 FBD 中，AND 和 OR 框中的输入最多可扩展为 32 个输入。在 STL 中，常开指令 LD、AND 或 OR 将相应地址位的位值存入栈顶；而常闭指令 LD、AND 或 OR 则将相应地址位的位值取反，再存入栈顶。

梯形图（LAD）	语句表（STL）	说明	数据类型及操作
常开触点 ─┤ bit ├─	LD bit 装载 A bit 与 O bit 或	(bit) = "1" 闭合	Bit：I, Q, M, SM, T, C, V, S, L
常闭触点 ─┤ bit /├─	LDN bit 非装载 AN bit 非与 ON bit 非或	(bit) = "0" 闭合	Bit：I, Q, M, SM, T, C, V, S, L

② 立即触点。

立即触点不依靠 S7-200 扫描周期进行更新；它会立即更新。常开立即触点指令（LDI、AI 和 OI）和常闭立即触点指令（LDNI、ANI 和 ONI）在指令执行时得到物理输入值，但过程映像寄存器并不刷新。

当物理输入点（位）为 1 时，常开立即触点闭合（接通）；当物理输入点（位）为 0 时，常闭立即触点闭合（接通）。常开指令立即将物理输入值 Load（加载）、AND（与）或 OR（或）到栈顶，而常闭指令立即将物理输入点值的取反值 Load（加载）、AND（与）或 OR（或）到栈顶。

梯形图（LAD）	语句表（STL）	说明	数据类型及操作
常开立即触点 ─┤ bit I ├─	LDI bit 立即装载 AI bit 立即与 OI bit 立即或	(bit) = "1" 闭合，读取物理输入点值	Bit：I
常闭立即触点 ─┤ bit /I ├─	LDNI bit 立即非装载 ANI bit 立即非与 ONI bit 立即非或	(bit) = "0" 闭合，物理输入点的位值取反后读取	Bit：I

③ 取反指令。

取反指令（NOT）改变功率流输入的状态（也就是说，它将栈顶值由 0 变为 1，由 1 变为 0）。

梯形图（LAD）	语句表（STL）	说明	数据类型及操作
取非 ─┤ NOT ├─	NOT 取非	"0" → "1" "1" → "0"	无

④ 正、负转换指令。

正转换触点指令（EU）检测到每一次正转换（由 0 到 1），让功率流接通一个扫描周期。负转换触点指令（ED）检测到每一次负转换（由 1 到 0），让功率流接通一个扫描周期。对于正转换指令，检测到栈顶值的 0 到 1 转换，将栈顶值设为 1；否则，将栈顶值设为 0。对于负转换指令，检测到栈顶值的 1 到 0 转换，将栈顶值设为 1；否则设为 0。

梯形图（LAD）	语句表（STL）	说明	数据类型及操作
正跳变触点 ─┤P├─	EU 正跳变	"0" → "1" 时	无
负跳变触点 ─┤N├─	ED 负跳变	"1" → "0" 时	无

（2）线圈。

①输出。

输出指令（=）将新值写入输出点的过程映像寄存器。当输出指令执行时，S7-200 将输出过程映像寄存器中的位接通或者断开。在 LAD 和 FBD 中，指定点的值等于功率流。在 STL 中，栈顶的值复制到指定位。

梯形图（LAD）	语句表（STL）	说明	数据类型及操作
输出 ─(bit)	=bit	执行后映像寄存器中的指定参数位（bit）被接通（"1"）	Bit：Q、M、SM、T、C、V、S

②立即输出。

当指令执行时，立即输出指令（=I）将新值同时写到物理输出点和相应的过程映像寄存器中。

当立即输出指令执行时，物理输出点立即被置为功率流值。在 STL 中，立即指令将栈顶的值立即复制到物理输出点的指定位上。"I" 表示立即引用；当执行指令时，将新数值写入物理输出和相应的过程映像寄存器位置。这一点不同于非立即指令，它只把新值写入过程映像寄存器。

梯形图（LAD）	语句表（STL）	说明	数据类型及操作
立即输出 ─(bit I)	=I bit	执行该指令，该物理点（bit）立即被接通	Bit：Q

③置位和复位。

置位（S）和复位（R）指令将从指定地址开始的 N 个点置位或者复位，可以一次置位或者复位 1~255 个点。

梯形图（LAD）	语句表（STL）	说明	数据类型及操作
置位（N 位）─(bit S N)	S bit, N	执行后，从 bit 或 OUT 指定的地址参数开始 N 个点均被置位（置 "1"）	Bit：I、Q、M、SM、T、C、V、S、L N：（字节）VB、IB、QB、MB、SMB、SB、LB、AC、常数、*VD、*AC、*LD

续表

梯形图（LAD）	语句表（STL）	说明	数据类型及操作
复位（N位） —(R)— bit, N	R bit, N	执行后，从 bit 或 OUT 指定的地址参数开始 N 个点均被复位（置"0"）	
立即置位 —(SI)— bit, N	SI bit, N	执行后，从 bit 或 OUT 指定的地址参数开始 N 个点立即置位（置"1"）	Bit: Q N:（字节）VB、IB、QB、MB、SMB、SB、LB、AC、常数、*VD、*AC、*LD
立即复位 —(RI)— bit, N	RI bit, N	执行后，从 bit 或 OUT 指定的地址参数开始 N 个点立即复位（置"0"）	

2. 定时器指令

（1）打开延迟定时器。

打开延迟定时器（TON）在使能输入接通时记时。定时器号（Txxx）决定了定时器的分辨率，并且分辨率现在已经在指令盒上标出了。

梯形图（LAD）	语句表（STL）	说明	数据类型及操作
打开延时定时器 Txxx —IN TON —PT ??? ms	TON Txxx, PT	使能 IN="1"，定时器计时； PT=定时预置值； 当前值≥预置值，定时器位 ON	IN（BOOL）：能流 PT（INT）：VW、IW、QW、MW、SW、SMW、LW、AIW、T、C、AC、常数、*VD、*AC、*LD

（2）有记忆接通延时定时器。

有记忆接通延时定时器（TONR）在使能输入接通时计时。使能断开时，定时器位和当前值保持最后状态，必须经复位指令对其复位。

梯形图（LAD）	语句表（STL）	说明	数据类型及操作
有记忆接通延时定时器 Txxx —IN TONR —PT ??? ms	TONR Txxx, PT	使能 IN="1"，定时器计时； 使能 IN="0"，定时器位和当前值保持最后状态，必须经复位指令对其复位； PT=定时预置值； 当前值≥预置值，定时器位 ON	IN（BOOL）：能流 PT（INT）：VW、IW、QW、MW、SW、SMW、LW、AIW、T、C、AC、常数、*VD、*AC、*LD

（3）关断延时定时器。

关断延时定时器用于在输入断开后延时一段时间断开输出。定时器号（Txxx）决定了定时器的分辨率，并且分辨率现在已经在指令盒上标出了。

第 7 章 可编程序控制器及其应用

梯形图（LAD）	语句表（STL）	说明	数据类型及操作
关断延时定时器 Txxx IN TOF PT ??? ms	TOF Txxx, PT	使能 IN 从 "1"→"0"，定时器计时； PT=定时预置值； 当前值≥预置值，定时器位 ON	IN（BOOL）：能流 PT（INT）：VW、IW、QW、MW、SW、SMW、LW、AIW、T、C、AC、常数、*VD、*AC、*LD

3. 计数器指令

（1）增计数器。

增计数指令（CTU）从当前计数值开始，在每一个（CU）输入状态从低到高时递增计数。当 Cxxx 的当前值大于等于预设值 PV 时，计数器位 Cxxx 置位。当复位端（R）接通或者执行复位指令后，计数器被复位。当它达到最大值（32,767）后，计数器停止计数。

梯形图（LAD）	语句表（STL）	说明	数据类型及操作
增计数器 Cxxx CU CTU R PV	CTU Cxxx, PV	使能 CU 每次从"0"→"1"，计数值加 1； PV=计数预置值； 当前值≥预置值，计数器位 ON； R="1"，计数器位 OFF，当前值=0	CU（BOOL）：能流、I、Q、M、SM、T、C、S、L PV（INT）：VW、IW、QW、MW、SW、SMW、LW、AIW、T、C、常数、*VD、*AC、*LD R（BOOL）：能流、I、Q、M、SM、T、C、S、L

（2）减计数器。

减计数指令（CTD）从当前计数值开始，在每一个（CD）输入状态从低到高时递减计数。当 Cxxx 的当前值等于 0 时，计数器位 Cxxx 置位。当装载输入端（LD）接通时，计数器位被复位，并将计数器的当前值设为预设值 PV。当计数值到 0 时，计数器停止计数，计数器位 Cxxx 接通。

梯形图（LAD）	语句表（STL）	说明	数据类型及操作
减计数器 Cxxx CD CTD LD PV	CTD Cxxx, PV	使能 CD 每次从"0"→"1"，计数值减 1； PV=计数预置值； 当前值=0，计数器位 ON； LD="1"，计数器位 OFF，当前值=计数预置值	CD（BOOL）：能流、I、Q、M、SM、T、C、S、L PV（INT）：VW、IW、QW、MW、SW、SMW、LW、AIW、T、C、常数、*VD、*AC、*LD LD（BOOL）：能流、I、Q、M、SM、T、C、S、L

（3）增减计数器。

增减计数指令（CTUD）从当前计数值开始，在每一个（CU）输入状态从低到高时递增计数，在每一个（CD）输入状态的低到高时递减计数。当 Cxxx 的当前值大于等于预设值 PV 时，计数器位 Cxxx 置位。当复位端（R）接通或者执行复位指令后，计数器被复位。

梯形图（LAD）	语句表（STL）	说明	数据类型及操作
增减计数器 Cxxx CU　CTUD CD R PV	CTUD Cxxx, PV	使能 CD 每次从"0"→"1"，计数值减 1； 使能 CD 每次从"0"→"1"，计数值减 1； PV＝计数预置值； 当前值≧预置值，计数器位 ON； R＝"1"，计数器位 OFF，当前值＝0	CU, CD（BOOL）：能流、I、Q、M、SM、T、C、S、L PV（INT）：VW、IW、QW、MW、SW、SMW、LW、AIW、T、C、常数、*VD、*AC、*LD R（BOOL）：能流、I、Q、M、SM、T、C、S、L

4. 比较指令

比较指令用于比较两个数值：

IN1 = IN2　　IN1 >= IN2　　IN1 <= IN2

IN1 > IN2　　IN1 < IN2　　IN1 <> IN2

字节比较操作是无符号的。

整数比较操作是有符号的。

双字比较操作是有符号的。

实数比较操作是有符号的。

对于 LAD 和 FBD：当比较结果为真时，比较指令接通触点（LAD）或输出（FBD）。

对于 STL：当比较结果为真时，比较指令将 1 载入栈顶，再将 1 与栈顶值做"与"或者"或"运算（STL）。

梯形图（LAD）	语句表（STL）	说明	数据类型及操作
字节比较 IN1 —=B— IN2	LDB=IN1, IN2 AB=IN1, IN2 OB=IN1, IN2	当比较为真时， LAD 中：该触电闭合； STL 中：将栈顶置"1"	IB、QB、VB、MB、SMB、SB、LB、AC、*VD、*LD、*AC、常数
字整数比较 IN1 —=I— IN2	LDW=IN1, IN2 AW=IN1, IN2 OW=IN1, IN2		IW、QW、VW、MW、SMW、SW、LW、T、C、AC、AIW、*VD、*LD、*AC、常数
双字整数比较 IN1 —=D— IN2	LDD=IN1, IN2 AD=IN1, IN2 OD=IN1, IN2		ID、QD、VD、MD、SMD、SD、LD、AC、HC、*VD、*LD、*AC、常数
实数比较 IN1 —=R— IN2	LDR=IN1, IN2 AR=IN1, IN2 OR=IN1, IN2		ID、QD、VD、MD、SMD、SD、LD、AC、*VD、*LD、*AC、常数

5. 传送指令

字节传送（MOVB）、字传送（MOVW）、双字传送（MOVD）和实数传送指令在不改变原值的情况下将 IN 中的值传送到 OUT。

梯形图（LAD）	语句表（STL）	说明	数据类型及操作
字节传送 MOV_B EN　ENO IN　OUT	MOVB IN，OUT	将输入（IN）传送到输出（OUT），传送过程不改变传送对象的大小	IB、QB、VB、MB、SMB、SB、LB、AC、*VD、*LD、*AC、常数
字整数传送 MOV_W EN　ENO IN　OUT	MOVW IN，OUT		IW、QW、VW、MW、SMW、SW、T、C、LW、AC、AIW、*VD、*AC、*LD、常数
双字整数传送 MOV_DW EN　ENO IN　OUT	MOVD IN，OUT		ID、QD、VD、MD、SMD、SD、LD、HC、&VB、&IB、&QB、&MB、&SB、&T、&C、&SMB、&AIW、&AQW、AC、*VD、*LD、*AC、常数
实数传送 MOV_R EN　ENO IN　OUT	MOVR IN，OUT		ID、QD、VD、MD、SMD、SD、LD、AC、*VD、*LD、*AC、常数

6. 数字运算指令

（1）加法和减法。

IN1 + IN2 = OUT　　　IN1 – IN2 = OUT　　　LAD 和 FBD

IN1 + OUT = OUT　　　OUT – IN1 = OUT　　　STL

整数加法（+I）或者整数减法（–I）指令，将两个 16 位整数相加或者相减，产生一个 16 位结果。双整数加法（+D）或者双整数减法（–D）指令，将两个 32 位整数相加或者相减，产生一个 32 位结果。实数加法（+R）和实数减法（–R）指令，将两个 32 位实数相加或相减，产生一个 32 位实数结果。

梯形图（LAD）	语句表（STL）	说明	数据类型及操作
整数加法 ADD_I EN　ENO IN1　OUT IN2	MOVW IN1,OUT +I IN2,OUT	两个16位的整数(IN1,IN2)相加/相减，产生一个 16 位的结果(OUT)，若溢出，SM1.1= "1"	IN1, IN2: IW、QW、VW、MW、SMW、SW、T、C、LW、AC、AIW、*VD、*AC、*LD、常数 OUT: IW、QW、VW、MW、SMW、SW、LW、T、C、AC、*VD、*AC、*LD

续表

梯形图（LAD）	语句表（STL）	说明	数据类型及操作
整数减法 SUB_I (EN, ENO, IN1, IN2, OUT)	MOVW IN1,OUT -I IN2,OUT		
双字整数加法 ADD_DI (EN, ENO, IN1, IN2, OUT)	MOVD IN1,OUT +D IN2,OUT	两个32位的整数(IN1,IN2)相加/相减，产生一个32位的结果(OUT)，若溢出，SM1.1="1"	IN1，IN2：ID、QD、VD、MD、SMD、SD、LD、AC、HC、*VD、*LD、*AC、常数 OUT：ID、QD、VD、MD、SMD、SD、LD、AC、*VD、*LD、*AC
双字整数减法 SUB_DI (EN, ENO, IN1, IN2, OUT)	MOVD IN1,OUT -D IN2,OUT		
实数加法 ADD_R (EN, ENO, IN1, IN2, OUT)	MOVR IN1,OUT +R IN2,OUT	两个32位的实数(IN1,IN2)相加/相减，产生一个32位的结果(OUT)，若溢出，SM1.1="1"	IN1，IN2：ID、QD、VD、MD、SMD、SD、LD、AC、*VD、*LD、*AC、常数 OUT：ID、QD、VD、MD、SMD、SD、LD、AC、*VD、*LD、*AC
实数减法 SUB_R (EN, ENO, IN1, IN2, OUT)	MOVR IN1,OUT -R IN2,OUT		

（2）乘法和除法。

IN1 * IN2 = OUT　　　IN1 / IN2 = OUT　　　LAD 和 FBD

IN1 * OUT = OUT　　　OUT / IN1 = OUT　　　STL

整数乘法（*I）或者整数除法（/I）指令，将两个16位整数相乘或者相除，产生一个 16 位结果（对于除法，余数不被保留）。双整数乘法（*D）或者双整数除法（/D）指令，将两个32位整数相乘或者相除，产生一个32位结果（对于除法，余数不被保留）。实数乘法（*R）或实数除法（/R）指令，将两个 32 位实数相乘或相除，产生一个 32 位实数结果。

梯形图（LAD）	语句表（STL）	说明	数据类型及操作
整数乘法 MUL_I EN ENO IN1 OUT IN2	MOVW IN1,OUT *I IN2,OUT	两个16位的整数(IN1,IN2)相乘/相除，产生一个16位的结果(OUT)，若溢出，SM1.1="1"	IN1，IN2：IW、QW、VW、MW、SMW、SW、T、C、LW、AC、AIW、*VD、*AC、*LD、常数 OUT：IW、QW、VW、MW、SMW、SW、LW、T、C、AC、*VD、*AC、*LD
整数除法 DIV_I EN ENO IN1 OUT IN2	MOVW IN1,OUT /I IN2,OUT		
双字整数乘法 MUL_DI EN ENO IN1 OUT IN2	MOVD IN1,OUT *D IN2,OUT	两个32位的整数(IN1,IN2)相乘/相除，产生一个32位的结果(OUT)，若溢出，SM1.1="1"	IN1，IN2：ID、QD、VD、MD、SMD、SD、LD、AC、HC、*VD、*LD、*AC、常数 OUT：ID、QD、VD、MD、SMD、SD、LD、AC、*VD、*LD、*AC
双字整数除法 DIV_DI EN ENO IN1 OUT IN2	MOVD IN1,OUT /D IN2,OUT		
实数乘法 MUL_R EN ENO IN1 OUT IN2	MOVR IN1,OUT *R IN2,OUT	两个32位的实数(IN1,IN2)相乘/相除，产生一个32位的结果(OUT)，若溢出，SM1.1="1"	IN1，IN2：ID、QD、VD、MD、SMD、SD、LD、AC、*VD、*LD、*AC、常数 OUT：ID、QD、VD、MD、SMD、SD、LD、AC、*VD、*LD、*AC
实数除法 DIV_R EN ENO IN1 OUT IN2	MOVR IN1,OUT /R IN2,OUT		

7.4 梯形图的设计规则及应用实例

7.4.1 梯形图的设计规则

梯形图是由表示 PLC 内部编程元件的图形符号所组成的阶梯状图形。绘制梯形图时应遵循以下几条规则。

规则一：梯形图按从左到右，自上而下的顺序绘制（指令编程也应从左到右，自上而下）。每个编程元件线圈为一逻辑行。元件线圈与右母线直接相连。两线圈不能串联，也不能在线圈与右母线之间接其他元件，线圈一般也不允许直接与左母线相连。

规则二：除有跳转指令外，一般某编号的线圈在梯形图中只能出现一次。

规则三：在梯形图中的触点应画在水平线上，不应画在垂直线上，这是因为这种形式的梯形图无法用指令语句编程，应改画成能够编程的形式。

规则四：绘制梯形图时，应按照"上重下轻、左重右轻"的原则进行，即当几条支路并联时，串联触点多的应画在上面；几个电路块串联时，并联触点多的电路块应画在左边。按照这个原则绘制的梯形图符合"从左到右、自上而下"的程序执行顺序，并易于用指令语句编程。

规则五：输入继电器的线圈由输入端子上的外部信号驱动，因而输入继电器的线圈不应出现在梯形图中。梯形图中输入继电器触点的通断取决于外部信号。

7.4.2 应用案例：三相鼠笼式异步电动机的正反转控制

图 6-47 所示为三相鼠笼式异步电动机的正反转控制的主电路和控制电路。现将其设计为 S7-200 控制。

1. 硬件设计

主电路和图 6-47 所示主电路一样，控制电路换成 PLC 控制，如图 7-7 所示。需要注意的是，在 PLC 电路控制中，输入和输出基本是分离的，而且由于本电路输入是 DC24V 信号，而输出是 AC220V 信号，因此不能有任何短路现象发生。I/O 分配表如表 7-1 所示。

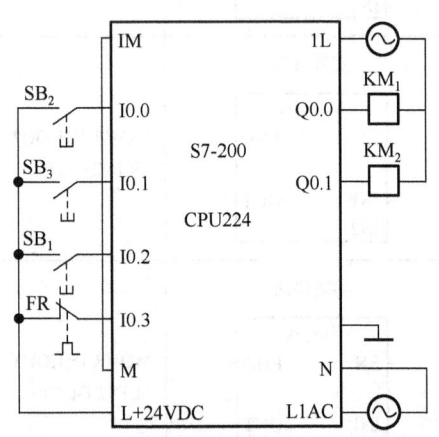

图 7-7 正反转控制 I/O 端子接线图

2. 软件设计

软件设计的梯形图如图 7-8 所示。

表 7-1 I/O 分配表

输入	名称	输出	名称
I0.0	开门按钮 SB_2	Q0.0	接触器线圈 KM_1
I0.1	关门按钮 SB_3	Q0.1	接触器线圈 KM_2
I0.2	开关按钮 SB_1		
I0.3	热继电器常闭辅助触点 FR		

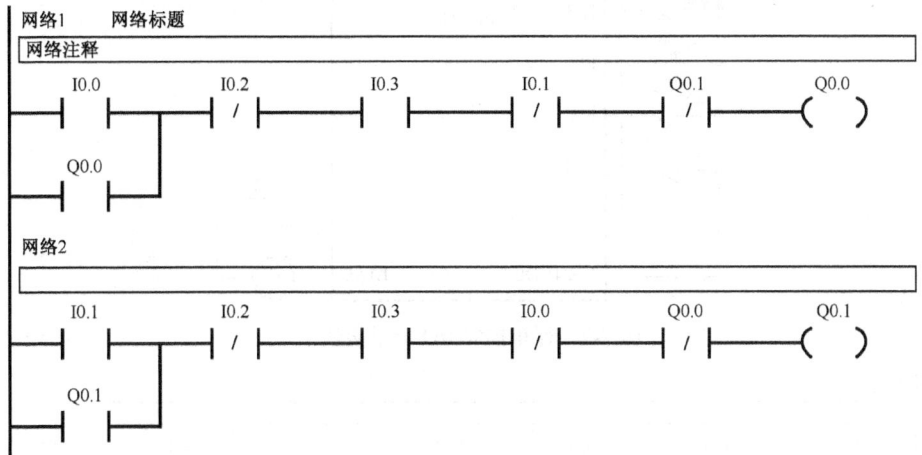

图 7-8 正反转控制梯形图

7.4.3 应用案例：三相鼠笼式异步电动机行车控制

如图 6-49 所示为三相鼠笼式异步电动机行车控制的主电路和控制电路。现将其设计为 S7-200 控制。

1. 硬件设计

主电路和图 6-49 的主电路一样，控制电路换成 PLC 控制，如图 7-9 所示。I/O 分配表如表 7-2 所示。

表 7-2 I/O 分配表

输入	名称	输出	名称
I0.1	开门按钮 SB_1	Q0.1	接触器线圈 KM_1
I0.2	关门按钮 SB_2	Q0.2	接触器线圈 KM_2
I0.3	关门按钮 SB_3		
I0.4	热继电器常闭辅助触点 FR		
I0.5	行程开关 SQ_1		
I0.6	行程开关 SQ_2		

2. 软件设计

软件设计的梯形图如图 7-10 所示。

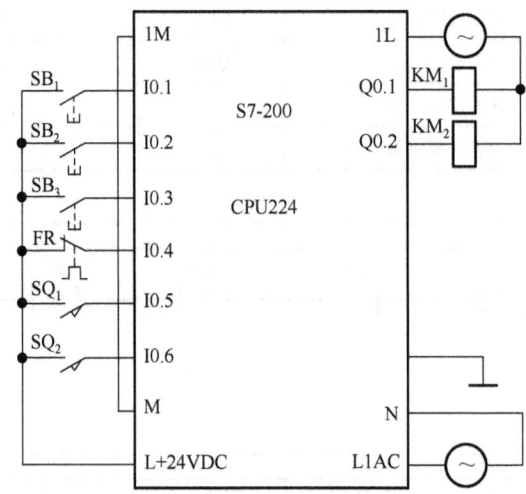

图 7-9 行车控制 I/O 端子接线图

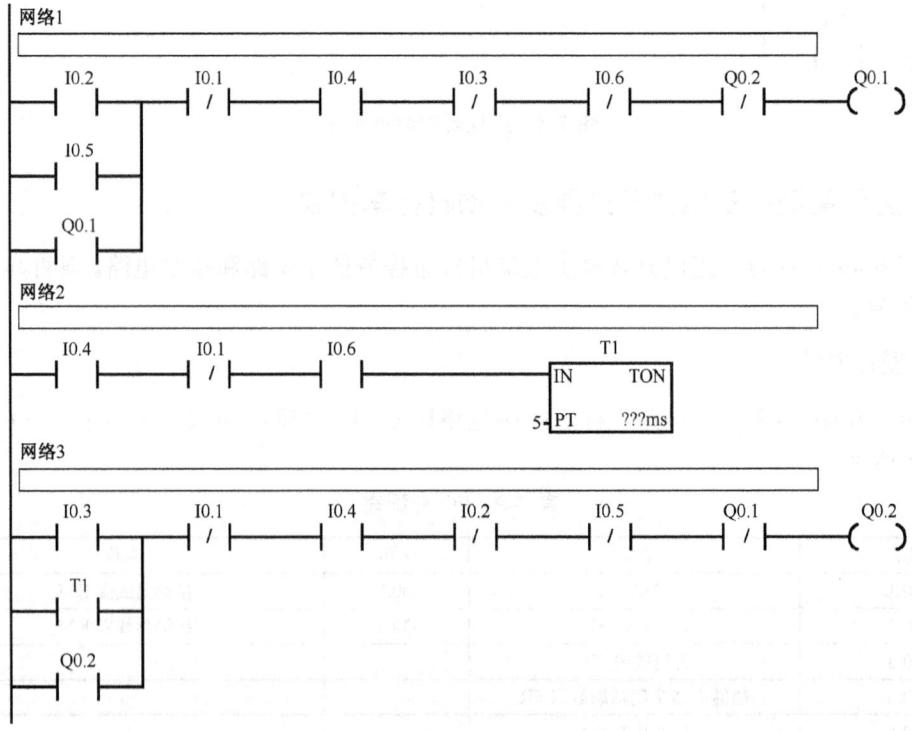

图 7-10 行车控制梯形图

7.4.4 应用案例：三相鼠笼式异步电动机的Y-△降压启动控制

如图 6-50 所示为三相鼠笼式异步电动机的Y-△降压启动控制的主电路和控制电路。现将其设计为 S7-200 控制。

1. 硬件设计

主电路和图 6-50 的主电路一样，控制电路换成 PLC 控制，如图 7-11 所示。I/O 分配表如表 7-3 所示。

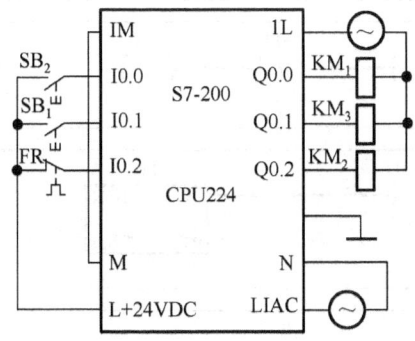

图 7-11　Y-△降压启动控制 I/O 端子接线图

表 7-3　I/O 分配表

输入	名称	输出	名称
I0.0	开门按钮 SB$_2$	Q0.0	接触器线圈 KM1
I0.1	关门按钮 SB$_1$	Q0.1	接触器线圈 KM3
I0.2	热继电器常闭辅助触点 FR	Q0.2	接触器线圈 KM2

2. 软件设计

软件设计的梯形图如图 7-12 所示。

7.4.5 应用实例：自动开关门控制

1. 自动开关门控制概述

在超级市场、公共建筑、银行、医院等入口，经常会使用自动门控制系统。如图 7-13 所示为某酒店前台自动门。

自动门的主要电气控制原理图如图 7-14 所示，其硬件组成主要包括门内光电探测开关 K$_1$（图中未画出）、门外光电探测开关 K$_2$（图中未画出）、开门到位限位开关 SQ$_1$（图中未画出）、关门到位限位开关 SQ$_2$（图中未画出）、开门执行机构 KM$_1$（使电动机正转）、关门执行机构 KM$_2$（使电动机反转）等部件。在自动门电动机实现开关门的时候，考虑到电动机的惯性，通常当微动开关动作（关门到位或开门到位）时采用电磁抱闸来实行电动机的快速停止，以防止出现撞门现象。

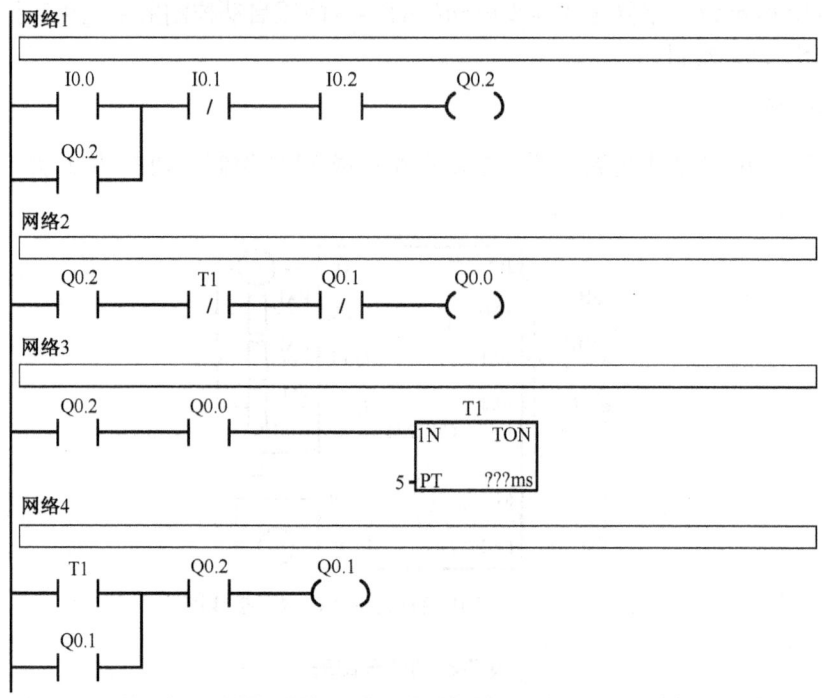

图 7-12 Y-△降压启动控制梯形图

图 7-13 酒店前台自动门

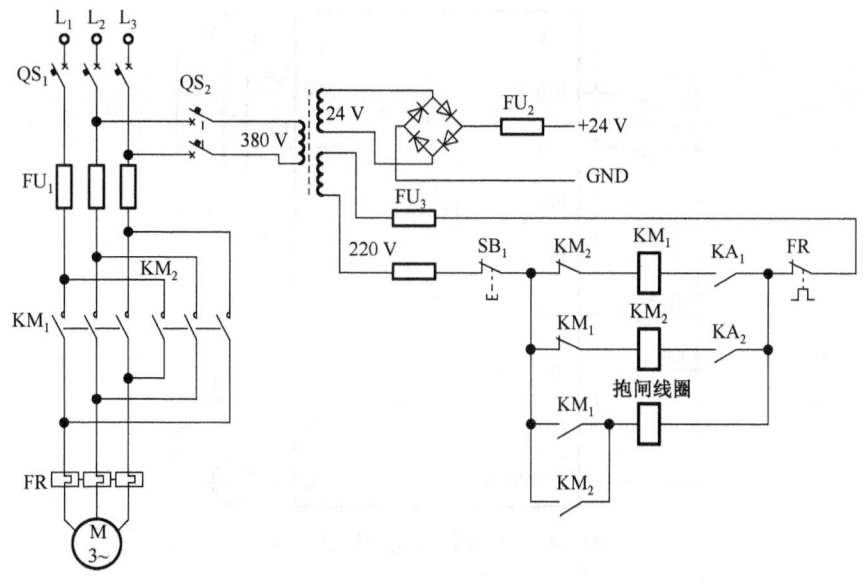

图 7-14 自动门的电气控制原理图

以下是该酒店客户对自动门提出的控制要求。

（1）当有人由内到外或由外到内通过光电检测开关 K_1 或 K_2 时，开门执行机构 KM_1 动作，电动机正转，到达开门限位开关 SQ_1 位置时，电动机停止运行。

（2）自动门在开门位置停留 8s 后，自动进入关门过程，关门执行机构 KM_2 被启动，电动机反转，当门移动到关门限位开关 SQ_2 位置时，电动机停止运行。

（3）在关门过程中，当有人员由外到内或由内到外通过光电检测开关 K_2 或 K_1 时，应立即停止关门，并自动进入开门程序。

（4）在门打开后的 8s 等待时间内，若有人员由外到内或由内到外通过光电检测开关 K_2 或 K_1 时，必须重新开始等待 8s 后，再自动进入关门过程，以保证人员安全通过。

请设计合理的 PLC 电气控制系统方案。

2. 自动门控制的硬件设计

对于自动门控制，其硬件设计相对简单，如图 7-15 所示。需要注意的是，在 PLC 电路控制中，输入和输出基本是分离的，而且由于本电路输入是 DC24V 信号，而输出是 AC220V 信号，因此不能有任何短路现象发生。

根据图 7-15 所示可以列出自动门控制的 I/O 分配表，如表 7-4 所示。

3. 自动门控制的软件设计

自动门控制的软件设计，主要根据 SA_1 选择开关来进行，分为手动和自动，自动门开关控制主程序如图 7-16 所示，其中定时器的时间可以根据实际要求进行调整。

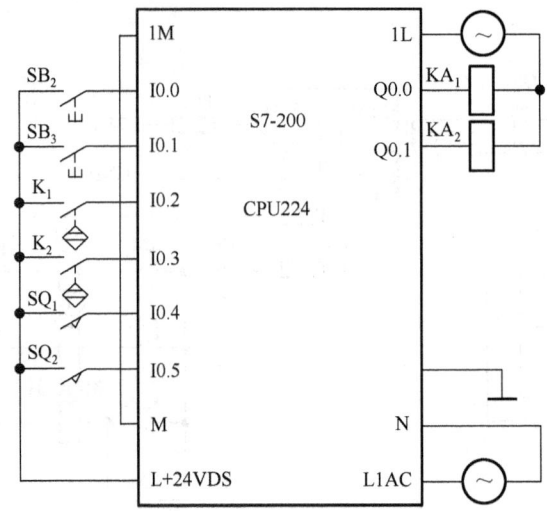

图 7-15 自动门控制的硬件设计

表 7-4 自动门控制的 I/O 分配表

输入	名称	输出	名称
I0.0	开门按钮 SB$_2$	Q0.0	自动门电动机开门 KA$_1$
I0.1	关门按钮 SB$_3$	Q0.1	自动门电动机关门 KA$_2$
I0.2	门内光电开关 K$_1$		
I0.3	门外光电开关 K$_2$		
I0.4	开门到位行程开关 SQ$_1$		
I0.5	关门到位行程开关 SQ$_2$		

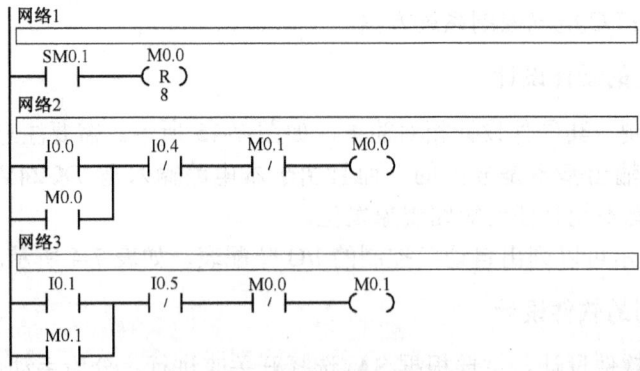

图 7-16 自动门开关控制主程序

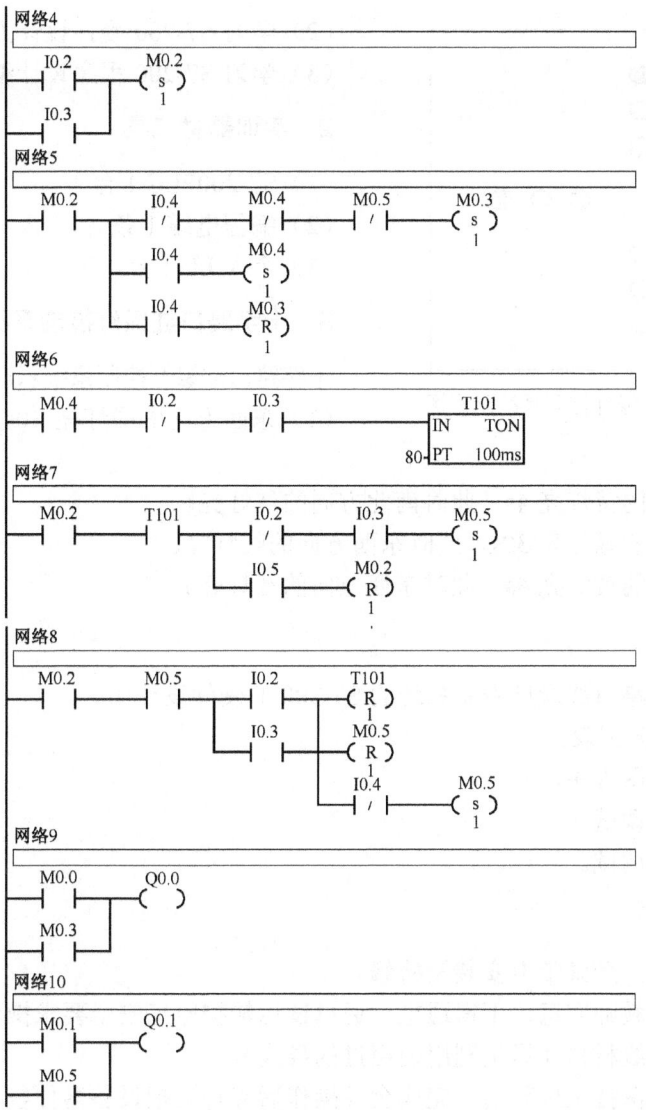

图 7-16 自动门开关控制主程序（续）

7.5 实 训 项 目

7.5.1 实训一：十字路口红绿灯控制系统的 PLC 设计

1. 实训目的

（1）学习 S7-200 常用编程指令。

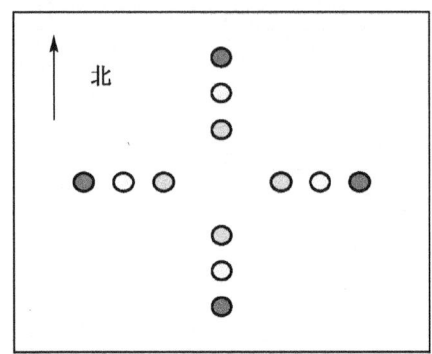

图 7-17 十字路口红绿灯控制系统示意图

（2）学习 S7-200 硬件设计方法。
（3）学习 S7-200 程序设计编程方法。

2. 实训器材工具

（1）S7-200PLC 1 台。
（2）编程电缆 1 条。
（3）个人 PC 1 台。

3. 十字路口红绿灯控制系统设计要求

十字路口红绿灯控制系统示意图如图 7-17 所示。
（1）东西方向的绿灯亮 30s，此时南北方向的红灯亮。
（2）东西方向的黄灯亮 4s，此时南北方向的红灯亮。
（3）南北方向的绿灯亮 30s，此时东西方向的红灯亮。
（4）南北方向的黄灯亮 4s，此时东西方向的红灯亮。

4. 实训内容

（1）设计十字路口红绿灯控制系统的 S7-200 的硬件设计图。
（2）列出 I/O 分配表。
（3）写出梯形图程序。
（4）程序模拟调试。
（5）程序下载调试。

5. 注意事项

（1）注意安全，严禁带电安装及检修。
（2）未经指导教师同意，不得通电，通电试运转按电工安全要求操作。
（3）要节约导线材料（尽量利用使用过的导线）。
（4）操作时应保持工位整洁，完成全部操作后应马上把设备器件整理好，把工位清理干净。
（5）实训结束，登记实训记录簿。

7.5.2 实训二：四层电梯控制系统的 PLC 设计

1. 实训目的

（1）学习 S7-200 常用编程指令。
（2）学习 S7-200 硬件设计方法。
（3）学习 S7-200 程序设计编程方法。

2. 实训器材工具

（1）S7-200PLC 1 台。

（2）编程电缆 1 条。

（3）个人 PC 1 台。

3. 四层电梯控制系统设计要求

四层电梯控制示意图如图 7-18 所示。

（1）电梯内部设有 4 个按键，分别指示电梯要到第几楼。

（2）电梯外部在每一层楼都设有向上和向下两个按键，分别表示等待电梯的上或者下。

（3）电梯行驶过程中，每一楼层都装有楼层感应器，表示电梯到了第几楼。

（4）当电梯运行到指定的楼层，则电梯停止 10s。

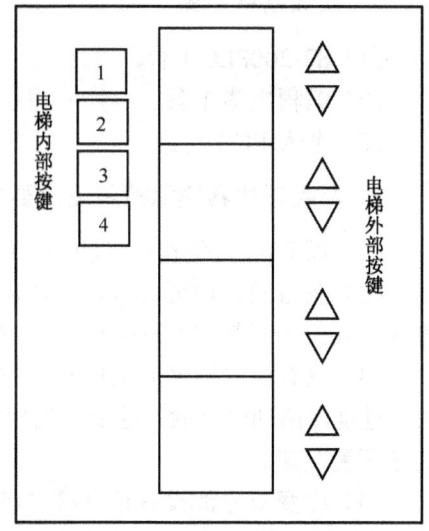

图 7-18　四层电梯控制示意图

4. 实训内容

（1）设计四层电梯控制系统的 S7-200 的硬件设计图。

（2）列出 I/O 分配表。

（3）写出梯形图程序。

（4）程序调试。

5. 注意事项

（1）注意安全，严禁带电安装及检修。

（2）未经指导教师同意，不得通电，通电试运转按电工安全要求操作。

（3）要节约导线材料（尽量利用使用过的导线）。

（4）操作时应保持工位整洁，完成全部操作后应马上把设备器件整理好，把工位清理干净。

（5）实训结束，登记实训记录簿。

7.5.3　实训三：乒乓球比赛模拟控制的 PLC 设计

1. 实训目的

（1）学习 S7-200 常用编程指令。

（2）学习 S7-200 硬件设计方法。

（3）学习 S7-200 程序设计编程方法。

2. 实训器材工具

（1）S7-200PLC 1 台。

（2）编程电缆 1 条。

（3）个人 PC 1 台。

3. 乒乓球比赛模拟控制设计要求

（1）以 PLC 八位输出（Q0.0～Q0.7）模拟乒乓球台。指示灯亮处，表示球所在位置。

（2）左右双方均可发球。当球台上无球时，置发球有效，若球一开始移动，置发球的输入无效。当置某方发球无效时，"球"应在发球方的端点保持不动。

（3）只有当置发球后或球从对方移到端点的瞬间挥动该方球拍方可使球逐步向对方移去。过早挥拍动作无效；过晚挥拍球将按原移动方向移出球台，接球方失一分，比赛暂停，需重新置发球。

（4）比赛双方都设有记分牌（PLC 内部数据暂存器）。每次刚进入运行状态时，记分牌清零一次，此后将按要求记分：当球因未及时挥拍而出球台时，判对方得一分。

（5）乒乓球移动速度可在 0.2～1s。

4. 实训内容

（1）设计乒乓球比赛模拟控制的 S7-200 的硬件设计图。

（2）列出 I/O 分配表。

（3）写出梯形图程序。

（4）程序调试。

5. 注意事项

（1）注意安全，严禁带电安装及检修。

（2）未经指导教师同意，不得通电，通电试运转按电工安全要求操作。

（3）要节约导线材料（尽量利用使用过的导线）。

（4）操作时应保持工位整洁，完成全部操作后应马上把设备器件整理好，把工位清理干净。

（5）实训结束，登记实训记录簿。

第8章 常用电子元器件和电子仪器

8.1 常用电子元件

电子产品中电子元器件种类繁多,其性能和应用范围也有很大不同。随着电子工业的飞速发展,电子元器件的新产品层出不穷,其品种规格十分繁杂。本节主要介绍电阻器、电位器、电容器、电感器、半导体分立元件及集成运放等常用的电子元器件。

8.1.1 电阻器

当电流通过导体时,导体对电流的阻碍作用称为电阻。在电路中起电阻作用的元件称为电阻器,简称电阻。电阻器是电子产品中最通用的电子元件。它是耗能元件,在电路中的主要作用为分流、限流、分压,用作负载电阻和阻抗匹配等。

1. 电阻器的电路符号与电阻的单位

(1) 电阻器的电路符号。

电阻器在电路图中用字母 R 表示,其常用的电路符号如图 8-1 所示。

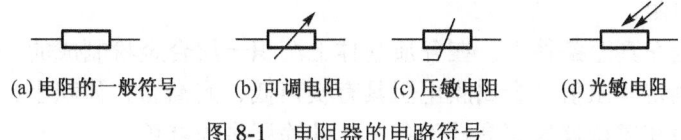

(a) 电阻的一般符号　(b) 可调电阻　(c) 压敏电阻　(d) 光敏电阻

图 8-1　电阻器的电路符号

(2) 电阻的单位。

电阻的单位为欧姆(Ω),其他单位还有千欧(kΩ)、兆欧(MΩ)等。换算方法是:$1\text{M}\Omega = 1000\text{k}\Omega = 10^6 \Omega$。

2. 电阻器的分类

电阻器种类繁多,形状各异,功率也不同。

(1) 按结构形式分类。

电阻器按结构形式分为固定电阻器、可变电阻器两大类。固定电阻器的种类比较多,主要有碳膜电阻器、金属膜电阻器和线绕电阻器等。固定电阻器的电阻值固定不变,阻值的大小就是其标称值。

（2）按制作材料分类。

电阻器按制作材料分为线绕电阻器、碳膜电阻器、金属膜电阻器、水泥电阻器等。

（3）按形状分类。

电阻器按形状分为圆柱形、管形、片状形、钮形、马蹄形、块形等。

（4）按用途分类

电阻器按用途分为普通型电阻器、精密型电阻器、高频型电阻器、高压型电阻器、高阻型电阻器、敏感型电阻器等。

3. 常用的电阻

常用的电阻有许多，图 8-2 中仅列举了几种。

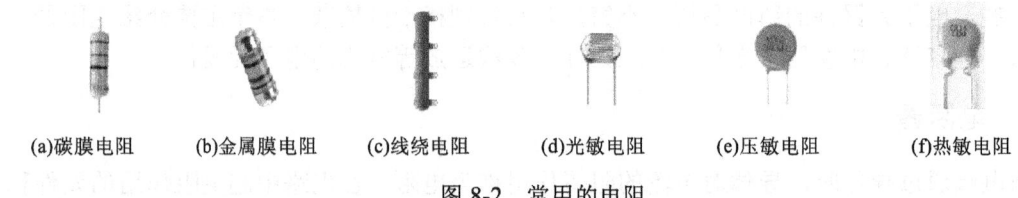

(a)碳膜电阻　　(b)金属膜电阻　　(c)线绕电阻　　(d)光敏电阻　　(e)压敏电阻　　(f)热敏电阻

图 8-2　常用的电阻

（1）碳膜电阻。

碳膜电阻是最早、最广泛使用的电阻。它是将碳氢化合物在高温、真空下分解，使其在瓷质基体上形成一层结晶碳膜，再通过改变碳膜的厚度或长度来确定阻值的。其主要特点是耐高温，高频特性好，精度高，稳定性好，噪声低，常应用于精密仪表等高档设备。其涂层多为绿色。

（2）金属膜电阻。

金属膜电阻是在真空条件下，在瓷质基体上沉积一层合金粉制成的，通过改变金属膜的厚度或长度来确定其阻值。金属膜电阻具有噪声低、耐高温、体积小、稳定性和精密度高等特点，也常用在精密仪表等高档设备中。其涂层多为红色。

（3）线绕电阻。

线绕电阻是用电阻率较大、性能稳定的康铜丝或锰铜丝缠绕在绝缘瓷管上制成的，分固定和可变两种，具有耐高温、精度高、功率大、稳定性好等优点；但是其高频特性差，适用于大功率场合，额定功率大都在 1W 以上。

（4）光敏电阻。

光敏电阻是一种电导率随吸收的光量子多少而变化的敏感电阻。它是利用半导体的光电效应特性制成的，其电阻随着光照的强弱而变化。光敏电阻主要用于各种自动控制、光电计数、光电跟踪等场合。

（5）热敏电阻。

热敏电阻是一种具有温度系数变化的热敏元件。NTC 热敏电阻具有负温度系数，其阻值随温度的升高而减少，可用于稳定电路的工作点。PTC 热敏电阻具有正温度系数，在达到某一特定温度前，其阻值随温度的升高而缓慢下降，当超过该温度时，其阻值急剧增大。这个特定温度点称为居里点。PTC 热敏电阻在家电产品中被广泛应用，如彩电的消磁电阻、电饭煲的温控器等。

热敏电阻在结构上分为直热式和旁热式两种。直热式是利用电阻体本身通过电流产生热量，使其电阻值发生变化；旁热式由两个电阻组成，一个电阻为热源电阻，另一个为热敏电阻。

4. 电阻器的主要参数

（1）标称阻值。

电阻器表面所标注的阻值称为标称阻值。不同精度等级的电阻器，其阻值系列不同。标称阻值是按国家规定的电阻器标称阻值系列选定的，见表 8-1，阻值单位为欧姆（Ω）。

表 8-1 电阻器的标称阻值系列

标称阻值系列	允许误差	精度等级	电阻器标称值
E6	±20%	III	1.0 1.5 2.2 3.3 4.7 6.8
E12	±10%	II	1.0 1.2 1.5 1.8 2.2 2.7 3.3 3.9 4.7 5.6 6.8 8.2
E24	±5%	I	1.0 1.1 1.2 1.3 1.5 1.6 1.8 2.0 2.2 2.4 2.7 3.0 3.3 3.6 3.9 4.3 4.7 5.1 5.6 6.2 6.8 7.5 8.2 9.1

注：使用时将表列数值乘以 10^n（n 为整数）。

（2）允许误差。

电阻器的允许误差是指电阻器的实际阻值对于标称阻值的允许最大误差范围，它标志着电阻器的阻值精度。普通电阻器的允许误差有±5%、±10%、±20%三个等级，允许误差越小，电阻器的精度越高。精密电阻器的允许误差可分为±2%、±1%、±0.5%、…、±0.001%等十几个等级。

（3）额定功率。

电阻器通电工作时，本身要发热，如果温度过高就会将电阻器烧毁。在规定的环境温度中允许电阻器承受的最大功率，即在此功率限度以下，电阻器可以长期、稳定地工作，不会显著改变其性能、不会损坏的最大功率限度就称为额定功率。

线绕电阻器额定功率系列（W）为 1/20、1/8、1/4、1/2、1、2、4、8、12、16、25、40、50、75、100、150、250、500。

非线绕电阻器额定功率系列（W）为 1/20、1/8、1/4、1/2、1、2、5、10、25、50、100。

（4）额定电压。

由阻值和额定功率换算出的电压称为额定电压。

（5）温度系数。

温度每变化 1℃所引起的电阻值的相对变化即温度系数。温度系数越小，电阻的稳定性越好。阻值随温度升高而增大的为正温度系数，反之为负温度系数。

5. 电阻器的标注方法

由于受电阻器表面积的限制，通常只在电阻器外表面上标注电阻器的类别、标称阻值、精度等级、允许误差和额定功率等主要参数。电阻器常用的标注方法有以下几种。

（1）直接标注法（直标法）。

直标法是将电阻器的主要参数直接印刷在电阻器表面上的一种方法，即用数字和单位符号在电阻器表面标出阻值，其允许误差直接用百分数表示，若电阻器上未注允许误差，则均为±20%，如图8-3所示。

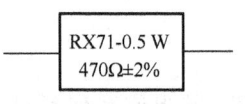

图 8-3 电阻器直标法

（2）文字符号法。

文字符号法是将电阻器的主要参数用数字和文字符号有规律地组合起来印刷在电阻器表面上的一种方法。电阻器的允许误差也用文字符号表示，见表8-2。

表 8-2 文字符号及其对应的允许误差

文字符号	D	F	G	J	K	M
允许误差	±0.5%	±1%	±2%	±5%	±10%	±20%

其组合形式为：整数部分＋阻值单位符号（Ω、k、M）＋小数部分＋允许误差。

示例：Ω47K——0.47Ω±10%（K是允许误差）；

2k2J——2.2kΩ±5%（J是允许误差）；

4M7K——4.7MΩ±10%（K是允许误差）；

7M5M——7.5MΩ±20%（M是允许误差）。

（3）数码法。

数码法是用三位数字表示阻值大小的一种标志方法。从左到右，第一、第二位数为电阻器阻值的有效数字，而第三位则表示前两位有效数字后面应加"0"的个数。单位为欧姆，允许误差通常采用文字符号表示。

示例：101M——100Ω±20%（M是允许误差）；

472J——4.7kΩ±5%（J是允许误差）。

（4）色环标注法（色标法）。

色环标注法是用不同颜色的色环把电阻器的参数（标称阻值和允许偏差）直接标在电阻器表面上的一种方法。小功率电阻器尤其是 0.5W 以下的碳膜和金属膜电阻器大多数使用色标法。色环颜色与数字的对应关系见图8-4、表8-3。

①电阻器的色环标注有两种形式：四环标注与五环标注。

四环标注：适用于通用电阻器，有两位有效数字。

五环标注：适用于精密电阻器，有三位有效数字。

②色环电阻器的识别。要准确、熟练地识别每一色环电阻器的阻值大小和允许误差大小，必须掌握以下几点。

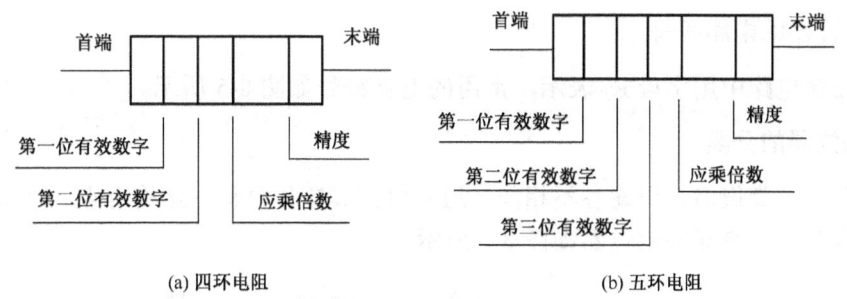

图 8-4 色环表示的意义

表 8-3 色标的基本色码及意义

颜色	有效数字	应乘倍率	精度
黑	0	10^0	
棕	1	10^1	±1%
红	2	10^2	±2%
橙	3	10^3	
黄	4	10^4	
绿	5	10^5	±0.5%
蓝	6	10^6	±0.25%
紫	7	10^7	±0.1%
灰	8	10^8	
白	9	10^9	
金		10^{-1}	±5%
银		10^{-2}	±10%
无色			±20%

A. 熟记色环与数字的对应关系。

B. 找出色环电阻器的起始环,色环靠近引出线端最近一环为起始环(即第一环)。

C. 若是四环电阻器,则只有±5%、±10%、±20%三种允许误差,所以凡是有金色或银色环的便是尾环(即第四环)。

D. 对于五环标注电阻器,按上述 B 识别。

例如,四环电阻器,色环为棕绿橙金,表示 $15×10^3$=15kΩ±5%的电阻器。五环电阻器,色环为红紫绿黄棕,表示 $275×10^4$=2.75MΩ±1%的电阻器。

8.1.2 电位器

电位器是一种阻值可以连续调节的电子元件。在电子产品设备中,经常用它来进行阻值和电位的调节。例如,在收音机中用它来控制音量等。电位器对外有三个引出端,一个是滑动端,另外两个是固定端。滑动端可以在两个固定端之间的电阻体上滑动,使其与固定端之间的电阻值发生变化。

1. 电位器的电路符号

电位器在电路中用字母 R_P 表示，常用的电路符号如图 8-5 所示。

2. 电位器的分类

电位器的种类很多，用途各不相同，通常可按其制作材料、结构特点、调节机构运动方式等进行分类。常见的电位器如图 8-6 所示。

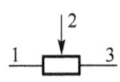

图 8-5　电位器的电路符号 　　　　图 8-6　电位器的外形图

（1）按制作材料分类。

根据所用材料不同，电位器可分为线绕电位器和非线绕电位器两大类。

线绕电位器额定功率大、噪声低、温度稳定性好、寿命长，其缺点是制作成本高、阻值范围小（100Ω～100kΩ）、分布电感和分布电容大。线绕电位器在电子仪器中应用较多。

非线绕电位器的种类较多，有碳膜电位器、合成碳膜电位器、金属膜电位器、玻璃釉膜电位器、有机实芯电位器等。它们的共同特点是阻值范围宽、制作容易、分布电感和分布电容小，其缺点是噪声比线绕电位器大，额定功率较小，寿命较短。非线绕电位器广泛应用于收音机、电视机、收录机等家用电器中。

（2）按结构特点分类。

根据结构不同，电位器又可分为单圈电位器、多圈电位器、单联、双联和多联电位器，以及带开关电位器、锁紧和非锁紧式电位器。

（3）按调节方式分类。

根据调节方式不同，电位器还可分为旋转式电位器和直滑式电位器两种类型。旋转式电位器电阻体呈圆弧形，调节时滑动片在电阻体上做旋转运动。直滑式电位器电阻体呈长条形，调整时滑动片在电阻体上做直线运动。

3. 电位器的主要参数

电位器的技术参数有很多，最主要的参数有三项：标称阻值、额定功率和阻值变化规律。

（1）标称阻值。

标称阻值是指标在电位器产品上的名义阻值，其系列与电阻器的标称阻值系列相同。其允许误差范围为：±20%、±10%、±5%、±2%、±1%，精密电位器的允许误差可达到±0.1%。

（2）额定功率。

电位器的额定功率是指两个固定端之间允许耗散的最大功率，滑动头与固定端之间所承受功率小于额定功率。额定功率系列值见表 8-4。

表 8-4　电位器额定功率系列值

额定功率系列（W）	线绕电位器（W）	非线绕电位器（W）
0.025	—	0.025
0.05	—	0.05
0.1	—	0.1
0.25	0.25	0.25
0.5	0.5	0.5
1.0	1.0	1.0
1.6	1.6	—
2	2	2
3	3	3
5	5	—
10	10	—
16	16	—
25	25	—
40	40	—
63	63	—
100	100	—

注：当系列值不能满足时，允许按表内的系列值向两头延伸。

（3）阻值变化规律。

电位器的阻值变化规律是指其阻值随滑动片触点旋转角度（或滑动行程）之间的变化关系。这种关系理论上可以是任意函数形式，常用的有直线式、对数式和反转对数式（指数式），分别用 A、B、C 表示，如图 8-7 所示。

在使用中，直线式电位器适于做分压、偏流的调整；对数式电位器适于做音调控制和黑白电视机对比度调整；指数式电位器适于做音量控制。

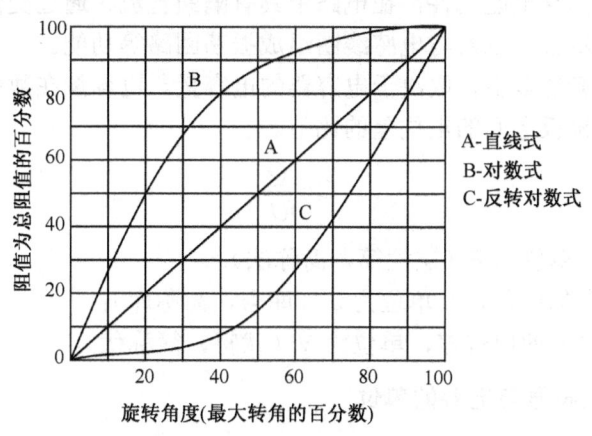

图 8-7　电位器的阻值变化规律

4. 电位器的标注方法

电位器一般都采用直标法，其类型、阻值、额定功率、误差都直接标在电位器上。电位器的常用标志符号及意义见表 8-5。

表 8-5 电位器的常用标志符号及意义

字母	意义
WT	碳膜电位器
WH	合成碳膜电位器
WN	无机实芯电位器
WX	线绕电位器
WS	有机实芯电位器
WI	玻璃釉膜电位器
WJ	金属膜电位器
WY	氧化膜电位器

另外，在旋转式电位器中，有时用 ZS-1 表示轴端没有经过特殊加工的圆轴，ZS-3 表示轴端带凹槽，ZS-5 表示轴端铣成平面。

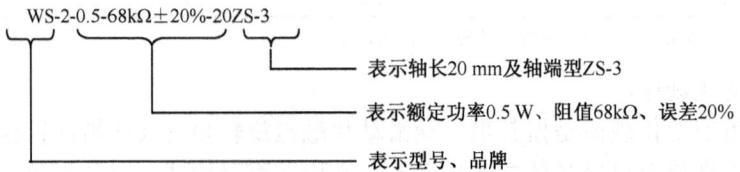

8.1.3 电容器

电容器是电子电路中常用的元件，由两个金属电极、中间夹一层绝缘材料（电介质）构成。电容器是一种储存电能元件，在电路中具有隔断直流、通过交流的特性，通常可完成滤波、旁路、级间耦合，以及与电感线圈组成振荡回路等功能。

电容器储存电荷量的多少，取决于电容器的电容量。电容量在数值上等于一个导电极板上的电荷量与两块极板之间的电位差的比值。

$$C = \frac{Q}{U}$$

式中：C——电容量，单位为 F（法拉第，简称法）；
　　　Q——电极板上的电荷量，单位为 C（库仑，简称库）；
　　　U——两极板之间的电位差，单位为 V（伏特，简称伏）。

1. 电容器的电路符号与电容的单位

（1）电容器的电路符号。

电容器在电路图中用字母 C 表示，常用的电容器电路符号如图 8-8 所示。

　　(a) 固定电容器　　　(b) 电解电容器　　(c) 微调电容器　　(d) 可调电容器　　(e) 双连可调电容器

图 8-8　电容器电路符号

（2）电容的单位。

电容的基本单位为法拉（F）。但实际上，法拉是一个很不常用的单位，因为电容器的容量往往比 1 法拉小得多，常用毫法（mF）、微法（μF）、纳法（nF）和皮法（pF）。它们之间的换算关系是：$1F=10^3 mF=10^6 μF=10^9 nF=10^{12} pF$。

2．电容器的分类

电容器的种类有很多，分类方法也各有不同。

（1）按结构不同分类。

按结构不同分为三大类：固定电容器、可变电容器、半可变（又称微调）电容器。

（2）按介质材料不同分类。

按介质材料不同分为有机介质电容器、无机介质电容器、电解电容器和气体介质电容器等。

有机介质电容器：纸介电容器、聚苯乙烯电容器、聚丙烯电容器、涤纶电容器等。

无机介质电容器：云母电容器、玻璃釉电容器、陶瓷电容器等。

电解电容器：铝电解电容器、钽电解电容器等。

气体介质电容器：空气介质电容器、真空电容器。

（3）按用途分类。

按用途分为高频旁路、低频旁路、滤波、调谐、高频耦合、低频耦合、小型电容器。

高频旁路电容器：陶瓷电容器、云母电容器、玻璃膜电容器、涤纶电容器、玻璃釉电容器。

低频旁路电容器：纸介电容器、陶瓷电容器、铝电解电容器、涤纶电容器。

滤波电容器：铝电解电容器、纸介电容器、复合纸介电容器、液体钽电容器。

调谐电容器：陶瓷电容器、云母电容器、玻璃膜电容器、聚苯乙烯电容器。

高频耦合电容器：陶瓷电容器、云母电容器、聚苯乙烯电容器。

低频耦合电容器：纸介电容器、陶瓷电容器、铝电解电容器、涤纶电容器、固体钽电容器。

小型电容器：金属化纸介电容器、陶瓷电容器、铝电解电容器、聚苯乙烯电容器、固体钽电容器、玻璃釉电容器、金属化涤纶电容器、聚丙烯电容器、云母电容器。

3. 常用的电容器

常用的电容器有多种，图8-9中列举了几种。

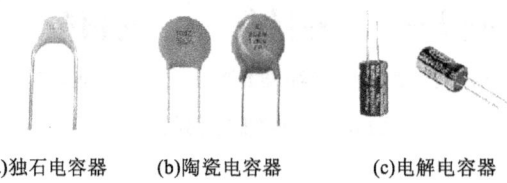

(a)独石电容器　　(b)陶瓷电容器　　(c)电解电容器

图 8-9　电容器

(1) 纸介电容器。

纸介电容器由极薄的电容器纸、夹着两层金属箔作为电极，卷成圆柱芯子，然后放在模子里浇灌上火漆制成；也有装有铝壳或瓷管内加以密封的。其特点是价格低、损耗大、体积也较大，宜用于低频电路。

(2) 云母电容器。

云母电容器由金属箔（锡箔），或喷涂银层和云母一层层叠合后，用金属模压铸在胶木粉中制成。其特点是耐高压、高温，性能稳定，体积小，漏电小，但电容量小。云母电容器宜用于高频电路。

(3) 陶瓷电容器。

陶瓷电容器以陶瓷作为介质，在两面喷涂银气层，烧成银质薄膜做导体，引线后外表涂漆制成。其特点是耐高温、体积小、性能稳定、漏电小，但电容量小。该电容器可用在高频电路中。

(4) 钽电解电容器。

钽电解电容器以金属钽为正极，以稀硫酸等配液为负极，以钽表面生成的氧化膜作为介质而制成。它具有体积小、容量大、性能稳定、寿命长、绝缘电阻大、温度特性好等优点，用在要求较高的电子设备中。

(5) 半可变电容器（微调电容器）。

半可变电容器由两片或两组小型金属弹片、中间夹云母介质组成，也有的是在两个瓷片上镀一层银制成。其特点是用螺钉调节两组金属片间的距离来改变电容量。该电容器一般用于收音机的振荡或补偿电路中。

(6) 可变电容器。

该电容器由一组（多片）定片和一组多片动片构成。根据动片与定片之间所用介质不同，通常分为空气可变电容器和聚苯乙稀薄膜可变电容器两种。把两组（动、定）互相插入并不相碰（同轴），定片组一般与支架一起固定，动片组装旋柄可自由旋动，它们的容量随动片组转动角度的不同而改变。空气可变电容器多用于电子管收音机中，聚苯乙稀薄膜密封可变电容器由于体积小，故多用于半导体收音机上。

4. 电容器的主要参数

表示电容器性能的参数有很多，这里介绍一些常用的参数。

（1）标称容量与允许误差。

电容量是电容器最基本的参数。标在电容器外壳上的电容量数值称为标称电容量，是标准化了的电容值，由标准系列规定。其常用的标称系列和电阻器的相同。不同类别的电容器，其标称容量系列也不一样。当标称容量范围在 0.1～1μF 时，标称系列采用 E6 系列。当标称容量范围在 1～100μF 时，采用 1、2、4、6、8、10、15、20、30、50、60、80、100 系列。对于有机薄膜、瓷介、玻璃釉、云母电容器的标称容量系列采用 E24、E12、E6 系列。对于电解电容器采用 E6 系列。

标称容量与实际电容量有一定的允许误差，允许误差用百分数或误差等级表示。允许误差分为五级：±1%（00 级），±2%（0 级），±5%（Ⅰ级），±10%（Ⅱ级）和±20%（Ⅲ级）。有的电解电容器的容量误差范围较大，为–20%～+100%。

（2）额定工作电压（耐压）。

电容器的额定工作电压是指电容器长期连续可靠工作时，极间电压不允许超过的规定电压值，否则电容器就会被击穿损坏。额定工作电压值一般以直流电压在电容器上标出。

一般无极电容的标称耐压值比较高，有 63V、100V、160V、250V、400V、600V、1000V 等。有极电容的耐压相对比较低，标称耐压值一般有 4V、6.3V、10V、16V、25V、35V、50V、63V、80V、100V、220V、400V 等。

（3）绝缘电阻。

电容器的绝缘电阻是指电容器两极间的电阻，或叫漏电电阻。电容器中的介质并不是绝对的绝缘体，它的电阻不是无限大，而是一个有限的数值，一般在 1000MΩ 以上。因此，电容器多少总有些漏电。除电解电容器外，一般电容器漏电流是很小的。显然，电容器的漏电流越大，绝缘电阻越小。当漏电流较大时，电容器发热，发热严重时导致电容器损坏。使用中，应选择绝缘电阻大的为好。

5. 电容器的标注方法

电容器的标注方法有直标法、文字符号法、数码法和色标法。

（1）直标法。

直标法是将电容器的容量、耐压、误差等主要参数直接标注在电容器外壳表面上，电容量的单位用 F（法拉）、mF（毫法 10^{-3}F）、μF（微法 10^{-6}F）、nF（纳法 10^{-9}F）、pF（皮法 10^{-12}F）表示，其中误差一般用字母表示。常见的表示误差的字母有 J（±5%）、K（±10%）和 M（±20%）。

示例：47nJ100 表示容量为 47nF 或 0.047μF，误差为 47nF±5%，耐压为 100V。

当电容器所标容量没有单位时，容量数值有小数且其整数部位为零的单位表示 μF，其余的单位表示 pF。例如，0.22 表示容量为 0.22μF；470 表示容量为 470pF。

（2）文字符号法。

文字符号法是将需要标出的电容器参数用文字和数字符号按一定规律标注，其规则为：整数+单位符号（p、n、m、μ）+小数部分。

示例：p33 表示容量为 0.33pF；2p2 表示容量为 2.2pF；6n8 表示容量为 6800pF；4μ7 表示容量为 4.7μF；4m7 表示容量为 4700μF。

（3）数码法。

数码法是用三位数字表示容量的大小，从左到右，第一、第二位数字是电容量的有效数字，第三位表示前两位有效数字后面应加"0"的个数（此处若为数字 9 则是特例，表示10-1），单位均为 pF。

示例：103 表示容量为 10000pF；331M 表示容量为 330pF±20%；479K 表示容量为 4.7pF±10%；685J 表示容量为 6.8μF±5%。

（4）色标法。

电容器的色标法与电阻器的色标法相似。

色标通常有三种颜色，沿着引线方向，前两个色标表示有效数字，第三个色标表示有效数字后面零的个数，单位为 pF。有时一、二色标为同色，就涂成一道宽的色标，如橙橙红，两个橙色标就涂成一道宽的色标，表示 3300pF，如图 8-10 所示。

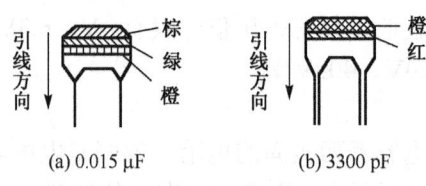

(a) 0.015 μF　　　　(b) 3300 pF

图 8-10　电容器的色标法

8.1.4　电感器

电感器是依据电磁感应原理，一般利用漆包线在绝缘骨架上绕制而成的一种能够存储磁场能量的电子元件。在电路中具有通直流电、阻交流电的作用。电感器广泛应用于调谐、振荡、滤波、耦合、补偿、变压等电路。

1. 电感器的电路符号

在电路图中电感器用字母 L 表示，常用的电感器电路符号如图 8-11 所示。

(a) 空芯电感线圈 (b) 带铁芯的电感线圈 (c) 带磁芯的电感线圈 (d) 空芯变压器 (e) 铁芯变压器

图 8-11　电感器的电路符号

2. 电感器的分类

电感器通常分为两大类：一类是应用于自感作用的电感线圈，另一类是应用于互感作用的变压器。下面分别进行介绍。

（1）电感线圈的分类。

电感线圈是根据电磁感应原理制成的器件。它的用途极为广泛，如滤波器、调谐放大器或振荡器中的谐振回路、均衡电路、去耦电路等。

①按电感线圈圈芯性质分类：空芯线圈和带磁芯的线圈。

②按绕制结构特点分类：单层线圈、多层线圈、蜂房线圈等。

③按电感量变化情况分类：固定电感、可变电感和微调电感。

（2）变压器的分类。

变压器是利用两个绕组的互感原理来传递交流电信号和电能的，同时起变换前后级阻抗的作用。

①按变压器的铁芯和线圈结构分类：芯式变压器和壳式变压器。大功率变压器以芯式结构为多，小功率变压器常采用壳式结构。

②按变压器的使用频率分类：高频变压器、中频变压器、低频变压器。

3. 常用的电感器

常用的电感器有许多种，图 8-12 中列举了几种。

（1）小型固定电感器。

这种电感器是在棒形、工形或王字形的磁芯上绕漆包线制成的，体积小、质量轻、安装方便，用于滤波、陷波、扼流、延迟及去耦电路中。其结构有卧式和立式两种。

（2）中频变压器。

中频变压器是超外差式无线电接收设备中的主要元器件之一，广泛应用于调幅收音机、调频收音机和电视机等电子产品中。调幅收音机中的中频变压器谐振频率为 465kHz；调频收音机中的中频变压器谐振频率为 10.7MHz。其主要功能是选频及阻抗匹配。

图 8-12 常用的电感器

（3）电源变压器。

电源变压器由铁芯、绕组和绝缘物等组成。

①铁芯。变压器的铁芯有"E"形、"口"形、"C"形和等腰三角形。"E"形铁芯使用较多，用这种铁芯制成的变压器，铁芯对绕组形成保护外壳。"口"形铁芯用在大功率变压器中。"C"形铁芯采用新型材料，具有体积小、质量轻、品质好等优点，但制作要求高。

②绕组。绕组是用不同规格的漆包线绕制而成的。绕组由一个一次绕组和多个二次绕组组成，并在一次、二次绕组之间加有静电屏蔽层。

③特性。变压器的一次、二次绕组的匝数与电压之间有以下关系。

$$n = \frac{N_1}{N_2} = \frac{U_1}{U_2}$$

式中，U_1 和 N_1 分别代表一次绕组的电压和线圈匝数；U_2 和 N_2 分别代表二次绕组的电压和线圈匝数；n 称为电压比或匝数比，$n<1$ 的变压器为升压变压器，$n>1$ 的变压器为降压变压器，$n=1$ 的变压器为隔离变压器。

4. 电感器的主要参数

（1）电感量。

电感量的单位是亨[利]，简称亨，用 H 表示。常用的有毫亨（mH）、微亨（μH）、毫微亨（nH）。它们之间的换算关系为：

$$1H = 10^3 mH = 10^6 \mu H = 10^9 nH$$

电感量的大小与线圈匝数、直径、内部有无磁芯、绕制方式等有直接关系。圈数越多，电感量越大；线圈内有铁芯、磁芯的，比无铁芯、磁芯的电感量大。

（2）品质因数（Q 值）。

品质因数是表示线圈质量高低的一个参数，用字母 Q 表示。Q 值高，线圈损耗就小。

（3）分布电容。

线圈匝与匝之间具有电容，这一电容称为"分布电容"。此外，屏蔽罩之间、多层绕组的层与层之间、绕组与底板间也都存在着分布电容。分布电容的存在使线圈的 Q 值下降。为减小分布电容，可减小线圈骨架的直径，用细导线绕制线圈，采用间绕法、蜂房式绕法。

5. 电感器的标注方法

电感器的标注方法也有直标法、数码法和色标法三种。

（1）直标法。

直标法是在小型固定电感器的外壳上直接用文字标出电感器的主要参数，如电感量、允许误差值、最大直流工作电流等。其中，最大直流工作电流常用字母 A、B、C、D、E 等标注，字母和电流的对应关系如表 8-6 所示。电感量的允许误差用 I、II、III 表示，即 ±5%、±10%、±20%。

表 8-6　小型固定电感器的工作电流和字母的对应关系

字母	A	B	C	D	E
最大工作电流/mA	50	150	300	700	1600

示例：电感器的外壳上标有 3.9mH、A、II 等字样，表示其电感量为 3.9mH，误差为 ±10%，最大工作电流为 A 挡（50mA）。

(2)数码法。

数码法是用三位数字表示电感量的大小,从左到右,第一、第二位数字是电感量的有效数字,第三位表示前两位有效数字后面应加"0"的个数,小数点用 R 表示,单位为 μH。

示例:222 表示电感量为 2200μH;100 表示电感量为 10μH;R68 表示电感量为 0.68μH。

(3)色标法。

色标法是指在电感器的外壳涂上各种不同颜色的环,用来标注其主要参数。第一、第二条色环表示电感器电感量的第一、第二位有效数字,第三条色环表示倍乘数(10^n),第四条色环表示允许误差。数字与颜色的对应关系和色环电阻表示法相同。

示例:

红红银黑,表示其电感量为 0.22μH±20%;

黄紫金银,表示其电感量为 4.7μH±10%。

8.1.5 半导体分立元件

半导体是一种导电性能介于导体与绝缘体之间,或者说电阻率介于导体与绝缘体之间的物质。常用的半导体材料有硅、锗、砷化镓等。半导体中存在两种载流子:带负电荷的自由电子和带正电荷的空穴。半导体的这两种载流子在常温下数量极少,导电能力很差。如在其中掺入微量杂质元素,就能增强导电性能。根据掺入杂质不同,半导体分为两类:N 型半导体(在四价元素硅或锗中掺入少量五价元素,如磷元素)和 P 型半导体(在四价元素硅或锗中掺入少量三价元素,如硼元素)。

半导体分立元件主要有半导体二极管、三极管、场效应管、晶闸管(可控硅)等几种。

1. 半导体二极管

半导体二极管也称晶体二极管,简称二极管。

(1)半导体二极管的结构。

用一定的工艺方法把 P 型半导体和 N 型半导体紧密地结合在一起,就会在其交界面处形成空间电荷区,称 PN 结。

当 PN 结两端加上正向电压时,即外加电压的正极接 P 区、负极接 N 区,此时 PN 结呈导通状态,形成较大的电流,其呈现的电阻很小(称正向电阻)。

当 PN 结两端加上反向电压时,即外加电压的正极接 N 区、负极接 P 区,此时 PN 结呈截止状态,几乎没有电流通过,其呈现的电阻很大(称反向电阻),远远大于正向电阻。

当 PN 结两端加上不同极性的直流电压时,其导电性能将产生很大的差异,这就是 PN 结的单向导电性,它是 PN 结最重要的电特性。

在一个 PN 结上,由 P 区和 N 区各引出一个电极,用金属、塑料或玻璃管壳封装后,即构成一个半导体二极管。由 P 型半导体上引出的电极叫正极;由 N 型半导体上引出的电极叫负极,如图 8-13 所示。

（2）半导体二极管的分类。

①按材料分类：锗二极管、硅二极管、砷化镓二极管等。

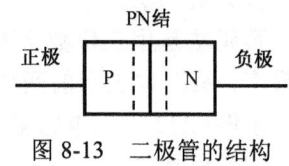

图 8-13　二极管的结构

锗二极管与硅二极管性能的主要区别在于：锗管正向压降比硅管小（锗管为 0.2～0.3V，硅管为 0.6～0.7V），锗管的反向电流比硅管大（锗管为几百毫安，硅管小于 1μA）。

②按制作工艺不同分类：面接触二极管和点接触二极管。

③按用途分类：整流二极管、检波二极管、稳压二极管、变容二极管、光电二极管、发光二极管、开关二极管等。

常见二极管的外形及各种二极管的电路符号如图 8-14 和图 8-15 所示。

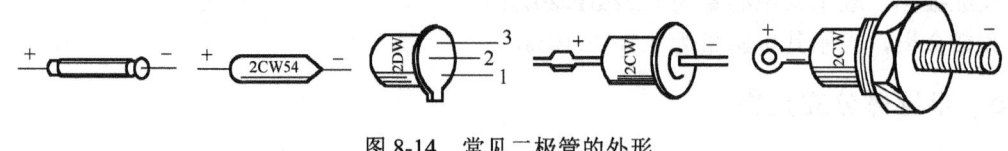

图 8-14　常见二极管的外形

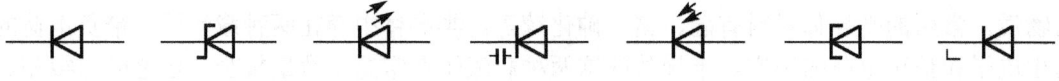

图 8-15　各种二极管的电路符号

（3）半导体二极管的特性。

①正向特性。

如图 8-16 所示，在二极管两端加正向电压时，二极管导通。当正向电压很低时，电流很小，二极管呈现较大电阻，这一区域称死区。锗管的死区电压约为 0.1V，导通电压约为 0.3V；硅管的死区电压为 0.5V，导通电压约为 0.7V。当外加电压超过死区电压后，二极管内阻变小，电流随着电压增加而迅速上升，这就是二极管正常工作区。在正常工作区内，当电流增加时，管压降稍有增大，但压降很小。

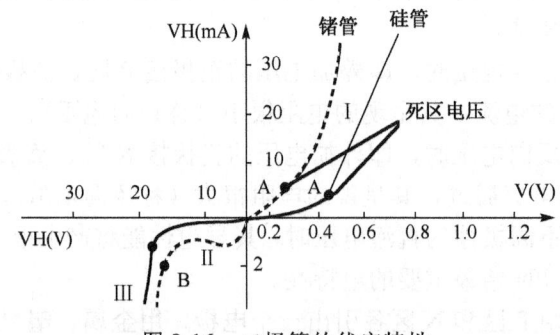

图 8-16　二极管的伏安特性

②反向特性。

如图 8-16 所示，二极管两端加反向电压时，此时通过二极管的电流很小，且该电流不随反向电压的增加而变大，这个电流称反向饱和电流。反向饱和电流受温度影响较大，温度每升高 10℃，电流增加约 1 倍。在反向电压作用下，二极管呈现较大电阻（反向电阻）。当反向电压增加到一定数值时，反向电流将急剧增大，这种现象称反向击穿，这时的电压称反向击穿电压。

（4）半导体二极管的主要参数。

①最大整流电流。

最大整流电流是指二极管长期工作时，允许通过的最大正向电流值。使用时不能超过此值，否则二极管会发热而烧毁。

②最高反向工作电压。

最高反向工作电压是指防止击穿，使用时反向电压极限值。

（5）常用二极管简介。

①整流二极管。

整流二极管主要用于整流电路，把交流电变换成脉动的直流电。由于通过的正向电流较大，对结电容无特殊要求，所以其结多为面接触型。

②检波二极管。

检波二极管的主要作用是把高频信号中的低频信号检出。要求结电容小，所以其结构为点接触型，一般采用锗材料制成。

③发光二极管。

发光二极管是一种将电能变成光能的半导体器件。它具有一个 PN 结，与普通二极管一样，具有单向导电特性。当给发光二极管加上正向电压，有一定的电流流过时就会发光。

发光二极管是由磷砷化镓、镓铝砷等半导体材料制成的。其发光颜色分为红光、黄光、绿光、三色变色发光。另外还有眼睛看不见的红外光二极管。

发光二极管可以用直流、交流、脉冲等电源点燃。其外形有圆形、圆柱形、方形、矩形等。

（6）二极管极性的判别。

一般情况下，二极管有色点的一端为正极，如 2AP1～2AP7、2AP11～2AP17 等。如果是透明玻璃壳二极管，则可直接看出极性，即内部连触丝的一头是正极，连半导体片的一头是负极。塑封二极管有圆环标志的是负极，如 1N4000 系列。

无标记的二极管，则可用万用表电阻挡来判别正极、负极，万用表电阻挡示意图如图 8-17 所示。

将万用表拨在 R×100 或 R×1k 电阻挡上，两支表笔分别接触二极管的两个电极测其阻值，记下此时的阻值。两支表笔调换，再测一次阻值。两次测量中，阻值小的那一次，测出的是二极管的正向电阻，黑表笔接触的电极是二极管的正极，红表笔接触的电极是二极管的负极，如图 8-18 所示。

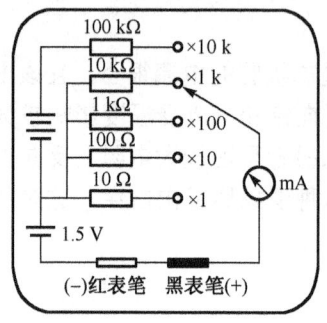

图 8-17 万用表电阻挡示意图

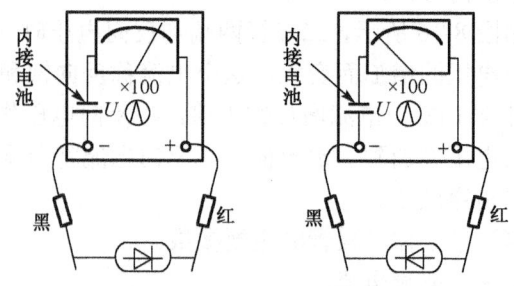

图 8-18 二极管极性的判别

顺便指出，测量一般小功率二极管的正向、反向电阻时，不宜使用 R×1 和 R×1k 挡，前者通过二极管的正向电流较大，可能烧毁管子；后者加在二极管两端的反向电压太高，易将管子击穿。另外，二极管的正向、反向电阻值随测量所用欧姆挡（R×100 挡还是 R×1k 挡）的不同而不同，甚至相差悬殊，这属正常现象。

2. 半导体三极管

半导体三极管也称晶体三极管（以下简称三极管），是内部含有两个 PN 结、外部具有三个电极的半导体器件。两个 PN 结共用的一个电极为三极管的基极（用字母 b 表示），其他的两个电极为集电极（用字母 c 表示）和发射极（用字母 e 表示）。由于它的特殊构造，在一定条件下具有"放大"作用，被广泛应用于收音机、录音机、电视机、扩音机等各种电子设备中。

（1）半导体三极管的结构。

在一块半导体晶片上制造两个符合要求的 PN 结，就构成了一个晶体三极管。按 PN 结的组合方式不同，三极管有 PNP 型和 NPN 型两种，如图 8-19 所示。不论 PNP 型三极管，还是 NPN 型三极管，都有三个不同的导电区域：中间部分称为基区；两端部分一个称为发射区，另一个称为集电区。每个导电区上有一个电极，分别称为基极、发射极和集电极。发射区与基区交界面处形成的 PN 结称为发射结；集电区与基区交界面处形成的 PN 结称为集电结。

（2）半导体三极管的分类。

①按使用的半导体材料分类：锗三极管和硅三极管。国产锗三极管多为 PNP 型，硅三极管多为 NPN 型。

②按制作工艺不同分类：扩散管、合金管等。

③按功率分类：小功率管、中功率管和大功率管。

④按工作频率分类：低频管、高频管和超高频管。

⑤按用途分类：放大管、开关管和复合管等。

⑥按结构分类：点接触型管和面接触型管。

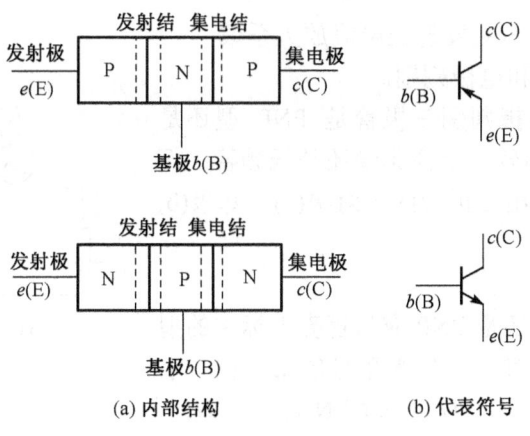

(a) 内部结构　　　　　　　　(b) 代表符号

图 8-19　三极管的基本结构

另外,每一种三极管中又有多种型号,以区别其性能。在电子设备中,比较常用的是小功率的硅管和锗管。

常用三极管的外形如图 8-20 所示。

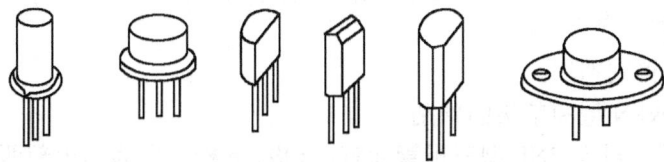

图 8-20　常用三极管的外形

(3) 半导体三极管的放大作用。

半导体三极管最基本的作用是放大作用。它可以把微弱的电信号变成一定强度的信号,当然这种转换仍然遵循能量守恒,它只是把电源的能量转换成信号的能量罢了。三极管有一个重要参数就是电流放大系数 β。当三极管的基极上加一个微小的电流时,在集电极上可以得到一个是注入电流 β 倍的电流,即集电极电流。集电极电流随基极电流的变化而变化,并且基极电流很小的变化可以引起集电极电流很大的变化,这就是三极管的放大作用。

要使半导体三极管具有放大作用,必须在各电极间加上极性正确、数值合适的电压,否则三极管就不能正常工作,甚至会损坏。如图 8-21 所示,在 NPN 型三极管的发射极和基极之间,加上一个较小的正向电压 U_{be},称为基极电压,U_{be} 一般为零点几伏。在集电极与发射极之间加上较大的反向电压 U_{ce},称为集电极电压,一般为几伏到几十伏。$U_b>U_e$,$U_c>U_b$,所以发射结上加的是正向偏压,集电结上加的是反向偏压。调节电阻 R_b 的值可以改变基极电流 I_b,调节 R_b 的值,使 $I_b=20\mu A$,此时集电极电流 $I_c=1mA$,调节 R_b 的值,使 $I_b=40\mu A$,此时 $I_c=2mA$。由此可见基极电流的小的变化可以控制集电极电流的大的变化,这就是三极管的电流放大特性。

通常用 $\beta=\Delta I_c/\Delta I_b$ 表示共发射极电流放大系数。

（4）三极管的管型和电极判别。

所谓管型判别，是指判别三极管是 PNP 型还是 NPN 型，是硅管还是锗管，是高频管还是低频管；而电极判别，则是指分辨出三极管的发射极(e)、基极(b)和集电极(c)。

①目测法。

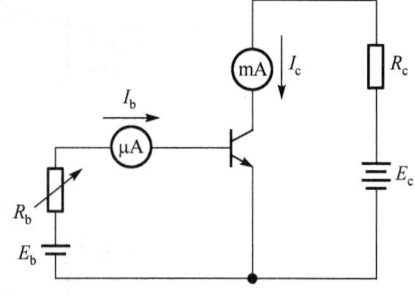

图 8-21　三极管电流放大电路

一般，管型是 NPN 还是 PNP 应从管壳上标注的型号来辨别。依照部颁标准，三极管型号的第二位（字母）A、C 表示 PNP 管，B、D 表示 NPN 管，例如：

3AX 为 PNP 型低频小功率管；3BX 为 NPN 型低频小功率管；

3CG 为 PNP 型高频小功率管；3DG 为 NPN 型高频小功率管；

3AD 为 PNP 型低频大功率管；3DD 为 NPN 型低频大功率管；

3CA 为 PNP 型高频大功率管；3DA 为 NPN 型高频大功率管。

此外还有国际流行的 9011-9018 系列高频小功率管，除 9012 和 9015 为 PNP 型管外，其余均为 NPN 型管。

②万用表电阻档判别法。

A．PNP 型、NPN 型和基极的判别。

由图 8-22 可见，对于 PNP 型三极管而言，c 极、e 极分别为其内部两个 PN 结的正极，b 极为两个 PN 结的共同负极；对于 NPN 型三极管而言，情况恰好相反，c 极、e 极分别为两个 PN 结的负极，而 b 极则为它们共同的正极。显然，根据这一点可以很方便地进行管型判别。具体方法如下。将万用表拨在 R×100 或 R×1k 挡上。红表笔任意接触三极管的一个电极，黑表笔依次接触另外两个电极，分别测量它们之间的电阻值，如图 8-23 所示。当红表笔接触某一电极，其余两电极与该电极之间均为几百欧的低电阻时，该管为 PNP 型，而且红表笔所接触的电极为 b 极。若以黑表笔为基准，即将两只表笔对调后，重复上述测量方法。若同时出现低电阻的情况，则该管为 NPN 型，黑表笔所接触的电极是 b 极。

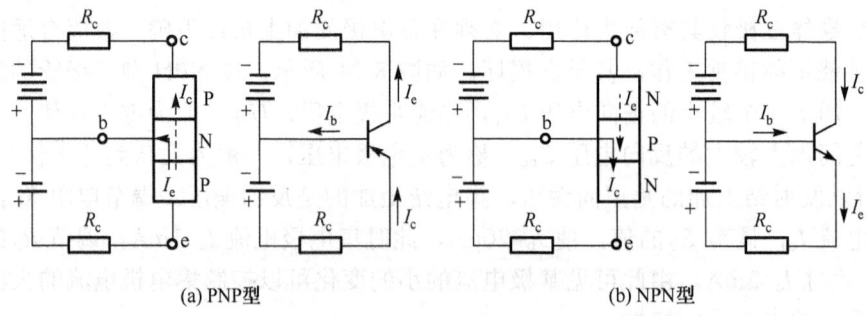

(a) PNP 型　　　　　　　　　　　　(b) NPN 型

图 8-22　管型判别原理图

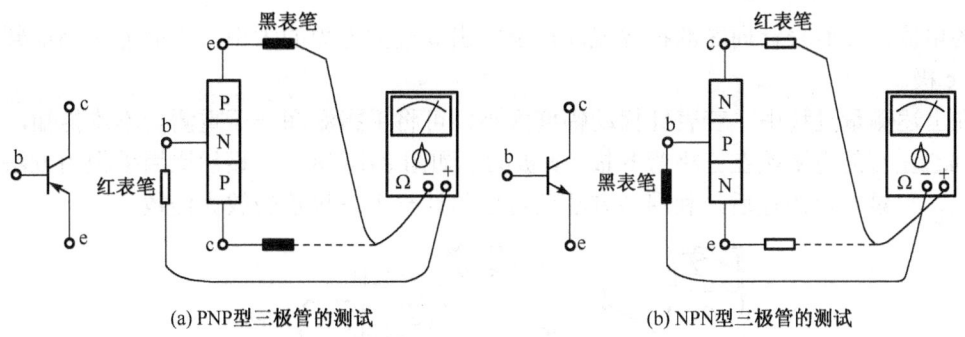

(a) PNP 型三极管的测试　　　　(b) NPN 型三极管的测试

图 8-23　PNP 型和 NPN 型三极管的判别

另外，根据三极管的外形也可粗略判别出它们的管型。目前市售小功率 NPN 型管壳高度比 PNP 型低得多，且有一突出标记，如图 8-24 所示。对于塑封小功率三极管来说，也多为 NPN 型。

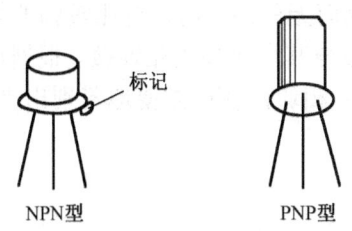

图 8-24　常见 NPN 型和 PNP 型三极管的外形

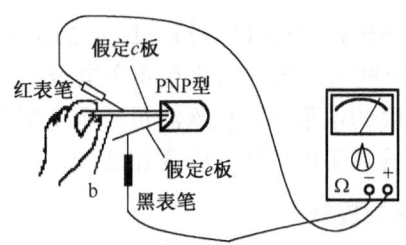

图 8-25　三极管的 e、c 判别

B．发射极和集电极的判别。

从三极管的结构原理图（见图 8-19）上看，似乎发射极 e 和集电极 c 并无区别，可以互换使用。但实际上，两者的性能相差非常悬殊。这是由于制作时，两个 P 区（或 N 区）的"掺杂"浓度不一样的缘故。e 极、c 极使用正确时，三极管的放大能力强。反之，若 e 极、c 极互换使用，则其放大能力非常弱。根据这一点，就可以把三极管的 e 极、c 极区别开来。

在判别出管型和基极 b 的基础上，任意假定一个电极为 e 极，另一个电极为 c 极。将万用表拨在 R×1k 挡上。对于 PNP 型管，令红表笔接 c 极、黑表笔接 e 极，再用手同时捏一下管子的 b 极、c 极，注意不要让这两个电极直接相碰，如图 8-25 所示。在用手捏管子 b 极、c 极的同时，注意观察万用表指针向右摆动的幅度。然后使假设的 e 极、c 极对调，重复上述测试步骤。比较两次测量中表针向右摆动的幅度。若第一次测量时摆幅大，则说明对 e 极、c 极的假定符合实际情况；若第二次测量时摆幅大，则说明第二次的假定与实际情况符合。

这种判别电极方法的原理是，利用万用表欧姆挡内部的电池，给三极管的 c 极、e 极加上电压，使其具有放大能力。用手捏 b 极、c 极时，就等于从三极管的基极 b 输入一个微小的电流，此时表针向右的摆幅就间接反映出其放大能力的大小，因而能正确地判别出 e 极、c 极。

在上述测量过程中，若表针摆动幅度太小，可将手指湿润一下重测。不难推知，将一只 100kΩ 左右的电阻接在三极管 b 极、c 极间，如图 8-26 所示，显然比用手捏的方法更科学一些，积累一定经验后，利用该方法还可以估计一下三极管的放大倍数。

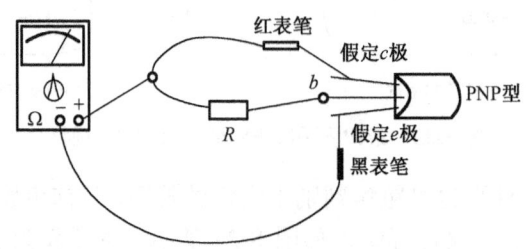

图 8-26　三极管的 e 极、c 极判别

顺便指出，三极管电极 e、b、c 的排列，并不是乱而无序的，而是有比较强的规律性。另外，还有些甚高频三极管有 4 个电极，其中一个电极与其金属外壳相连接。根据这一点，利用万用表的电阻挡，依次测量 4 个电极与其管壳是否相通，便可方便地鉴别出来，不过有的三极管其集电极是与管壳相通的。

3. 场效应管

场效应三极管简称场效应管，也是由半导体材料制成的。与普通双极型三极管相比，场效应管具有很多特点。普通双极型三极管是电流控制器件，通过控制基极电流达到控制集电极电流或发射极电流的目的。而场效应管是电压控制器件，其输出电流决定于输入信号电压的大小，它的电流受控于栅源之间的电压。场效应管栅极的输入电阻很高，可达 $10^9 \sim 10^{15}\Omega$，对栅极施加电压时，基本上不取电流，这是普通双极型三极管无法与之相比的。场效应管还具有噪声低、热稳定性好、抗辐射能力强、动态范围大等特点，这使其应用范围十分广泛。

场效应管的三个电极分别称为漏极（D）、源极（S）和栅极（G），也可类比为双极型三极管的 e、c、b 三极。场效应管的漏极（D）、源极（S）能够互换使用。

场效应管可分为结型场效应管和绝缘栅型场效应管两大类，如图 8-27 所示。

（1）结型场效应管。

根据导电沟道的材料不同，结型场效应管分为 N 沟道结型场效应管和 P 沟道结型场效应管。结型场效应管的结构示意图和图形符号如 8-28 所示。它是在一块 N 型（或 P 型）硅半导体材料的两侧各制作一个 PN 结制成的。N 型（或 P 型）半导体的两个极分别为漏极（D）和源极（S），把两个 P 区（或 N 区）连在一起引出的电极为栅极（G）。两个 PN 结中间的 N 型（或 P 型）区域称为导电沟道（沟道就是电流通道）。

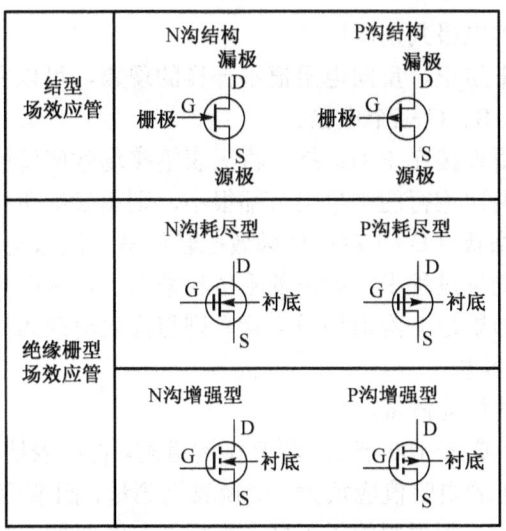

图 8-27 场效应管的分类

（2）绝缘栅型场效应管。

绝缘栅型场效应管的结构示意 N 型沟道和图形符号如图 8-29 所示。

绝缘栅型场效应管按其工作状态可以分为增强型和耗尽型两类，每类又分为 P 型沟道和 N 型沟道。

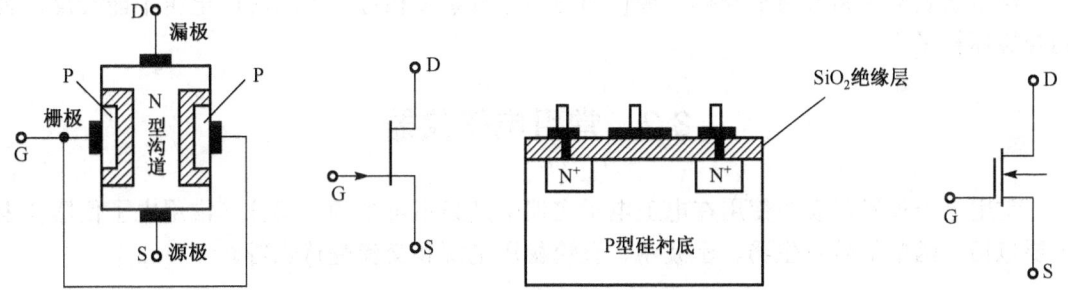

图 8-28 结型场效应管结构示意和图形符号　　图 8-29 绝缘栅型结构示意（N 型沟道）和图形符号

绝缘栅型场效应管是在一块掺杂浓度低的 P 型（或 N 型）硅片上，用扩散的方法形成两个高掺杂的 N 型区（或 P 型区），分别作为源极（S）和漏极（D）而制成的。在两个 N 型区（或 P 型区）之间的硅片表面上制作一层极薄的二氧化硅（SiO_2）绝缘层，使两个 N 型区（或 P 型区）隔绝起来，在绝缘层上面蒸发一个金属电极——栅极（G）。由于栅极和其他电极及硅片之间是绝缘的，所以称之为绝缘栅型场效应管。从整体上说，它是由金属、氧化物和半导体组成的，所以又称其为金属—氧化物—半导体场效应管，简称为 MOS 场效应管。

(3) 结型场效应管的电极判别。

根据场效应管的 PN 结正、反向电阻值不一样的现象，可以方便地用万用表欧姆挡判别出结型场效应管的 D、S、G 三个电极。

具体方法是：将万用表拨在 R×1k 挡，将黑表笔接场效应管的一个电极，用红表笔分别接另外两个电极，如两次测得的结果阻值都很小，则黑表笔所接的电极就是栅极（G），另外两极为源极（S）、漏极（D）（对结型场效应管而言，漏极与源极可以互换），而且是 N 型沟道场效应管。在测量过程中，如出现阻值相差太大，可改换电极再重测，直到出现两阻值都很小时为止。如果是 P 沟道场效应管，则将黑表笔改为红表笔，重复上述方法测量，即可判别出 G、D、S 极。

(4) 结型场效应管的性能测量。

将万用表拨在 R×1k 或 R×100 挡上，测 P 型沟道时，将红表笔接源极（S）或漏极（D），黑表笔接栅极（G），测出的电阻值应很大，交换表笔测量，阻值应很小，表明管子是好的。如果测出的结果与其不符，则说明管子不好。当栅极与源极间、栅极与漏极间均无反向电阻时，表明管子已损坏。

将两只表笔分别接漏极和源极，然后用手靠近或碰触栅极，此时表针偏转较大，说明管子是好的。偏转角度越大，说明其放大倍数也越大。如果表针不动，则表明管子坏了或性能不好。

(5) 场效应管使用注意事项。

结型场效应管和普通半导体三极管的使用注意事项相近，但栅源间电压不能接反，否则会烧坏管子。

8.2 常用电子仪器

常用电子仪器仪表的使用在电工电子实训中是必不可少的一部分，常用电子仪器仪表主要包括：函数信号发生器、示波器、直流稳压电源和交流毫伏表等。

8.2.1 常用电子仪器仪表的使用注意事项

要正确地使用电子仪器仪表，必须了解电子仪器仪表中的一般规则和常识，如果不遵守这些规则，并不是一定会导致错误，而是只在某些场合或某些情况下才会得到明显的错误结果。这也往往使得一些人误认为这些测量中的规则或常识似乎不是那么严格或那么有用，尤其是对于实践经验不足的初学者来说更是如此。下面就一般的仪器仪表使用中应该了解的一些常识和注意事项进行解释和说明。

1. 关于电子仪器仪表的阻抗

作为信号源一类的仪器，其输出阻抗都是很低的，通信系列的仪器（如高频信号发生器等）典型值是 50Ω，电视系列的仪器典型值是 75Ω（如扫频仪的扫频输出端或电视信号发生器的射频输出端）。虽然有的低频信号发生器也有几百欧姆输出阻抗的输出端子，但是作为电压输出的端子，其输出阻抗一般不会超过 1kΩ（低频信号发生器的功率输出端子除外）。之所以信号源的输出阻抗一般都做得很低，是因为信号源是产生信号的。在测量过程中，信号发生将信号耦合到被测电路上，如果信号源的阻抗做得很低，就很容易将信号源产生的信号耦合到输入阻抗较高的被测电路上。另外，对于高频测量，由于通信设备和电视设备一般射频输入端的阻抗是 50Ω 和 75Ω，故将仪器的输出阻抗设定在 50Ω 和 75Ω，在测量过程中，即可满足所要求的阻抗匹配。

一般在低频测量中，不一定要阻抗匹配。大多数情况是被测电路的输入阻抗比信号源的输出阻抗大得多，对于信号源而言，往往可等效为开路输出（即空载）。而在高频情况下，一般需要阻抗匹配，否则由于反射波的影响，会造成耦合到被测电路上的信号幅值受馈线长短的影响，从而会造成耦合到被测电路输入端的信号幅值与信号源上的指示值不同，这就会造成测量结果的不准确。当测量频率上升到几十兆乃至上百兆时，这种影响就会变得显著。

例如，对于扫频仪，当进行"零分贝校正"时，如果阻抗不匹配，则在频率较低的频段，屏幕上的扫描线是直的（不是指基线），但是在频率较高的频段，扫描线就会变得起伏不平。尤其是在宽频带测量时，会带来较大的误差。

另外，信号源耦合到被测电路上的信号幅值在匹配和非匹配状态下是不同的，仪器面板上所指示的输出幅值一般要么是空载输出的幅值，要么是匹配输出的幅值，这可通过仪器使用说明或通过实测来确定。如果被测电路的输入阻抗并非比信号源输出阻抗大得多，也与信号源的输出阻抗不匹配，则不可以通过信号源的面板指示来确定耦合到被测电路上的信号幅值，而要通过实测确定。

作为电压表（如晶体管毫伏表）或示波器一类的从被测电路上取得信号来测量的仪器，一般的输入阻抗都较高，典型值为 1MΩ，有的（如示波器）还标有输入电容（如 25pF）。之所以它们阻抗要做得较高，是因为这样可以使得它们对被测电路的影响较小。但是，当被测电路的输出阻抗大到与它们的输入阻抗相比拟时，则仪器的输入阻抗对被测电路的影响就变得显著了，这时测量结果往往不准确了（每当遇到这种情况时，这一点往往容易被初学者所忽略）。

对于仪器的输入电容来说，在低频情况下对测量没有什么大的影响，但是在高频情况下，有时就要小心。例如，用示波器直接测量一个没有经过缓冲的振荡器，由于示波器输入端的电容直接并联在被测振荡器上，故会对振荡器的工作有影响，所得到的测量结果也就不准确。

2. 避免电子仪器仪表的损坏

在仪表的使用中，不正确的操作可能造成对仪表的损坏。

对于信号源一类的仪器，不能随便将其输出端短路。尽管对于信号源的电压输出端子来说，将其输出端短路一般并不会损坏仪器，但是也应该养成不随便将输出端短路的习惯。

对于实验室里使用的直流稳压电源，一般都具有保护电路，短时间的短路通常并不会损坏仪器。但是，即使没有损坏，由于短路时，稳压电源内部处于一种高功耗状态，时间长了也可能会出问题，尤其是散热不良时更是如此。而对于功率输出的信号源或信号源的功率输出端子，更不能将其输出端短路，否则仪器会损坏。在使用中，不仅不能将其输出端短路，而且也不能过载使用（即被测电路的阻抗过低）。

对于毫伏表或示波器一类的仪器，要注意耦合到其输入端上的电压不能超过其最大允许值。不过这类仪器输入端的最大允许值往往较大，很少有耦合到其输入端的电压达到超过其输入端最大允许值的情况。但是对于频率计就不同了，很多频率计能够工作在1000MHz 的频率上，而为了达到这么宽的频率范围，其前级电路放大器中所使用的管子必须是高频小功率管，它的耐压值不大，而由于某种原因要工作在如此高的频率上，故不容易在其输入端设置保护电路（这会导致其工作频率下降），因此只要在其输入端馈入稍大的电压（如十几伏甚至更低），就极易导致前级电路中管子的损坏，从而造成仪器的损坏。

3. 电子仪器外壳的接地

许多仪器是金属外壳，由于金属外壳本身就是一个导体，而且由于它往往较大，所以它本身就是一个形状特殊的天线，容易接收空间的电磁干扰。通过它所接收的电磁干扰会通过各种渠道耦合到仪器的电路上，从而造成仪器的输出不纯（即造成干扰信号与有用信号混在一起输出）。为了避免这种干扰，有金属外壳的仪器，一般都不得不将外壳与仪器内部的地线连接起来，而仪器内部电路的地线又通过与被测电路连接的馈线，与被测电路的地线相连，使得干扰被短路到地。但是，有的仪器其外壳并不与其内部电路的地线相连，如直流稳压电源，因为当将其输出电压作为正电源输出时，那么其负端应该与被测电路的地线相连；而当将其输出电压作为负电源输出时，那么其正端应该与被测电路的地线相连，这时，它的外壳就既不宜与输出端的正极相连，也不与负极相连，所以它往往在仪器面板上设置一个地线端子，而这个地线端子既不与输出端的正极相连，也不与负极相连，它仅仅与外壳相连。在使用时，它应该与被测电路的地线相连。

在对整机进行测量时，往往需要同时用到许多仪器，工程上往往采用将所有仪器的外壳都用导线连接起来的方法来防止仪器的金属外壳所引入的干扰。仪器的外壳都连接起来以后，通过仪器与被测电路相连的馈线，就将仪器外壳与被测电路的地线连接起来了，从而达到屏蔽的效果。

但是，如果不将仪器的外壳与被测电路的地线相连，也不一定会对测量结果有显著的影响。这要看是测量大信号还是小信号。因为仪器外壳作为天线所接收到的空间电磁辐射的干扰幅值毕竟很小，当被测电路输入端的信号幅值较大时（如几十或几百毫伏或更大），由仪器外壳所引入的干扰就小得可以忽略不计，这时对测量结果就没有什么影响了。但是，当被测电路输入端的信号幅值很小时，则干扰的影响就变得显著了，此时测量结果就会不准确。

4．探头与馈线

每个仪器都有自己的探头或馈线。有的仪器探头里含有某种电路（如衰减器、检波器等），这种仪器探头一般不能与其他仪器的探头互换。在低频测量中，探头或馈线的使用不是那么严格，但在高频测量中，探头或馈线的使用就要严格得多了。

首先是匹配问题。例如，扫频仪的扫频输出端的馈线有两种：一种是没有匹配电阻的，另一种则是有匹配电阻的。使用时要根据被测电路输入阻抗来确定用什么馈线。对任何仪器，在高频测量中都不能用任意的两根导线来代替匹配电缆的使用。另外，有的馈线或探头针较短，这是因为高频测量中不能使得探头的探针过长，否则会影响测量结果，故不可随意加长探头。但在低频测量中（如 1MHz 以内），探头加长一些对测量结果的影响不大。

在稳压电源的使用中，其馈线就是一般的导线。但是，如果用稳压电源给高频电路供电，由于较长的导线在高频上呈现出较大的感抗，这就会导致电源内阻增加（稳压电源的高频内阻本来就比低频内阻大得多，其内阻指标是指低频内阻），为了降低馈线对电源的实际内阻的影响，往往需要在被测电路的电源端并联去耦的小容量电容。这对于要求稍高的电路（如较高频率稳定度的振荡器）是必需的。

8.2.2 函数信号发生器

函数信号发生器产生的函数信号作为对各种电路特性进行测量时的信号源。一般函数信号发生器产生的信号波形有正弦波、方波和三角波等，且输出频率和幅值都是可调节的。根据函数发生器的型号不同，其输出频率范围和输出幅值略有不同。

根据函数信号发生器组成结构，有采用振荡和波形变换方法实现的函数信号发生器，也有运用数字技术采用直接频率合成（DDS）方法实现的函数信号发生器。

1．函数信号发生器的性能

函数信号发生器是一种由集成电路与半导体器件构成的信号发生器，其输出信号可以有正弦波、三角波、方波等多种不同波形，通过波形选择开关选择。函数信号发生器因型号、规格不同可以产生 0.2Hz 到 2MHz 甚至更高频率的信号。函数信号发生器输出信号幅值一般连续可调，最大输出幅值可达 20Vp-p。输出方波信号的占空比一般由 1%到 99%连续可调。

除以上基本功能外，现今函数信号发生器还有以下附加功能：直流偏置电压功能；在输出波形中迭加正、负可调直流电压；有 TTL 电平的同步信号输出功能；有频率计、计数器功能等。函数信号发生器是实训中常用的设备，主要为实验电路提供信号源。

（1）集成函数信号发生器的组成。

集成函数信号发生器的组成如图 8-30 所示。

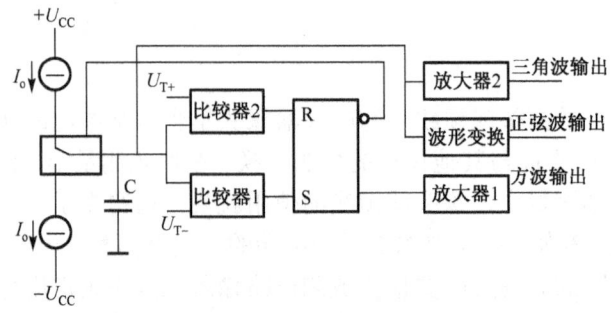

图 8-30　集成函数信号发生器的组成

集成电路内部有两个恒流源,受控开关在不同位置时分别以恒定电流 I_0 对电容 C 进行充电或放电,在电容 C 上形成三角波电压。此电压一是经放大器 2 放大后从三角波输出端输出三角波信号,二是作为波形变换电路和两个比较器的共同输入。波形变换电路实现三角波到正弦波的变换。两个比较器和 RS 触发器构成施密特触发器,当电容 C 上三角波电压大于正向阈值电压时触发器复位、电容 C 放电;当电容 C 上三角波电压小于反向阈值电压时触发器置位、电容 C 充电。电容 C 充电、放电,RS 触发器输出方波信号,并经过放大器 1 放大后输出。

(2) 函数信号发生器的主要技术指标。

函数信号发生器就其输出信号而言有电压输出波形、电压幅值、信号频率等可调节内容。

① 频率范围。一般函数信号发生器输出信号频率为 0.2Hz～2MHz 或更高,由频率选择按钮/开关来选择,各挡级间有很宽的覆盖度,频率选择按钮/开关选定输出频率范围,输出频率的大小由调节输出频率旋钮确定。

② 输出波形。函数信号发生器输出信号波形可通过波形选择按钮/开关来选择。

③ 输出电压幅值。函数信号发生器输出信号电压幅值可以通过衰减按钮和幅值调节旋钮来调节。

因函数信号发生器的型号、规格不同,有的还具有调制、扫描、猝发、键控等功能。

2. 函数信号发生器的面板功能键

不同型号的函数信号发生器其面板功能键大同小异,主要有以下功能键:电源开关、频率选择开关、频率调节旋钮、波形选择开关、衰减开关、幅值调节旋钮、占空比调节等。具体可参照相应的说明书。

8.2.3　双踪示波器

示波器是一种通用电子测量仪器,既可用于波形观察,也可用于波形参数测量。示波器的种类有很多,按显示轨迹数分为单踪、双踪和多踪示波器;按显示器可分为阴极示波管和液晶显示示波器;按显示波形方式分为模拟显示和数字(存储)显示示波器。

1. 示波器的基本结构及基本原理

（1）基本结构。

示波器的种类有很多，但它们都包含下列基本组成部分，如图 8-31 所示，图中仅画了一路垂直（Y）通道。

①主机。主机包括示波管及其所需的各种直流供电电源，在面板上的控制旋钮有辉度、聚焦、水平移位、垂直移位等。

②垂直通道。垂直通道又称为 Y 通道，主要用来控制电子束按被测信号的幅值大小在垂直方向上的偏移。它包括 Y 轴衰减器、Y 轴放大器和配用的高频探头。通常示波管的偏转灵敏度比较低，因此在一般情况下，被测信号往往需要通过 Y 轴放大器放大后加到垂直偏转板上，才能在屏幕上显示出一定幅值的波形。Y 轴放大器的作用提高了示波管 Y 轴偏转灵敏度。为了保证 Y 轴放大不失真，加到 Y 轴放大器的信号不宜太大，但是实际的被测信号幅值往往在很大的范围内变化，因此，Y 轴放大器前还必须加一 Y 轴衰减器，以适应观察不同幅值的被测信号。示波器面板上设有"Y 轴衰减器"（通常称"Y 轴灵敏度选择"开关）和"Y 轴增益微调"旋钮，分别调节 Y 轴衰减器的衰减量和 Y 轴放大器的增益。当"Y 轴增益微调"旋钮位于"校准"位置时，"Y 轴衰减器"指示显示屏每一格代表的 Y 信号幅值，如 2V/div、50mV/div 等。

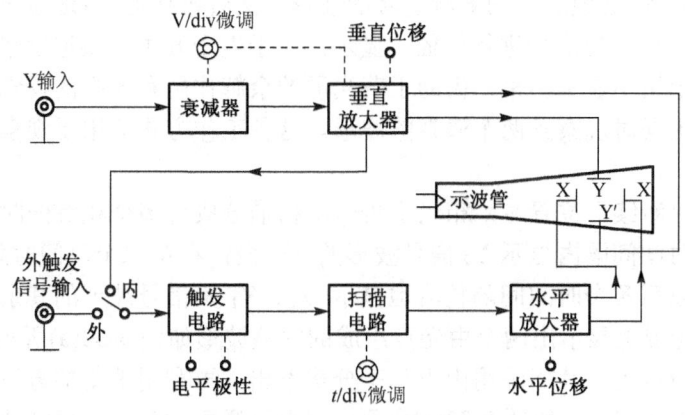

图 8-31　示波器的基本结构

对 Y 轴放大器的要求是：增益大、频响好、输入阻抗高。为了避免杂散信号的干扰，被测信号一般都通过同轴电缆或带有探头的同轴电缆加到示波器 Y 轴输入端。但必须注意，被测信号通过探头幅值将衰减（或不衰减），其衰减比为 10：1（或 1：1）。

③水平通道。水平通道又称为 X 通道，主要是控制电子束按时间在水平方向上偏移。主要由扫描发生器、水平放大器、触发电路组成。

扫描发生器又叫锯齿波发生器，用来产生频率可在较宽范围内调节的锯齿波，作为 X 轴偏转板的扫描电压。在示波水平扫描正程（锯齿波电压线性变化阶段）显示光点从左到右等速扫描，水平每格代表的时间由"扫描速率选择"开关确定，如 20ms/div、5μs/div 等。锯齿波的频率（或周期）决定了一次扫描的时间，是可以通过调节"扫描速率选择"开关和"扫速微调"旋钮来控制的。使用时，调节"扫速选择"开关和"扫速微调"旋钮，使其扫描周期为被测信号周期的整数倍，从而屏幕上显示稳定的被测波形。若扫描周期不是被测信号周期的整数倍，则上次扫描和下次扫描显示的垂直位置不同，因此就不能稳定地显示被测波形。

水平放大器的作用与垂直放大器一样，将扫描发生器产生的锯齿波放大到 X 轴偏转板所需的数值。

触发电路用于产生触发信号，触发扫描电路开始扫描正程。为了扩展示波器应用范围，一般示波器上都设有触发源选择开关，触发电平与极性控制旋钮和触发方式选择开关等。

（2）示波器的二踪显示。

示波器的二踪显示是依靠电子开关的控制作用来实现的。电子开关由"显示方式"开关控制，共有五种工作状态，即 Y_1、Y_2、Y_1+Y_2、交替、断续。当开关置于"交替"或"断续"位置时，荧光屏上便可同时显示两个波形。当开关置于"交替"位置时，电子开关的转换频率受扫描系统控制，工作过程如图 8-32 所示。即电子开关首先接通 Y_2 通道，进行第一次扫描，显示由 Y_2 通道送入的被测信号的波形；然后电子开关接通 Y_1 通道，进行第二次扫描，显示由 Y_1 通道送入的被测信号的波形；接着再接通 Y_2 通道……这样便轮流地对 Y_2 和 Y_1 两通道送入的信号进行扫描、显示，由于电子开关转换速度较快，每次扫描的回扫线在荧光屏上又不显示出来，借助于荧光屏的余辉作用和人眼的视觉暂留特性，使用者便能在荧光屏上同时观察到两个清晰的波形。这种工作方式适用于观察频率较高的输入信号场合。

当开关置于"断续"位置时，相当于将一次扫描分成许多个相等的时间间隔。在第一次扫描的第一个时间间隔内显示 Y_2 信号波形的某一段；在第二个时间间隔内显示 Y_1 信号波形的某一段；以后各个时间间隔轮流地显示 Y_2、Y_1 两信号波形的其余段，经过若干次断续转换，使荧光屏上显示出两个由光点组成的完整波形如图 8-33(a)所示。由于转换的频率很高，光点靠得很近，其间隙用肉眼几乎分辨不出，再利用消隐的方法使两通道间转换过程的过渡线不显示出来，如图 8-33(b)所示，因而同样可达到同时清晰地显示两个波形的目的。这种工作方式适合于输入信号频率较低时使用。

（3）触发扫描。

在普通示波器中，X 轴的扫描总是连续进行的，称为"连续扫描"。为了能更好地观测各种脉冲波形，在脉冲示波器中，通常采用"触发扫描"。采用这种扫描方式时，扫描发生器将工作在待触发状态。它仅在外加触发信号作用下，时基信号才开始扫描，否则便不扫描。这个外加触发信号通过触发选择开关分别取自"内触发"（Y 轴的输入信号经由内触发放大器输出触发信号），也可取自"外触发"输入端的外接同步信号。其基本原理是利用这些触发脉冲信号的上升沿或下降沿来触发扫描发生器，产生锯齿波扫描电压，然后经 X 轴放大后送 X 轴偏转板进行光点扫描。适当地调节"扫描速率"开关和"电平"调节旋钮，能方便地在荧光屏上显示具有合适宽度的被测信号波形。

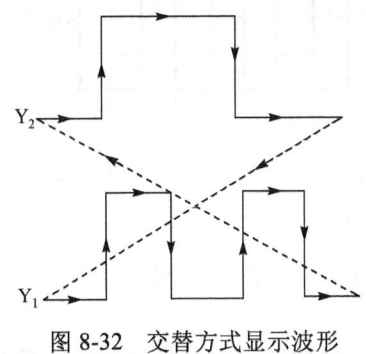

图 8-32　交替方式显示波形

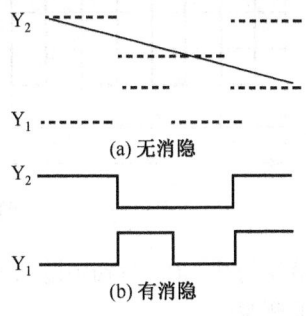

图 8-33　断续方式显示波形

2. 示波器的使用

示波器能进行各种波形参数的测量，测量结果精确与否，与所采用的方法有关。现介绍几种常用的测试方法，供使用者参考。

（1）使用前的注意事项。

①检查电源电压应适应 220V±10% 或 110V±10% 的范围。

②使用环境温度为 0℃～+40℃，湿度≤90%（+40℃），工作环境无强烈的电磁场干扰。

③输入端不应输入超过技术参数所规定的电压。

④显示光点的辉度不宜过亮，以免损坏屏幕。

（2）仪器使用前的自校。

示波器久置复用时，应用机器内部校准信号进行自身的检查，校准方法如下。

①用示波器的探极，分别接到 CH1 输入端和校准信号输出端，仪器各控制件如表 8-7 所示。

表 8-7　仪器各控制件

固定控制件	作用位置	面板控制件	作用位置
垂直方式	CH1		
AC.接地.DC	AC 或 DC	扫描方式	自动
V/div	0.1V/div 或 10mV/div	触发源	CH1
X.Y 微调	校准	极性	+
X.Y 位移	居中	T/div	1ms/div

②按下电源开关，指示灯亮，表示电源接通，调节标尺亮度，刻度随之明暗变化。

③经预热后，调节"辉度"、"聚焦"电位器，使亮度适中，聚焦最佳，通常基线光迹与水平坐标线平行，若出现不平行，用起子调整光迹旋转控制件，使光迹和水平线（刻度线）平行。调节"触发电平"使波形同步，呈现图 8-34 所示波形。

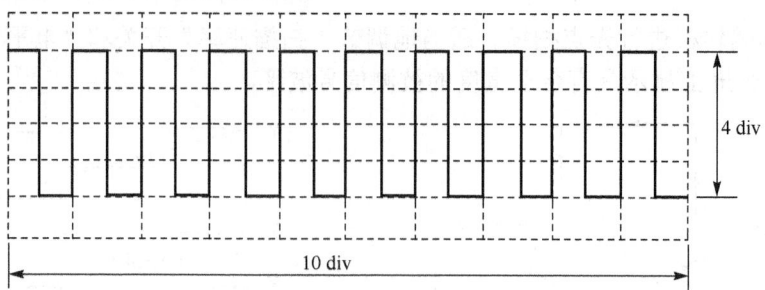

图 8-34 示波器自校

将扫描微调拉出×10，10div 显示一个周期，说明仪器正常工作。

（3）电压测量。

用本仪器可以对被测试波形进行电压测量，正确的测量方法虽可根据不同的测试波形有所差异，但测量的基本原理是相同的。在一般情况下，多数被测波形同时包含交流和直流分量，测量时也经常需要测量两种分量复合的数值或单独的数值。

①交流分量电压测量。

一般测量被测波形峰与峰之间数值或者测量峰到某一波谷之间的数值，测量时，通常将 Y 输入选择开关置于"AC"位置，将被测信号中的直流分量隔开，以免使信号偏离 Y 轴中心，甚至使测量无法进行；当测量频率极低的交流分量时，应将 Y 输入选择开关置于"DC"位置，否则，因频响的限制，产生不真实的测试结果。测量步骤如下。

第一步，将 Y 微调置于"校准"位置，根据被测信号波形幅值和频率适当选择"V/div"和"t/div"开关挡级，并将被测信号直接或通过 10∶1 探极输入仪器的 Y 轴输入端，调节触发"电平"，使波形稳定在示波管的有效工作面内。

第二步，根据图 8-35 所示屏幕上的坐标刻度，读出显示波形的峰—峰值格数为 A，则被测电压 $V_{p-p}=n×A×B$。

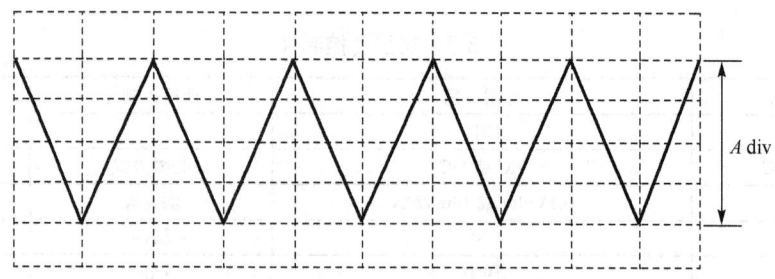

图 8-35 电压测量

式中：n 为探极衰减比，B 为 Y 轴 V/div 开关所处挡级。

例如，如图 8-35 所示，探极衰减比 $n=1$，Y 轴灵敏度为 0.2V/div，被测信号的峰—峰值格数为 $A=4$div，则被测信号的峰—峰值为：

$$V_{p-p}=1×4\text{div}×0.2\text{V/div}=0.8\text{V}$$

②瞬时电压测量。

瞬时电压测量需要一个相对的参考基准电位，一般情况下，基准电位是对地电位而言的，但也可以是其他参考电位，其测量方法如下。

先将 Y 输入选择开关置"DC"，"V/div"开关置于"mV/div"挡级，将探极插入所需的参考电位，触发选择置于"自动"，此时出现一扫描线，调节 Y 移位，使光迹移到坐标轴的位置（记下基准刻度），此时，Y 移位不能再动，并保持 Y 移位不变。

再将测试探极移到被测信号端，调节触发电平，使波形稳定。

最后读出被测波形上的某一瞬时相对基准刻度在 Y 轴的距离 Adiv，则被测瞬时电压 $U=n×A×B$。

例如，如图 8-36 所示，探极衰减比 $n=10$，Y 轴灵敏度 B 为 20mv/div，被测点 P 与基准刻度距离为 5div，则瞬时电压为：

$$U=10×5\text{div}×20\text{mV/div}=1\text{V}$$

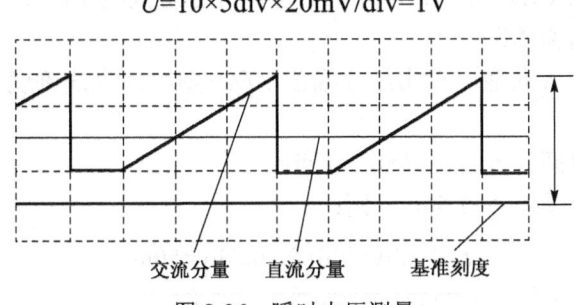

图 8-36　瞬时电压测量

（4）时间测量。

用示波器来测量各种信号的时间参数，可以取得简便和较精确的效果，因示波器在荧光屏 X 方向上每个 div 的扫描速度是定量的。通常，测量时间的步骤如下。

①将"t/div"置于适当的挡级"b/div"，调节有关控制件使显示波形稳定。

②根据坐标 X 轴的刻度，读出被测波形上所测 P、Q 两点之间距离为 a。

③被测两点之间的时间为 $a×b$。

④若测量时 X 扩展置于"拉出×10"，则应将测得时间除以 10。

例如，如图 8-37 所示，扫描时间因数 t/div 置于 2ms/div，被测两点 P、Q 之间距离为 5div，则 P、Q 两点时间间隔为：

$$t=5\text{div}×2\text{ms/div}=10\text{ms}$$

（5）脉冲上升时间测量。

其测量方法如下。

①置有关控制机件，如表 8-8 所示。

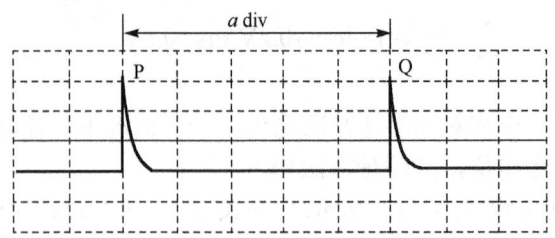

图 8-37 时间测量

表 8-8 脉冲上升时间测量面板控件设置

面板控件	作用位置	面板控件	作用位置
YV/div 开关	mV/div	扫描	内
Y 微调旋钮	校准	t/div	0.2μs/div
Y 选择开关	AC 或 DC	X 扩展	拉出×10

②将被测信号输入 CH1 或 CH2，并与信号源进行阻抗匹配，在 Y 输入端接 50Ω 匹配头，控制输入信号幅值为 4div。

③调节触发电平及 X 位移，读出脉冲幅值 10%～90%两直线刻度间波形前沿的水平刻度读数 b。

④被测脉冲上升时间为 $t_r = 1/10 \times b \times 0.2\mu s/div$。

例如，如图 8-38 所示，b=2.5div，则：

$$t_r = 2.5\text{div} \times 1/10 \times 0.2\mu s/div = 50\text{ns}$$

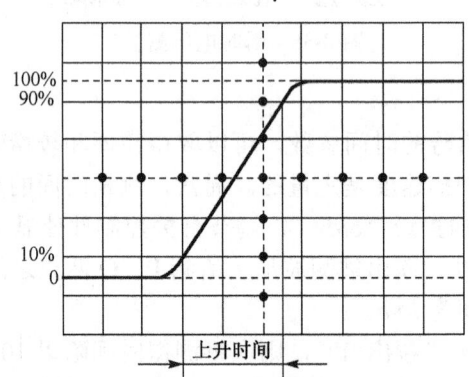

图 8-38 上升时间测量

⑤若被测脉冲的上升时间和示波器固有的上升时间（17.5ns）可以比拟，其测量值应按下式计算：

$$t_r = \sqrt{t_{r2}^2 - t_{r1}^2}$$

式中：t_{r2} 为读出的上升时间；t_{r1} 为示波器固有的上升时间。

(6) 相位测量。

对于两个同频率信号间的相位差,可以用示波器的双迹功能来进行测量,这种相位差的测量可以使用到垂直系统的频率极限,可用下列步骤来进行相位比较:

①预置仪器控制件获得光迹基线,然后将垂直方式开关置于"交替"(频率低时,可用"断续"),触发源置于"垂直"。

②根据耦合要求,两个"耦合方式"开关应置相同位置。

③用两根具有相同时间的探极或同轴电缆,将已知两个信号输入 CH1 和 CH2,使波形稳定。

④调节 CH1 和 CH2 位移,使两踪波形均移到上下对称于 $O-O'$ 轴上,读出 D、T,$\phi = \dfrac{D}{T} \times 360°$,如图 8-39 所示。

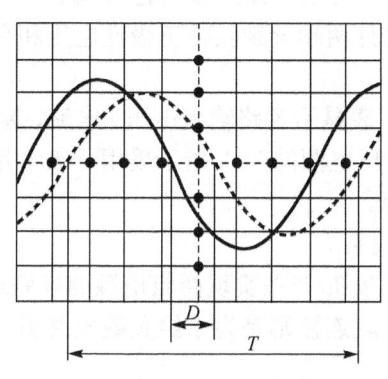

图 8-39 相位测量

8.2.4 直流稳压电源

1. 基本特性

可调式直流稳压电源通常有单路、双路或四路输出电压可调的稳压电源,其输出电压为直流且连续可调。稳压电源电路由晶体管、集成运算放大器和带有温度补偿的基准电压管等组成,电路稳定性高,性能可靠。输出电流一般都有限额,一般都带有过流保护电路,以防过载和短路。

2. 使用方法

(1) 稳压稳流电源的使用。

使用前根据所需电压,选择好输出电压范围,同时稳流调节旋钮调到最大,开机后将电压调节旋钮调至需要的电压值。

作为恒流源使用时,可以任意设定限流保护点,设定方法为:打开电源,接上适当的可变负载并调节负载电阻使输出电流等于限流保护点的电流值，调节稳流调节旋钮使稳流指示灯处于临界状态，此时限流点就设置好了。

该稳压电源具有稳压稳流功能，也就是具有限流保护功能。因此当输出发生短路现象时，应立即把电源关掉，以免大功耗造成设备损坏，将故障排除后再开机。

（2）具有短路和限流保护电源的使用。

当外接负载超过限流保护点时，本电源输出电流被限制在限流点上。

短路保护的试验，请用尽可能短的线可靠短路输出接线柱两端，否则可能引起内部电路的损坏。

（3）双路输出稳定电压。

稳压电源有两路完全独立的输出，可分别为负载电路提供不同极性、不同幅值的电压。当需要正、负两组电压输出时，可把一路红接线柱（+端）与另一路黑接线柱（−端）连接并作为参考电平，此时可从另外两端分别获得正极性电压和负极性电压。

（4）电压电流显示。

双路稳压电源分别有 V-A 表显示各路输出电压、电流，通过选择按钮/开关来确定其输出电压、电流的大小。有些稳压电源的 V-A 指示采用一表多用形式，通过开关选择显示哪路输出、显示输出电压或电流。

（5）两路电源的串接和并接。

双路稳压电源还可以通过按钮/开关实现两组电源的串联连接或并联连接。串联连接可形成正、负两组电压输出；并联连接则是为了给负载电路提供大电流，使用时，应尽可能两路电流相同。

3. 注意事项

当选用输出电流大于 10A 的稳压电源时，输出主负载的接线应尽可能短，输出接线柱与接线接触可靠，否则会引起接线柱的损坏。

稳压电源上的电表作一般输出电压、电流指示，如果要得到精确值，需在外电路用精密测量仪器校准。

为延长稳压电源的使用寿命，应避免在输出大电流的情况下拨动各种开关。

8.2.5 交流毫伏表

1. 基本特性

交流毫伏表简称毫伏表，是一种用于测量交流信号有效值的仪器。交流毫伏表具有测量电压的频率范围宽（5Hz～2MHz）、测量电压灵敏度高（30μV～100V 或 100μV～300V）、噪声低（典型值为 7μV）、测量误差小（整机工作误差≤3%典型值）的优点，并具有相当好的线性度。

2. 使用方法

（1）开机之前的准备工作及注意事项。

①测量仪器放置以水平放置为宜（即表面垂直放置）；

②接通电源前先查看表针机械零点是否为"零"，否则需分别进行调零；

③测量量程在不知被测电压大小的情况下尽量放到高量程挡，以免输入过载；

④测量 30V 以上的电压时，须注意安全；

⑤所测交流电压中的直流分量不得大于 100V；

⑥接通电源及输入电压后，由于电容的充放电过程，指针有所晃动，需待指针稳定后读取读数。

（2）测量方法。

双通道交流毫伏表是由一个双指针电压表组成的，因此在异步工作时相当于两个独立的电压表，也就是可作为两台单独电压表使用。一般适用于测量两个电压相差比较大的情况，如测量放大器增益，如图 8-40 所示。

被测放大器的输入信号及输出信号分别加至二通道输入端，从两个不同的量程开关及表针指示的电压值或 dB 值，即直接读出（算出）放大器的增益（或放大倍数）。

若读得输入 R_{CH} 指示为 10mV（–40dBV）、输出 L_{CH} 指示为 0.5V（–6dBV），则放大倍数为 0.5V/10mV=50 倍，或直接读取 dB 值为–6dB–（–40dB）=34dB（增益 dB 值）。

当双通道交流毫伏表同步工作时，可由一个通道量程控制旋钮同时控制两个通道的量程，这特别适用于在立体声或者二路相同放大特性的放大器情况下进行测量。由于其测量灵敏度高，可测量立体声录放磁头的灵敏度、录放前置均衡电路及功率放大电路等。由于两组电压表具有相同的性能及相同的测量量程，因此，当被测对象是双声道时可直接读出两个被测声道的不平衡度，如图 8-41 所示。

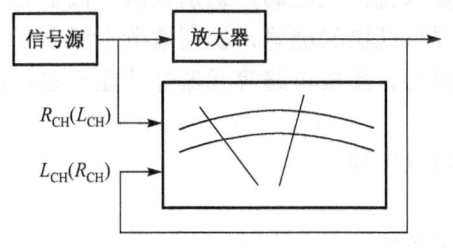

图 8-40　交流毫伏表异步工作

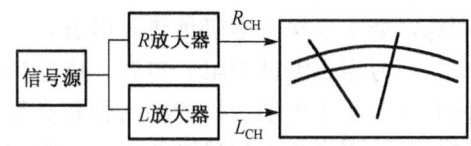

图 8-41　交流毫伏表同步工作

R 放大器、L 放大器分别为立体声放大的二路放大电路，如性能相同（平衡），两个指针应重叠，如不重叠，就可从表上读出不平衡度为多少 dB。

其他应用：由于该仪器具有宽的频带及高的灵敏度，可用于电源纹波的测量以及其他微弱信号的测量。

对于单通道输入交流毫伏表，其使用方法与双通道交流毫伏表相似。量程的选择一般从大的量程开始，逐渐减小，选择的量程应使指针偏转至满刻度的 2/3 以上。选定量程后指针满刻度偏转时，指示的最大值即为该量程值，实际测量时根据量程换算。交流毫伏表是按电压有效值刻度的，如被测信号不是正弦信号，则会引起很大的误差。

8.3 实 训 项 目

8.3.1 实训一：常用电子元器件的测试

1. 实训目的

（1）掌握电阻、电容、电感、二极管、三极管等电子元器件的识别方法。
（2）掌握二极管、三极管等电子元器件的引脚判别与性能测试方法。

2. 实训仪器与器材

各种型号的电阻、电容、电感、二极管、三极管等电子元器件若干，单臂电桥、双臂电桥各 1 个，电容电感测试仪、万用表各 1 只，电工工具 1 套。

3. 实训内容与要求

进行电阻、电容、电感、二极管、三极管、常用集成电路的识别与测试。要求如下。
（1）尽量多地认识各种电子元器件。
（2）给定型号，能很快地找到实物，并说出其名称、特点、主要参数、作用和使用场合。
（3）给定实物，能很快地说出其型号、名称、特点、主要参数、作用和使用场合。
（4）根据电阻的色环判别色环电阻的阻值，要求既快又准确，识别数量不低于 10 个。
（5）根据电容的色环判别色环电容的容量，要求既快又准确，识别数量不低于 10 个。
（6）将各种电阻、电容、电感、二极管、三极管、集成电路等元器件放在一起，进行区分训练，要求既快又准确地进行区分。
（7）用万用表测试电阻、电容、电感的主要电气性能。
（8）用万用表判别二极管的引脚和类型。
（9）用万用表判别三极管的引脚、类型和放大倍数。
（10）识别常用集成电路的引脚排列，并用万用表判别集成电路的引脚有无开路和短路。

8.3.2 实训二：常用电子仪器的使用

1. 实训目的

（1）掌握稳压电源的使用方法，会选择使用多种工作模式。

（2）掌握低频信号发生器的使用方法，会用其输出一定频率和幅值的信号，会调节信号的频率和幅值的大小。

（3）掌握示波器的使用方法，会用示波器观察信号波形，测试信号的幅值，测试信号周期或频率。

2. 实训材料与设备

实训电源台、示波器、信号发生器、稳压电源及相关器件等。

3. 实训前准备

（1）熟悉实训室的实训电源台，了解其功能、面板标志、开关与显示。

（2）了解示波器、信号发生器、稳压电源的工作原理及示波器显示波形的原理和扫描的方式。

（3）熟悉示波器、信号发生器、稳压电源面板上各旋钮的名称、作用。

（4）熟悉示波器、信号发生器、稳压电源量程范围及使用注意事项。

4. 实训内容

（1）直流稳压电源的使用。

①接通电源开关，电源指示灯亮。

②输出电压和电流都是连续可调的。电压、电流调节旋钮顺时针调节，输出的电压、电流由小变大；逆时针调节，输出的电压、电流由大变小。

③将工作方式转换开关置于独立位置时，各路独立输出。

④指示表头显示窗口将显示主路和从路输出电压值和电流值。

⑤将工作方式转换开关置于跟踪位置时，若主路的正端输出与从路的正端输出相连，负端与负端相连，则为并联跟踪接法，可以输出较大的电流，调节主路电压或电流调节旋钮，输出电压可在电压表上读出，电流为两路电流之和；若主路的负端输出接从路的正端输出，则为串联跟踪接法，调节主路电压或电流调节旋钮，从路的输出电压或电流跟随主路变化，负荷电流可由电流表读出，输出电压为两路电压之和。

（2）信号发生器的使用。

打开信号发生器的电源开关预热 5min。

①调节输出信号的频率。按下面板上的"频率挡级"选择开关，配合调节"频率调节刻度盘"，可以输出 0.2～2MHz 的正弦信号、方波信号或者三角波信号。根据"频率挡级"开关指示的频率和"频率调节刻度盘"指示的刻度，即可读出输出信号频率的数值。例如，"频率挡级"在"10k"挡，"频率调节刻度盘"旋钮指在 1.2 的位置上，则输出信号的频率为 10000Hz×1.2=12kHz。

②调节输出信号的幅值。面板下方有一个"信号幅值"旋钮和"衰减器"开关，都是用于调节输出信号幅值的。一般旋转"信号幅值"旋钮或按下"衰减器"开关，即可调节

输出信号的幅值。"衰减器"开关没按下,不衰减输出信号;按下"衰减器"衰减 30dB 输出信号。例如,当"信号幅值"旋钮置于最大位置,"衰减器"开关按下,则输出信号电压的峰—峰值大约为 0.7V。

(3) 用示波器观察信号波形。

①接通示波器的电源预热 5min 左右。

②将触发信号源选择开关置于"CH1"。

③调节"辉度"、"聚焦"等旋钮(调节辉度时,以看清扫描基线为准,切莫把亮度调得过大),使屏幕上显示一条细而清晰的扫描基线。调节 X 轴和 Y 轴"位移"旋钮,使基线居于屏幕中央。

④将被测信号从 CH1 输入端输入,其输入耦合方式开关置于"AC"。

⑤调节 Y 轴输入灵敏度选择开关"V/div"及其"微调"旋钮,控制显示波形的高度。调节扫描速率选择开关"T/div"及其"微调"旋钮,改变扫描电压周期"T",使屏幕上显示的波形尽量稳定。读取信号的频率、周期和幅值。

(4) 用万用表、示波器测量直流稳压电源的输出电压。

接通稳压电源,调节其输出电压值,使电源上电压表的读数分别为 3V、6V、12V、15V等,再用万用表的直流挡(DCV 挡)分别进行测量,并用示波器分别测出相应的电源输出电压值和波形,填入表 8-9 中。

表 8-9 直流电压的测量

直流稳压源输出电压	3V	6V	12V	15V
万用表 DCV 挡测量值				
示波器测量值				
波形				

(5) 用万用表示波器测量信号发生器的输出信号。

用信号发生器调出电压峰值为 1V 频率为 2kHz 的正弦波和电压峰—峰值为 100mV 频率为 1kHz 的正弦波,分别用万用表、示波器测量信号发生器的输出电压,并用示波器观察信号波形,填入表 8-10 中。

表 8-10 信号发生器输出信号测量

信号发生器输出电压	峰值 1V/2kHz	峰—峰值为 100mV/1kHz
万用表 ACV 挡测量值		
示波器测量值		
波形		

第9章 电子焊接

电子产品都是由电阻、电容、电感、集成电路等电子元器件,用一定的焊接工艺焊接到印制电路板上形成的电路。焊接技术包括焊接方法、焊接材料、焊接设备、焊接质量检测等。焊接技术作为电子工艺的核心技术之一,在工业生产中起着重要的作用。现代电子产业高速增长,在现代化的生产中出现了一些新的焊接方法,如波峰焊、再流焊等,但是手工焊接在科研和小批量产品研制和电子产品维修中是必不可少的方法,是保证电子产品质量的基本技能。

若要熟练掌握焊接技能,应当了解电子产品装焊常用的五金工具以及电烙铁的分类、结构和选用原则;掌握焊料、焊剂和阻焊剂的作用、分类和选用知识;焊接的概念、分类以及锡焊的特点、机理和条件;掌握手工焊接的操作步骤和要领,熟悉几种特殊情况下的手工焊接技巧、焊点质量检查和常见焊接缺陷的有关知识。

9.1 焊接工具和材料

9.1.1 焊接工具

焊接必须使用合适的工具。目前在电子电器产品的锡焊技术中,用电烙铁进行手工焊接仍占有极其重要的地位。电烙铁的正确选用与维护知识,是电子电器设计、安装、维修人员必须掌握的基础知识。

1. 电烙铁

(1) 电烙铁的种类及构造。

电烙铁分为直热式电烙铁、恒温电烙铁、吸锡电烙铁等。无论哪种电烙铁,它们的工作原理基本上是相似的,都是在接通电源后,电流使电阻丝发热,并通过传热筒加热烙铁头,达到焊接温度后即可进行焊接工作。对于电烙铁,要求热量充足、温度稳定、耗电少、效率高、安全耐用、漏电流小、对元器件不应有磁场影响。

①直热式电烙铁。直热式电烙铁又分为外热式和内热式。

外热式电烙铁。由烙铁头、烙铁芯、外壳、手柄、电源线和电源插头等几部分组成,其结构外形如图 9-1 所示。由于发热的烙铁芯在烙铁头的外面,所以称为外热式电烙铁。

外热式电烙铁对焊接大型和小型电子产品都很方便,因为它可以调整烙铁头的长短和形状,借此来掌握焊接温度。外热式电烙铁的规格通常有 25W、45W、75W、100W 等。电烙铁功率越大,烙铁头的温度越高。

内热式电烙铁。常见的内热式电烙铁由于烙铁芯安装在烙铁头里面,所以称为内热式电烙铁。烙铁芯是将镍铬电阻丝缠绕在两层陶瓷管之间,再经过烧结制成的。通电后,镍铬电阻丝立即产生热量,由于它的发热元件在烙铁头内部,所以发热快,热量利用率高达 85%~90%,烙铁温度在 350℃左右。内热式电烙铁的功率越大,烙铁头的温度越高。

内热式电烙铁与外热式电烙铁相比,其优点是体积小、重量轻、升温快、耗电省和效率高。20W 的内热式电烙铁相当于 25~40W 的外热式电烙铁的热量,因而内热式电烙铁得到了普遍的应用。其缺点是温度过高容易损坏印制电路板上的元器件,特别是焊接集成电路时温度不能太高。又由于镍铬电阻丝细,所以烙铁芯很容易烧断。另外,烙铁头不容易加工,更换不方便。

内热式、外热式电烙铁的结构图如图 9-1 所示。

②恒温式电烙铁。恒温式电烙铁的烙铁头温度可以控制,烙铁头可以始终保持在某一设定的温度,如图 9-2 所示。根据控制方式不同,可分为电控恒温电烙铁和磁控恒温电烙铁两种。恒温电烙铁采用断续加热,耗电少,升温速度快,在焊接过程中焊锡不易氧化,可减少虚焊,提高焊接质量,烙铁头也不会产生过热现象,使用寿命较长。

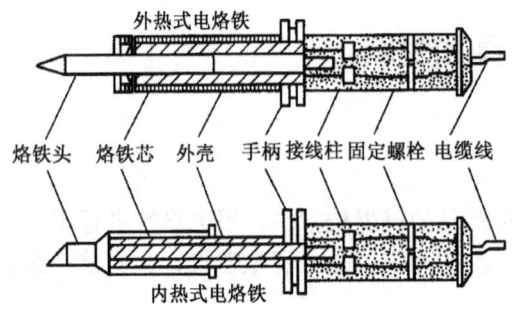

图 9-1 内热式、外热式电烙铁的结构图

图 9-2 恒温式电烙铁

③感应式电烙铁。感应式电烙铁也叫速热烙铁,俗称焊枪,它的烙铁头可以迅速达到焊接所需温度,外形如图 9-3 所示。

④吸锡电烙铁。吸锡电烙铁主要在电工和电子技术安装维修中拆换元器件时拆焊用,与普通电烙铁相比,其烙铁头是空心的,而且多了一个吸锡装置,如图 9-4 所示。在操作时,先加热焊点,待焊锡熔化后,按动吸锡装置,活塞上升,焊锡被吸入吸管。使元器件与印制板脱焊,用后推动活塞三四次,清除吸管内残留的焊锡,以便下次使用。利用这种电烙铁,使拆焊效率提高,不会损伤元器件,特别是拆除焊点多的元器件,如集成块、波段开关等,显得尤为方便。

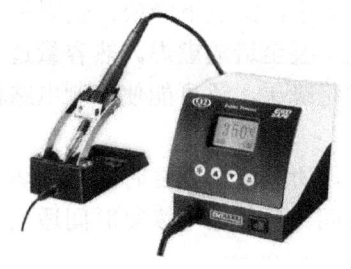
图 9-3 感应式电烙铁

图 9-4 吸锡电烙铁

（2）电烙铁的选用。

从总体上考虑，电烙铁的选用有五个原则。

① 烙铁头的形状要适合被焊接物体的要求。常用的外热式电烙铁的头部大多制成錾子式样，而且根据被焊物要求，錾式烙铁头头部角度有 10°～25°、45° 等，錾口的宽度也各不相同，如图 9-5(a)、图 9-5(b)所示。对于焊接密度较大的产品，可用图 9-5(c)、图 9-5(d)所示的烙铁头。内热式电烙铁常用圆斜面烙铁头，适用于焊接印制电路板和一般焊点，如图 9-5(e)所示。在印制电路板的焊接中，采用图 9-5(f)所示的凹口烙铁头和图 9-5(g)所示的空芯烙铁头有时更为方便，但这两种烙铁头的修理比较麻烦。

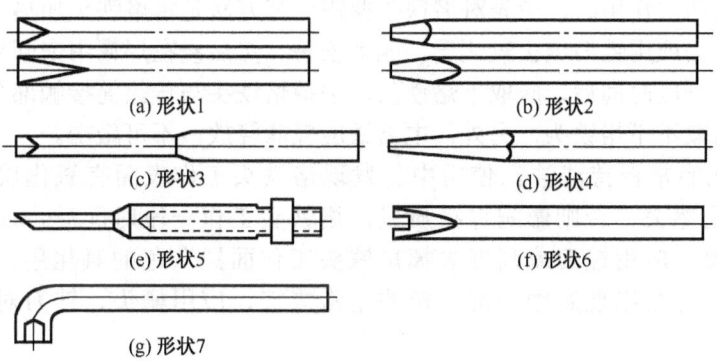
图 9-5 各种烙铁头的形状

烙铁头按照材料分为合金头和纯铜头。

合金头又称为长寿式电烙铁头，它的寿命是一般纯铜电烙铁头寿命的 10 倍。因为焊接时是利用烙铁头上的电镀层焊接，所以合金头不能用锉刀锉。如果电镀层被磨掉，烙铁头将不再粘锡导热；若电镀层在使用中有较多的氧化物和杂质时，可以在烙铁架上轻轻擦除。

纯铜头在空气中极易氧化，故应进行镀锡处理。

注意，烙铁头要保持刃口完整、光滑、无毛刺、无凹槽，才可使热传导效率高。

② 烙铁头顶端温度应能适应焊锡的熔点。通常这个温度应比焊锡熔点高 30°～80°，而且不应包括烙铁头接触焊点时下降的温度。

③电烙铁的热容量应能满足被焊件的要求。热容量太小，温度下降快，使焊锡熔化不充分，焊点强度低，表面发暗而无光泽，焊锡颗粒粗糙，甚至造成虚焊。热容量过大，会导致元器件和焊锡温度过高，不仅会损坏元器件和导线绝缘层，还可能使印制电路板铜箔起泡，焊锡流动性太大而难以控制。

④烙铁头的温度恢复时间能满足被焊件的加热要求。所谓温度恢复时间是指烙铁头接触焊点温度降低后，重新恢复到原有最高温度所需的时间。要使这个恢复时间适当，必须选择功率、热容量、烙铁头形状、长短等适合的电烙铁。

⑤对电烙铁功率的选择。

A．焊接较精密的元器件和小型元器件及其他受热易损件的元器件时，考虑选用 20W 内热式或 24～45W 外热式电烙铁。

B．对连续焊接、热敏元件焊接，应选用功率偏大的电烙铁。

C．在焊接较大元器件时，如金属底盘接地焊片，应选 100W 以上的电烙铁。

D．焊接较粗导线及同轴电缆时，考虑选用 50W 内热式或 45～75W 外热式电烙铁。

（3）使用电烙铁的注意事项。

①使用前必须检查两股电源线和保护接地线的接头是否正确,否则会导致元器件损伤，严重时还会导致操作人员触电。

②新电烙铁初次使用时，应先对烙铁头搪锡。其方法是将烙铁头加热到适当温度后，用砂布（纸）擦去或用锉刀挫去氧化层，蘸上松香，然后浸在焊锡中来回摩擦，称之为搪锡。电烙铁使用一段时间后，应取下烙铁头，去掉烙铁头与传热筒接触部分的氧化层，再装回，避免以后取不下烙铁头，另外，电烙铁应轻拿轻放，不可敲击。

③烙铁头应经常保持清洁。使用中若发现烙铁头工作表面有氧化层或污物，应在石棉毡等织物上擦去，否则影响焊接质量。烙铁头工作一段时间后，还会出现因氧化不能上锡的现象，应用锉刀或刮刀去掉烙铁头工作面黑灰色的氧化层，重新搪锡。烙铁头使用过久，还会出现腐蚀凹坑，影响正常焊接，应用榔头、锉刀对其整形，再重新搪锡。

④电烙铁工作时要放在特制的烙铁架上。

（4）电烙铁常见故障及其维护。

电烙铁使用过程中常见故障：电烙铁通电后不热，烙铁头不吃锡，烙铁带电等。下面以内热式 20W 电烙铁为例阐述如下：

①电烙铁通电后不热。遇此故障可用万用表欧姆挡测量插头两端，如表针不动，则说明有断路故障。当插头本身无断路故障，可卸下胶木柄，用万用表测烙铁芯的两根引线。如表针仍不动，则说明烙铁芯损坏，应更换新烙铁芯。如测得电阻值为 2.5kΩ 左右，则说明烙铁芯是好的，故障出现在引线及插头上，多为电源引线断路或插头的接点断开。进一步用 R×1 挡测电源引线电阻值，即可发现问题。

更换烙铁芯的方法：将固定烙铁芯的引线螺钉松开，将引线卸下，把烙铁芯从连接杆中取出,然后将新的同规格烙铁芯插入连接杆将引线固定在固定螺钉上,并将烙铁芯多余引线头剪掉,以防两引线不慎短路。

②烙铁头带电。烙铁头带电除前面所述电源线错接在接地线的接线柱上的原因外,多为电源线从烙铁芯接线螺钉上脱落后,碰到了接地线的螺钉上,从而造成烙铁头带电。这种故障最易造成触电事故,并损坏元器件。为此,要经常检查压线螺钉是否松动或丢失,及时修理。

③烙铁头不"吃锡"。烙铁头经长时间使用后,就会因氧化而不沾锡,这种现象称为"烧死",也称不"吃锡"。当出现不"吃锡"情况时,可用细砂纸或锉刀将烙铁头重新打磨或锉出新茬,然后重新镀上焊锡即可使用。

④烙铁头出现凹坑、或氧化腐蚀层,使烙铁头的刃面不平。遇此情况,可用锉将氧化层及凹坑锉掉,锉成原来的形状,再挂锡,即可重新使用。

2. 其他工具

(1) 烙铁架。

烙铁架是用来放置电烙铁的架子,如图 9-6 所示。它的构造通常都很简单,一个底座加上一个安置烙铁的弹簧式套筒,底座上通常还会有一个凹槽,让使用者在里面放一块海绵,使用电烙铁时,可以让海绵吸一点水,当烙铁头脏时可以将它在海绵上擦拭几次。

(2) 尖嘴钳是组装电子产品常用的工具,如图 9-7 所示。它可用来剪断细小导线,配合斜口钳进行剥线。注意,不宜在80℃以上的温度环境中使用,塑料柄开裂后严禁在非安全电压下操作。

图 9-6 烙铁架

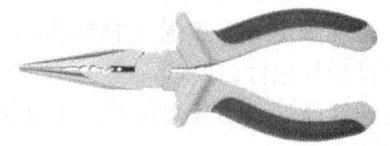

图 9-7 尖嘴钳

(3) 斜口钳。

斜口钳又称剪线钳,主要用于剪断导线,尤其是用来剪除导线网绕后多余的引线和元器件焊接后多余的引线,以及配合尖嘴钳用于剥线,外形如图 9-8 所示。斜口钳在剪线时,要注意使钳头朝下并在不便变动方向时,可用另一只手遮挡,以防剪断的导线或元器件脚飞出伤人眼睛;不可用来剪断铁丝或其他金属的物体,以免损伤钳口。

(4) 剥线钳。

剥线钳的刃口有不同尺寸的槽形剪口,专用于剥去导线的绝缘皮,如图 9-9 所示。

图 9-8 斜口钳

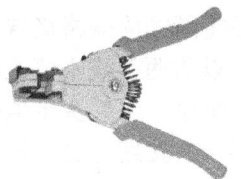
图 9-9 剥线钳

9.1.2 焊接材料

焊接材料包括焊料（焊锡）和焊剂（助焊剂），了解和掌握焊料、焊剂的性质、成分、作用原理，对今后焊接电子线路板是非常重要的。

1. 焊料

（1）焊料的作用。

将焊件连接在一起，要求熔点低，具有较好的流动性和浸润性，凝固时间短，凝固后外观好，具有良好的导电性和抗腐蚀性。

（2）焊料的成分及型号。

就其焊料成分，有锡铅焊料、银焊料、铜焊料等。在一般常用电子产品装配中主要使用锡铅焊料，通常我们叫焊锡。焊锡是一种铅锡合金焊料，它具有许多铅和锡不具备的优点。

①熔点低。它在180℃时便可熔化，使用25W外热式或20W内热式的电烙铁便可进行焊接。

②具有一定机械强度。锡铅合金比纯锡、纯铅强度要高。又因电子元器件本身重量较轻，锡铅合金能满足对焊点强度的要求。

③具有良好导电性。

④抗腐蚀性能好。用其焊接后，不必涂抹保护层就能抗大气的腐蚀。从而减少工艺流程，降低了成本。

⑤表面张力小，黏度下降，增大了液态流动性，利于焊接时形成可靠接头。

⑥对元器件引线及其他导线附着力强，不易脱落。

正因为焊锡具有上述优点，故在焊接技术中得到极其广泛的应用。但是铅属于对人体有害的金属，使用焊锡时，应保持一定距离。

锡铅焊料的型号：由焊料两字汉语拼音字母及锡铅元素再加上铅的百分比含量组成。

（3）手工电烙铁焊接常用管状焊锡丝。

管状焊锡丝内部加有助焊剂。焊料的成分一般是含锡量60%～65%的铅锡合金。

焊锡丝的直径有0.5mm、0.8mm、0.9mm、1.0mm、1.2mm、1.5～5.0mm。形状有扁带状、球状、饼状的成型焊料。

2. 助焊剂

助焊剂是用于消除氧化物，保证焊锡浸润的一种化学剂。

（1）助焊剂的作用。

助焊剂除了有去氧化物的功能外还具有以下作用。

①具有加热时防止金属氧化作用。

②具有帮助焊料流动，减小表面张力的作用。

③可将热量从烙铁头快速传递到焊料和被焊物的表面。因助焊剂熔点比焊料及被焊物熔点均低，故先熔化，并填满间隙和湿润焊点，使烙铁的热量很快传递到被焊物上，预热速度加快。

（2）助焊剂的分类。

助焊剂分为无机系列、有机系列和松香焊剂。

①无机系列（主要是氯化锌、氯化氨）去氧化作用最强，但有强腐蚀作用。

②有机系列（主要由有机酸、有机卤素组成）也有一定的腐蚀作用，在电子成品的焊接中一般不采用。

③松香的主要成分是松香酯酸酐，在常温下几乎没有任何化学活力，当加热到熔化时显酸性，可与金属氧化膜发生化学反应，变成化合物而悬浮在液态焊锡表面，也起到了焊锡表面不被氧化的作用。焊接完毕后，松香又变成稳定的固体，无腐蚀，绝缘性强。

松香酒精焊剂是用无水酒精溶解松香配制而成的。一般松香占 23%～30%。这种焊剂的优点是：无腐蚀性，高绝缘性能，长期的稳定性及耐湿性。焊接后易于清洗，并能形成薄膜层覆盖焊点，使焊点不被氧化腐蚀。所以电子线路的焊接通常都采用松香或松香酒精焊剂。

9.2 焊接工艺与方法

要使被焊接金属与焊锡实现良好的接触，应具备以下几个条件。

（1）被焊接的金属应具有良好的可焊性。

所谓可焊性是指在适当温度和助焊剂的作用下，在焊接面上，焊料原子与被焊金属原子互相渗透，牢固结合，生成良好的焊点。

（2）被焊金属表面和焊锡应保持清洁接触。

在焊接前，必须清除焊接部位的氧化膜和污物，否则容易阻碍焊接时合金的形成。

（3）应选用助焊性能适合的助焊剂。助焊剂在熔化时，能溶解被焊接部位的氧化物和污物，增强焊锡的流动性，并能够保证焊锡与被焊接金属的牢固结合。

（4）选择合适的焊锡。

焊锡的选用，应能使其在被焊金属表面产生良好的浸润，使焊锡与被焊金属间融为一体。

(5) 保证足够的焊锡温度。

足够的焊接温度一是能够使焊料熔化,二是能够加热被焊金属,使两者生成金属合金。

(6) 要有适当的焊接时间。

焊接时间过短,不能保证焊接质量,过长会损坏焊接部位,如果是印制板,会使焊接处的铜箔起泡。

9.2.1 手工焊接的基本方法

1. 电烙铁的握法

为了使焊接牢靠,又不烫伤被焊件的元器件及导线,根据被焊件的位置和大小及电烙铁的类型、功率大小,选择适当的握法很重要。电烙铁的握法分为三种。

(1) 握笔法是用握笔的方法握电烙铁,如图9-10(a)所示。此法适用于小功率电烙铁,一般在操作台上焊接散热量小的被焊件,如焊接收音机、电视机的印制电路板及其维修等。

(2) 反握法是用五指把电烙铁的柄握在掌内,如图9-10(b)所示。此法动作稳定,长时间操作不易疲劳,适用于大功率电烙铁,焊接散热量较大的被焊件。

(3) 正握法如图9-10(c)所示。此法适用于中等功率的电烙铁,弯形烙铁头的一般也用此法。

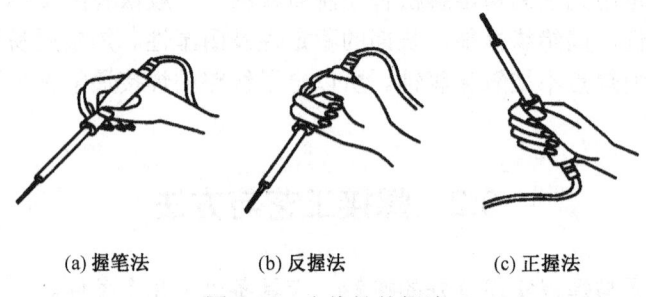

(a) 握笔法　　　　(b) 反握法　　　　(c) 正握法

图 9-10　电烙铁的握法

2. 焊锡丝的握拿方式

焊锡丝的握拿方式如图9-11所示。

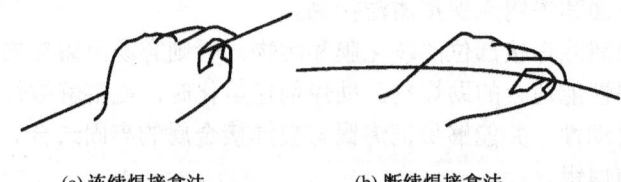

(a) 连续焊接拿法　　　　(b) 断续焊接拿法

图 9-11　焊锡丝的握拿法

3. 焊前准备

手工锡焊前,要做的准备工作有以下几点。

(1) 印制电路板与元器件的检查。

焊装前应对印制电路板和元器件进行检查,主要检查印制电路板印制线、焊盘、焊孔是否与图纸相符,有无断线、缺孔等,表面是否清洁,有无氧化、腐蚀,元器件的品种、规格及封装是否与图纸吻合,元器件引线有无氧化、腐蚀。

(2) 元器件引脚镀锡。

为了提高焊接的质量和速度,避免虚焊等缺陷,应该在装配以前对焊接表面进行可焊性处理,这就是预焊,也称为镀锡。在电子元器件的待焊面(引线或其他需要焊接的地方)镀上焊锡,是焊接之前一道十分重要的工序,尤其是对于一些可焊性差的元器件,镀锡更是至关重要。

镀锡的工艺要求首先是待镀面应该保持清洁。对于较轻的污垢,可以用酒精或丙酮擦洗;严重的腐蚀性污点,只有用刀刮或用砂纸打磨等机械办法去除,直到待焊面上露出光亮的金属本色为止。接下来,烙铁头的温度要适合,温度不能太低,太低了焊锡镀不上;温度也不能太高,太高了容易产生氧化物,使锡层不均匀,还可能会使焊盘脱落。掌握好加热时间是控制温度的有效办法。最后,使用松香作为助焊剂除氧化膜,防止工件和焊料氧化。图 9-12 所示的操作方式为元器件引脚镀锡。

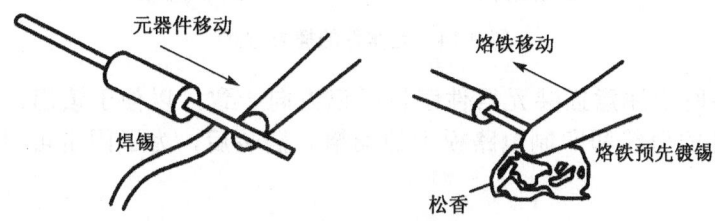

图 9-12　元器件引脚镀锡

(3) 元器件引线弯曲成型。

为了使元器件在印制电路板上的装配排列整齐并便于焊接,在安装前通常采用手工或专用机械把元器件引脚弯曲成一定的形状。

元器件在印制电路板上的安装方式有三种:立式安装、卧式安装和表面安装。立式安装和卧式安装无论采用哪种方法,都应该按照元器件在印制电路板上孔位的尺寸要求,使其弯曲成型的引脚能够方便地插入孔内。

立式、卧式安装电阻和二极管元器件的引线弯曲成型,如图 9-13 所示。引脚弯曲处距离元器件实体至少在 2mm 以上,绝对不能从引线的根部开始弯折。元器件水平插装和垂直插装的引线成型都有规定的成型尺寸。总的要求是各种成型方法能承受剧烈的热冲击,引线根部不产生应力,元器件不受到热传导的损伤。

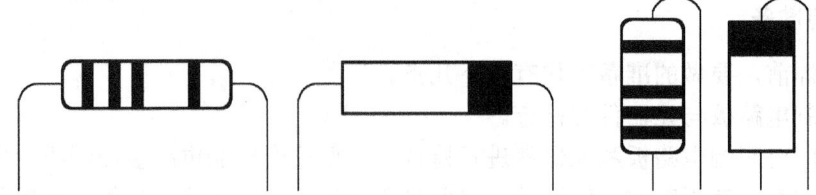

图 9-13　元器件引线弯曲成型（卧式和立式）

（4）元器件的插装。

元器件的插装方式有两种，一种是贴板插装，另一种是悬空插装，如图 9-14 所示。贴板插装稳定性好，插装简单，但不利于散热，且对某些安装位置不适应。悬空插装的适用范围广，有利于散热，但插装比较复杂，需要控制一定高度以保持美观一致。插装时的具体要求应首先保证图纸中安装工艺的要求，其次按照实际安装位置确定。一般来说，如果没有特殊要求，只要位置允许，采用贴板安装更为常见。

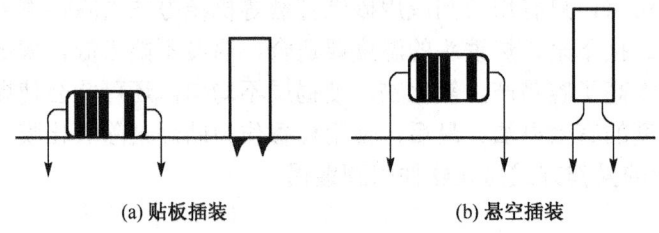

(a) 贴板插装　　　　　　　(b) 悬空插装

图 9-14　元器件的插装方式

元器件插装时应注意插装元器件字符标记方向一致，以便于读出。插装时不要用手直接碰元器件的引线和印制电路板上的铜箔。插装后，为了固定可对引线进行折弯处理。

4．焊接技术

掌握电烙铁焊接技术对于保证焊接质量具有重要意义。

（1）准备施焊。

将被焊件、焊锡丝和电烙铁准备好，保证电烙铁头的清洁，并通电加热。左手拿焊锡丝，右手握经预上锡的电烙铁，如图 9-15 所示。

（2）加热焊件。

将烙铁头接触焊接点，使焊接部位均匀受热。

焊接时电烙铁头与引线、印制板铜箔焊盘之间要有正确的接触位置。图 9-16(a)和图 9-16(b)所示为不正确的接触，图 9-16(a)中烙铁头与引线接触而与铜箔不接触；图 9-16(b)中烙铁头与铜箔接触而与引线不接触；图 9-16(c)中烙铁头与引线、铜箔同时接触，且电烙铁头与焊件成45°，这是正确焊接加热法。

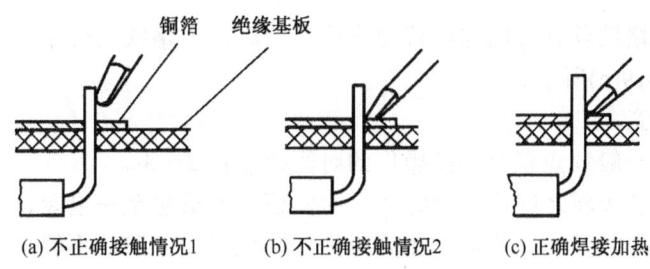

图 9-15 准备施焊

图 9-16 电烙铁头焊接时位置

(a) 不正确接触情况1　　(b) 不正确接触情况2　　(c) 正确焊接加热

（3）熔化焊料。

焊点温度达到需求后，将焊锡丝置于焊点部位，即被焊件上烙铁头对称的一侧，使焊料开始熔化并湿润焊点，如图 9-17 所示。

（4）移开焊锡丝。

当熔化一定量的焊锡后将焊锡丝移开，如图 9-18 所示，熔化的焊锡不能过多也不能过少，能够将焊盘覆盖即可。

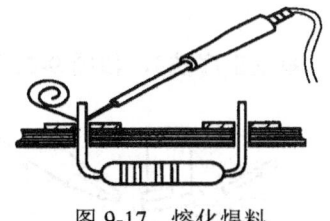
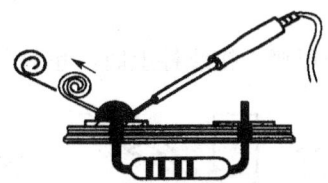

图 9-17 熔化焊料　　　　　　　　图 9-18 移开焊锡丝

（5）移开电烙铁。

焊锡完全湿润焊点，扩散范围达到要求后，即可移开电烙铁。注意，移开电烙铁的方向应该与电路板大致成 45°，移开速度不宜太慢，如图 9-19(a)所示。此时焊点圆滑、饱满、电烙铁不会带走太多的焊料。

若是电烙铁移开方向与焊接面成 90°，此时焊点容易出现拉尖现象，降低焊点的质量，如图 9-19(b)所示。

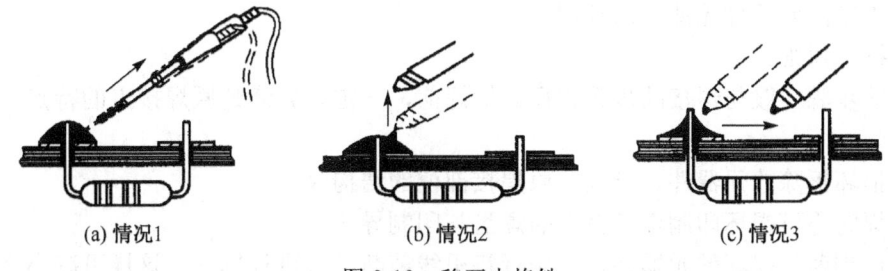

(a) 情况1　　　　　　(b) 情况2　　　　　　(c) 情况3

图 9-19 移开电烙铁

电烙铁移开方向与焊接面平行,此时,电烙铁头会带走大量焊料,降低焊点的质量,如图 9-19(c)所示。

注意:

①一般焊点整个焊接操作的时间控制在 2~3s。

②各步骤之间停留的时间,对保证焊接质量至关重要,需要通过实践逐步掌握。

③焊接操作完毕后,在焊料尚未完全凝固之前,不能改变被焊件的位置。

焊接操作完毕后,在焊料尚未完全凝固之前,不能改变被焊件的位置。以上是在印制板上进行的五步焊接法(即五工序法),如图 9-20 所示。

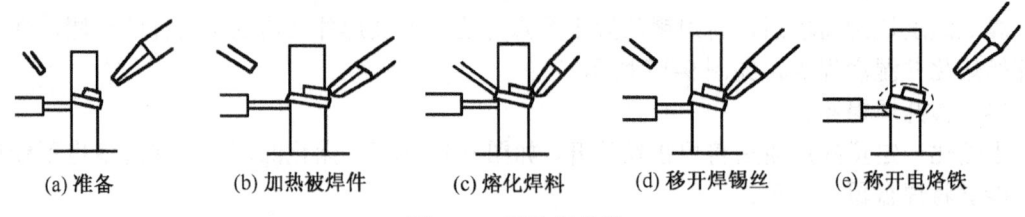

图 9-20 五步焊接法

当引线焊接于接线柱上时,也可采用三步焊接法(即三工序法),如图 9-21 所示。

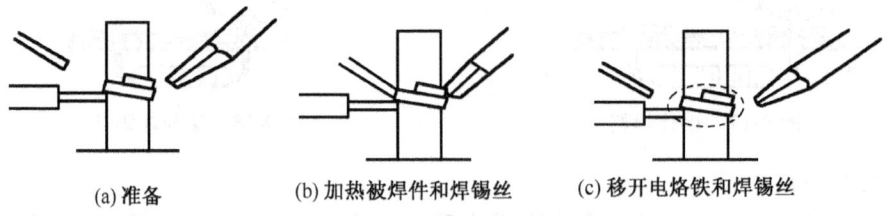

图 9-21 三步焊接法

5. 拆焊操作

在调试、维修电子设备的工作中,经常需要更换一些元器件。更换元器件的前提当然是要把原先的元器件拆焊下来。如果拆焊的方法不当,则会破坏印制电路板,也会使换下来但并没失效的元器件无法重新使用。

(1)拆焊原则。

拆焊的步骤一般与焊接的步骤相反。拆焊前,一定要弄清楚原焊接点的特点,不要轻易动手。

①不损坏拆除的元器件、导线、原焊接部位的结构件。

②拆焊时不可损坏印制电路板上的焊盘与印制导线。

③对已判断为损坏的元器件,可先行将引线剪断,再进行拆除,这样可减小其他损伤的可能性。

④在拆焊过程中，应该尽量避免拆除其他元器件或变动其他元器件的位置。若确实需要，则要做好复原工作。

(2) 拆焊要点。

①严格控制加热的温度和时间。拆焊的加热时间和温度较焊接时间要长、要高，所以要严格控制温度和加热时间，以免将元器件烫坏或使焊盘翘起、断裂。宜采用间隔加热法来进行拆焊。

②拆焊时不要用力过猛。在高温状态下，元器件封装的强度都会下降，尤其是对塑封器件、陶瓷器件、玻璃端子等，过分地用力拉、摇、扭都会损坏元器件和焊盘。吸去拆焊点上的焊料。拆焊前，用吸锡工具吸去焊料，有时可以直接将元器件拔下。即使还有少量锡连接，也可以减少拆焊的时间，减小元器件及印制电路板损坏的可能性。如果在没有吸锡工具的情况下，则可以将印制电路板或能够移动的部件倒过来，用电烙铁加热拆焊点，利用重力原理，让焊锡自动流向烙铁头，也能达到部分去锡的目的。

(3) 拆焊方法。

通常，电阻器、电容器、晶体管等引脚不多，且每个引线能够相对活动的元器件可用电烙铁直接解焊。把印制电路板竖起来夹住，一边用电烙铁加热待拆元器件的焊点，一边用镊子或尖嘴钳夹住元器件的引线轻轻拉出。

当拆焊多个引脚的集成电路或多引脚元器件时，一般有以下几种方法。

①选择合适的医用空心针头拆焊。将医用针头用铜锉锉平，作为拆焊的工具，具体方法是：一边用电烙铁熔化焊点，一边把针头套在被焊元器件的引线上，直至焊点熔化后，将针头迅速地插入印制电路板的孔内，使元器件的引线脚与印制电路板的焊盘分开。

②用吸锡材料拆焊。可作为锡焊材料的有屏蔽线编织网、细铜网或多股铜导线等。将吸锡材料加松香助焊剂，用电烙铁加热进行拆焊。

③采用吸锡电烙铁进行拆焊是很有用的，既可以拆下待换的元器件，又可同时不使焊孔堵塞，而且不受元器件种类的限制。但它必须逐个焊点除锡，效率不高，而且必须及时排除吸入的焊锡。

④采用专用拆焊工具进行拆焊。专用拆焊工具能一次完成多引线引脚元器件的拆焊，而且不易损坏印制电路板及其周围的元器件。

⑤用热风枪或红外线焊枪进行拆焊。热风枪或红外线焊枪可同时对所有的焊点进行加热，待焊点熔化后取出元器件。对于表面安装的元器件，用热风枪或红外线焊枪进行拆焊效果最好。用此方法拆焊的优点是拆焊速度快，操作方便，不宜损伤元器件和印制电路板上的铜箔。

⑥镊子夹取法。用镊子夹住元器件引脚根部，待焊点熔化时，迅速将引脚拔离焊点。这里镊子兼有夹持和散热作用，拔离时可配合烙铁头压拔等动作。

⑦细铜丝黏附法。将铜丝导线去皮涂上焊剂，从熔化的焊点里慢慢拉过，元器件引脚上的锡液就黏附到了铜丝上。此方法适用于焊点细小处，如集成电路的引脚。

（4）拆焊后的重新焊接。

拆焊后一般都要重新焊上元器件或导线，操作时应注意以下几个问题。

①重新焊接的元器件引线和导线的剪截长度，离底板或印制电路板的高度、弯折形状和方向，都应尽量保持与原来的一致，使电路的分布参数不致发生大的变化，以免使电路的性能受到影响，尤其是对于高频电子产品更要重视这一点。

②印制电路板拆焊后，如果焊盘孔被堵塞，应先把锥子或镊子尖端再加热，从铜箔面将孔穿通，再插进元器件的引线或导线进行重焊。不能靠元器件引线从基板面穿孔，这样很容易使焊盘铜箔与基板分离，甚至使铜箔断裂。

拆焊点重新焊好元器件或导线后，应将因拆焊需要而弯折、移动过的元器件恢复原状。

6. 焊点质量检查

为了保证锡焊质量，一般在锡焊后都要进行焊点质量检查，根据出现的锡焊缺陷及时改正，焊点质量检查主要有以下几种方法。

（1）外观检查。

外观检查就是通过肉眼从焊点的外观上检查焊接质量，可以借助3～10倍放大镜进行。目检的主要内容包括：焊点是否有错焊、漏焊、虚焊和连焊，焊点周围是否有焊剂残留，焊接部位有无热损伤和机械损伤现象。焊接缺陷产生原因及排除方法如表9-1所示。

表9-1 焊接缺陷产生原因及排除方法

焊点缺陷	外观特点	危害	原因分析
虚焊	焊锡与元器件引线和铜箔之间有明显黑色界限，焊锡向界限凹陷	不能正常工作	1. 元器件引线未清洁好、未镀好锡或锡氧化 2. 印制板未清洁好，喷涂的助焊剂质量不好
焊料堆积	焊点呈白色、无光泽，结构松散	机械强度不足，可能虚焊	1. 焊料质量不好 2. 焊接温度不够 3. 焊接未凝固前元器件引线松动
焊料过多	焊点表面向外凸出	浪费焊料，可能包藏缺陷	焊丝撤离过迟
焊料过少	焊点没有将铜箔覆盖	断路	由于焊丝移开过早造成的

第9章 电子焊接

续表

焊点缺陷	外观特点	危害	原因分析
松香焊	焊缝中夹有松香渣	强度不足，导通不良，可能时通时断	1. 助焊剂过多或已失效 2. 焊接时间不够，加热不足 3. 焊件表面有氧化膜
过热	焊点发白，表面较粗糙，无金属光泽	焊盘强度降低，容易剥落	电烙铁功率过大，加热时间过长
冷焊	表面呈豆腐渣状颗粒，可能有裂纹	强度低，导电性能不好	焊料未凝固前焊件抖动
浸润不良	焊料与焊件交界面接触过大，不平滑	强度低，不通或时通时断	1. 焊件未清理干净 2. 助焊剂不足或质量差 3. 焊件未充分加热
不对称	焊锡未流满焊盘	强度不足	1. 焊料流动性差 2. 助焊剂不足或质量差 3. 加热不足
松动	导线或元器件引线可移动	不导通或导通不良	1. 焊锡未凝固前引线移动造成间隙 2. 引线未处理好（不浸润或浸润差）
拉尖	焊点出现尖端	外观不佳，容易造成桥接短路	1. 助焊剂过少而加热时间过长 2. 电烙铁撤离角度不当
桥接	相邻导线连接	电气短路	1. 焊锡过多 2. 电烙铁撤离角度不当

续表

焊点缺陷	外观特点	危害	原因分析
针孔	目测或低倍放大镜可见焊点有孔	强度不足,焊点容易腐蚀	引线与焊盘孔的间隙过大
气泡	引线根部有喷火式焊料隆起,内部藏有空洞	暂时导通,但长时间容易引起导通不良	1. 引线与焊盘孔间隙大 2. 引线浸润性不良 3. 双面板堵通孔焊接时间长,孔内空气膨胀
铜箔翘起	铜箔从印制板上剥离	印制板已被损坏	焊接时间太长,温度过高
剥离	焊点从铜箔上剥落(不是铜箔与印制板剥离)	断路	焊盘上金属镀层不良

(2)拨动检查。

在外观检查中发现有可疑现象时,可用镊子轻轻拨动焊接部位进行检查,并确认其质量,主要包括导线、元器件引线和焊盘与焊锡是否结合良好,有无虚焊现象;元器件引线和线根部是否有机械损伤。

(3)通电检查。

通电检查必须是在外观检查及拨动检查无误后才可进行的工作,也是检查电路性能的关键步骤。如果不经过严格的外观检查,则通电检查不仅困难较多,而且容易损坏设备仪器,造成安全事故。通电检查可以发现许多微小的缺陷,如用目测观察不到的电路桥接、内部虚焊等。

9.2.2 印制电路板的焊接工艺

1. 焊前准备

首先要熟悉所焊印制电路板的装配图,并按图纸配料,检查元器件型号、规格及数量是否符合图纸要求,并做好装配前元器件引线成型等准备工作。

2. 焊接顺序

元器件装焊顺序依次为电阻器、电容器、二极管、晶体管、集成电路、大功率管，其他元器件为先小后大。

3. 对元器件焊接的要求

（1）电阻器的焊接。

按图纸将电阻器准确地装入规定的位置。要求标记向上，字向一致。装完同一种规格后再装另一种规格，尽量使电阻器的高低一致。焊完后将露在印制电路板表面的多余引脚齐根剪去。

（2）电容器的焊接。

将电容器按图纸装入规定的位置，并注意有极性电容器的"+"极与"-"极不能接错，电容器上的标记方向要易看可见。先装玻璃釉电容器、有机介质电容器、瓷介电容器，最后装电解电容器。

（3）二极管的焊接。

二极管的焊接要注意以下几点：阳极、阴极的极性不能装错；型号标记要易看可见；焊接立式二极管时，对最短引线的焊接时间不能超过2s。

（4）晶体管的焊接。

注意三引线位置插接正确。焊接时间尽可能短，焊接时用镊子夹住引线脚，以利散热。焊接大功率晶体管时，若需加装散热片，应将接触面平整、打磨光滑后再紧固，若要求加垫绝缘薄膜时，切勿忘记加薄膜。引脚与印制电路板需连接时，要用塑料导线。

（5）集成电路的焊接。

首先按图纸的要求，检查型号、引脚位置是否符合要求。焊接时先焊边沿的两只引脚，使其定位，然后再从左到右，自上而下逐个焊接。

对于电容器、二极管、晶体管露在印制电路板面上的多余引脚均须齐根剪去。

9.2.3 操作安全

（1）接通电源前，要注意严格检查工具或仪表引线有无破损、漏电、短路等现象，以免发生事故。

（2）电烙铁使用前，要检查是否漏电，以免发生事故。

（3）元器件上机焊接前，须经检查合格，然后再刮腿、上锡、整形、最后上机，不得超越程序。

（4）一般元器件的焊接应选择20～25W的电烙铁，不要太大，也不要太小，以免损坏元器件和造成虚焊或假焊。

（5）电烙铁使用前，应检查使用电压是否与电烙铁的标称电压相符。

（6）电烙铁通电后，不能任意敲击、拆卸及安装其电热部分零件。

（7）焊接时要用镊子夹住元器件的引脚，以帮助散热，焊接时间不要太长，以免烧坏元器件。

（8）电烙铁应保持干燥，不宜在过分潮湿或淋雨环境中使用。

（9）拆烙铁头时，要关掉电源。

（10）关闭电源后，利用余热在烙铁头上上一层锡，以保护烙铁头。

（11）实验完毕后，将电烙铁电源插头拔下，等放凉后再收起。

（12）由于焊丝成分中铅占一定的比例，众所周知铅是对人体有害的重金属，因此操作时要戴手套，操作后要洗手，避免食入。

（13）焊剂加热挥发出的化学物质对人体是有害的，如果操作时鼻子距离烙铁头太近，则很容易将有害气体吸入。一般烙铁离开鼻子的距离应不少于30cm，通常以40cm为宜。

（14）使用电烙铁要配置烙铁架，烙铁架一般应置于工作台的右上方，烙铁头部不能超出工作台，以免烫伤工作人员或其他物品。电烙铁用后一定要稳妥地放在烙铁架上。

9.3 自动焊接

随着电子技术的发展，电子元器件日趋集成化、小型化和微型化，电路越来越复杂，印制电路板上元器件排列密度越来越高，手工焊接已不能同时满足对焊接高效率和高可靠性的要求。浸焊和波峰焊是适应印制电路板而发展起来的焊接技术，可以大大提高焊接效率，并使焊接点质量有较高的一致性，目前已成为印制电路板的主要焊接方法，在电子产品生产中得到普遍使用。

9.3.1 浸焊

浸焊是将插装好元器件的印制电路板在熔化的锡槽内浸锡，一次完成印制电路板众多焊接点的焊接的方法，它不仅比手工焊接大大提高了生产效率，而且可消除漏焊现象。浸焊有手工浸焊和机器自动浸焊两种形式。

1. 手工浸焊

手工浸焊是指操作工人手持夹具将需焊接的已插装好元器件的印制电路板浸入锡槽内来进行焊点焊接。

2. 自动浸焊

自动浸焊是用机械设备进行浸焊，代替操作人员完成浸焊的一切工序。如图9-22所示为自动浸焊的一般工艺流程图。将插装好元器件的印制电路板用专用夹具安置在传送带上。印制电路板先经过泡沫助焊剂槽被喷上助焊剂，加热器将助焊剂烘干，然后经过熔化的锡槽进行浸焊2~3s，待焊锡冷却凝固后再送到切头机剪去过长的引脚。

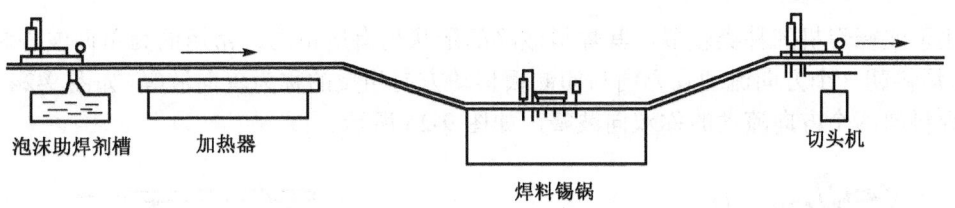

图 9-22　自动浸焊工艺流程图

9.3.2　波峰焊

波峰焊是目前应用最广泛的自动化焊接工艺。与自动浸焊相比较，其最大的特点是锡槽内的锡不是静止的，熔化的焊锡在机械泵（或电磁泵）的作用下由喷嘴源源不断地流出而形成波峰，波峰焊的名称由此而来。在传动机构移动过程中，印制电路板分段、局部与波峰接触焊接，避免了浸焊工艺存在的缺点，使焊接质量可以得到保证，焊接点的合格率可达 99.97% 以上，在现代工厂企业中它已取代了大部分的传统焊接工艺。

波峰焊分为两种：一种是一次焊接工艺；另一种是两次焊接工艺。两者主要的区别在于两次焊接中有一个预焊工序。在预焊过程中，将元件固定在印制板上，然后用刀切除多余的引线头（称为砍头），这样从根本上解决了一次焊接中元器件容易歪斜和弹离现象。在一台设备上能完成两次焊接工序的全部动作，故又称为顺序焊接系统。下面主要介绍波峰焊机的主要组成和工作过程。

1. 波峰焊机的组成

波峰焊机由传送装置、涂助焊剂装置、预热装置、锡缸、锡波喷嘴、冷却风扇等组成。

2. 产生焊料波的装置

焊料波的产生主要依靠喷嘴，喷嘴向外喷焊料的动力来源于机械泵或是电流和磁场产生的洛伦兹力。焊料从焊料槽向上打入一个装有分流用挡板的喷射室，然后从喷嘴中喷出。焊料到达其顶点后，又沿喷射室外边的斜面流回焊料槽中，如图 9-23 所示。

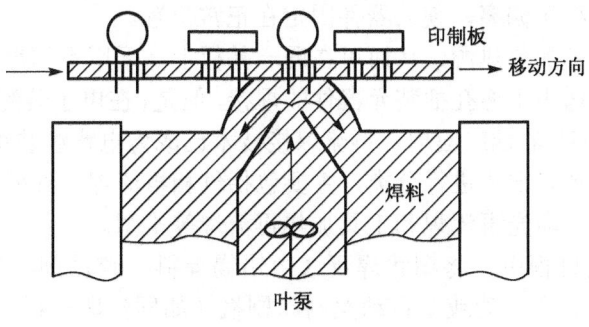

图 9-23　波峰焊原理图

由于波峰焊机的种类较多，其焊料波峰的形状也有所不同，常用的为单向波峰和双向波峰。焊料朝一个方向流动且方向与印制板移动方向相反的称为单向波峰，如图 9-24 所示。

焊料向两个方向流动的称双向波峰，如图 9-25 所示。

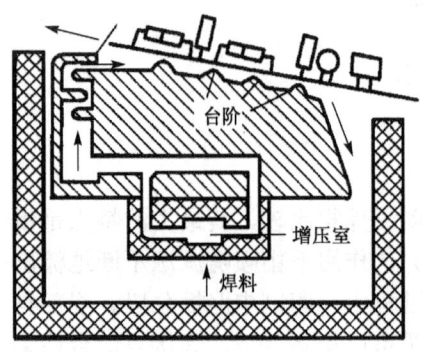

1—印制电路板；2—喷嘴；3—焊料；4—侧板；5—增压泵；6—闸门

图 9-24　单向波峰　　　　　　　　　图 9-25　双向波峰

9.3.3　再流焊

再流焊（也称回流焊）是预先在 PCB 焊接部位（焊盘）施放适量和适当形式的焊料，然后贴放表面组装元器件，经固化（在采用焊膏时）后，再利用外部热源使焊料再次流动，达到焊接目的的一种成组或逐点焊接工艺。再流焊接技术能完全满足各类表面组装元器件对焊接的要求，因为它能根据不同的加热方法使焊料再流，实现可靠的焊接连接。

再流焊接技术具有以下特征。

（1）元器件不直接浸渍在熔融的焊料中，所以元器件受到的热冲击小。但由于其加热方法不同，有时会施加给器件较大的热量。

（2）仅在需要部位施放焊料，避免桥接等缺陷的产生。

（3）当元器件贴放位置有一定偏离时，由于熔融焊料表面张力的作用，只要焊料施放位置正确，就能自动校正偏离，使元器件固定在正常位置。

（4）可以采用局部加热热源，从而可在同一基板上，采用不同焊接工艺进行焊接。

再流焊接技术不适用于通孔插装元器件的焊接，但是，在电子装配技术领域，随着 PCB 组装密度的提高和 SMT 的推广应用，再流焊接技术已成为电路组装焊接技术的主流。

再流焊技术按照加热方式进行分类，主要包括气相再流焊、红外再流焊、热风炉再流焊、热板加热再流焊、激光再流焊和工具加热再流焊等类型。

再流焊技术工艺过程中，将糊状焊膏（由铅锡焊料、胶黏剂、抗氧化剂组成）涂到印制板上，可用手工、半自动或全自动丝网印刷机（如同油印一样），将焊膏印到印制电路板上。同样可用手工或自动机械装置将元件粘到印制电路板上。可在加热炉中，也可以用热风吹,还可使用玻璃纤维"皮带"热传导,将焊膏加热使其熔化而再次流动浸润,实现再流焊。

再流焊操作方法简单,焊接效率高,质量好,一致性好,而且仅元器件引线下有很薄的焊料,是一种适合自动化生产的微电子产品装配技术。

9.3.4 其他焊接方法

除上述几种焊接方法外,在微电子器件组装中,高频加热焊、脉冲加热焊、超声波焊、热超声金丝球焊、机械热脉冲焊都有各自的特点。新近发展起来的激光焊,能在几毫秒时间内将焊点加热熔化而实现焊接,是一种很有潜力的焊接方法。

随着微处理机技术的发展,在电子焊接中使用微机控制焊接设备也进入了实用阶段。例如,微机控制电子束焊接已在我国研制成功。还有一种所谓的光焊技术,已用于 CMOS 集成电路的全自动生产线,其特点是用光敏导电胶代替焊料,将电路芯片粘在印制电路板上,用紫外线固化焊接。

可以预见,随着电子工业的不断发展,传统的方法将不断得到完善,新的高效率的焊接方法将不断涌现。

9.4 实 训 项 目

9.4.1 实训一:电子焊接技术训练

1. 实训目的

(1) 掌握电烙铁焊接的基本技能。
(2) 掌握电子元器件的识别。
(3) 元器件的焊接及拆焊。

2. 实训器材

(1) 普通电烙铁、吸锡器。
(2) 电工工具一套。
(3) 万用表。
(4) 焊接用万能板一块。
(5) 单管放大电路元器件一套。

3. 实训内容

(1) 在万能板上焊接 200 个焊点练习。

按照焊接步骤及工艺质量要求,进行电子线路的焊接技术练习。焊接要求:焊点圆滑、光亮、大小一致、焊料填满,焊接速度要快。

（2）按图9-26所示在万能板上焊接单管放大电路。

①按照原理图上标注的元器件，判别元器件的好坏、极性或引脚，并进行元件参数的确认。

②按照原理图在万能线路板上插好电路（要求布局合理、美观）。

③按照原理图焊接线路。焊接时，应先用电烙铁加热万能板和元件稍许后，再加焊锡，要避免元件因过热而损坏以及虚焊和焊不牢的现象，并且要求各焊点光亮整洁，工艺美观。

（3）用拆焊工具进行拆焊练习，比如用吸锡器、通针等拆焊。在拆焊时，应注意时间及方法的掌握，以免损坏焊件或印制板。

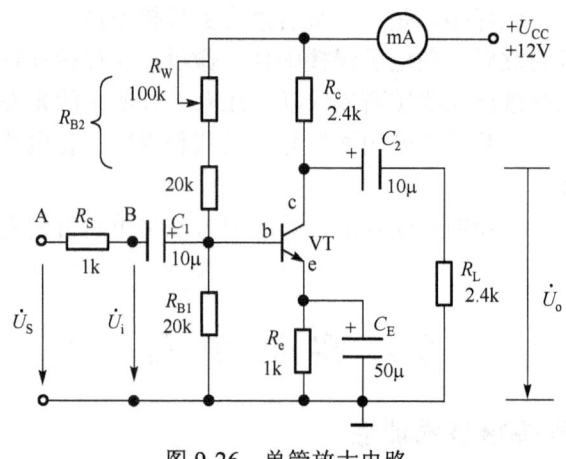

图 9-26　单管放大电路

4. 注意事项

（1）电烙铁使用前的检查。

检查电烙铁电源线是否完好、电烙铁芯有无损坏，烙铁头是否有氧化层，如有问题须进行处理。

（2）使用中的电烙铁不可放置在木板上，应搁置在金属丝制成的烙铁架上。

（3）不准甩动使用中的电烙铁，以免锡珠溅伤他人。

（4）元件的焊接过程应尽可能缩短，以防元件因过热而受损。

（5）在焊锡未完全固化时，不能移动被焊元件的引脚，以免造成元件虚焊。

（6）注意安全。

第 10 章 DT830B 数字万用表安装与调试

10.1 DT830B 数字万用表简介

DT830B 数字万用表主电路采用典型数字表集成电路 ICL7106，性能稳定可靠。由于技术成熟，故应用广泛。具有精度高、输入电阻大、读数直观、功能齐全、体积小巧等优点。其外形结构如图 10-1 所示。

DT830B 数字万用表为单板结构，集成电路 ICL7106 采用 COB 封装。结构合理、功能齐全、外观精致，便于携带。其主要技术指标如表 10-1 所示。

图 10-1 DT830B 数字万用表外形结构

表 10-1 DT830B 数字万用表主要技术指标

一般特性			直流电流		
显示	$3\frac{1}{2}$ 位自动极性显示		量程	分辨力	精度
超量程显示	最高位显示 "1"，其他位空白		200μA	0.1μA	±1.0%读数±3 字
最大共模电压	500V 峰值		2000μA	1μA	±1.0%读数±3 字
储存环境	−15℃～50℃		20mA	10μA	±1.0%读数±3 字
温度系数	小于 0.1×精确度/℃		200mA	100μA	±1.5%读数±5 字
电源	9V 叠层电池		10A	10mA	±2.0%读数±10 字
外形尺寸	128mm×75mm×24mm		交流电压		
直流电压			量程	分辨力	精度
量程	分辨力	精度	200V	100mV	±1.2%读数±10 字
200mV	0.1mV	±0.5%读数±2 字	750V	1V	±1.2%读数±10 字
2000mV	1mV	±0.5%读数±3 字	电阻		
20V	10mV	±0.5%读数±3 字	量程	分辨力	精度
200V	100mV	±0.5%读数±3 字	200Ω	0.1Ω	±1.0%读数±10 字
1000V	1V	±0.8%读数±3 字	2000Ω	1Ω	±1.0%读数±2 字
晶体管检测			20kΩ	10Ω	±1.0%读数±2 字
量程	测试电流	开路电压测试电压	200kΩ	100Ω	±1.0%读数±2 字
二极管	1.4mA	2.8V	2000kΩ	1kΩ	±1.0%读数±2 字
三极管	I_b=10μA	V_{ce}=3V			

10.2 DT830B 数字万用表工作原理

DT830B 数字万用表以大规模集成电路 ICL7106 为核心，其原理图如图 10-2 所示，原理框图如图 10-3 所示。

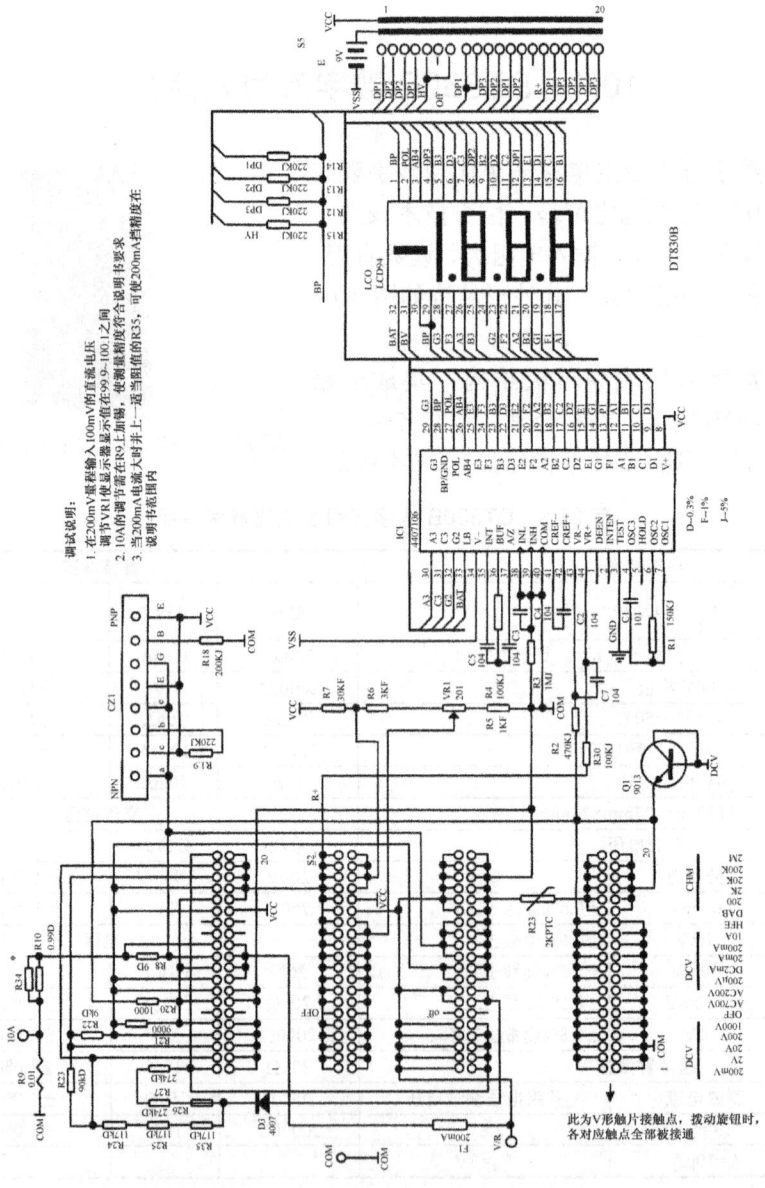

图 10-2 DT830B 数字式万用表原理图

第 10 章 DT830B 数字万用表安装与调试

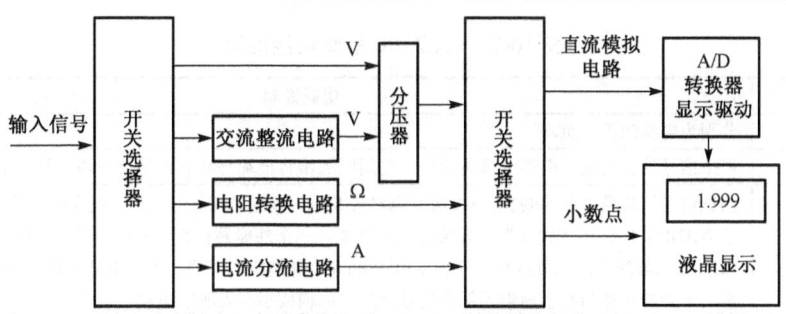

图 10-3 DT830B 数字式万用表原理框图

输入的电压或电流信号经过一个开关选择器转换成 0~199.9mV 的直流电压。例如，输入信号 100VDC，就用 1000：1 的分压器获得 100.0mVDC；输入信号 100VAC，首先整流为 100VDC，然后再分压成 100.0mVDC。电流测量则通过选择不同阻值的分流电阻获得。采用比例法测量电阻，方法是利用一个内部电压源加在一个已知电阻值的系列电阻和串联在一起的被测电阻上。被测电阻上的电压与已知电阻上的电压之比值与被测电阻值成正比。

输入 ICL7106 的直流信号被接入一个 A/D 转换器，转换成数字信号，然后送入译码器转换成驱动 LCD 的 7 段码。A/D 转换器的时钟是由一个振荡频率约 48kHz 的外部振荡器提供的，它经过一个 1/4 分频获得计数频率，这个频率获得 2.5 次/s 的测量速率。四个译码器将数字转换成 7 段码的四个数字，小数点由选择开关设定。

10.2.1 ICL7106 介绍

ICL7106 共有 42 个引出端，引脚排列如图 10-4 所示。

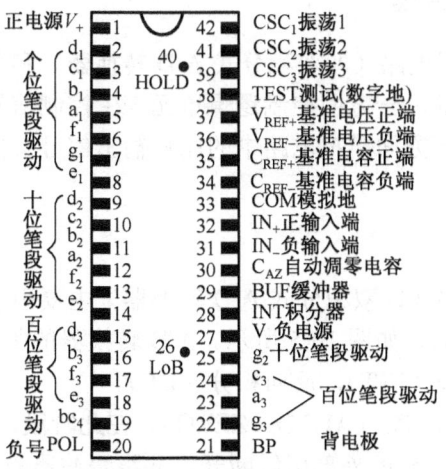

图 10-4 ICL7106 引脚排列

引脚功能说明如表 10-2 所示。

表 10-2 ICL7106 引脚功能说明

引脚名	功能说明
V+、V−	分别为电源的正、负端
COM	模拟信号的公共端，简称"模拟地"，使用时通常将该端与输入信号的负端、基准电压的负端短接
TEST	测试端，该端经内部 500Ω 电阻接数字电路公共端，因这两端呈等电位，故也称之为"数字地（GND 或 DGND）"、"逻辑地"。此端有两个功能，一个功能是作为"测试指示"，将它与 V+相接后，LCD 显示器的全部笔段点亮，应显示出 1888（全亮笔段），据此可确定显示器有无笔段残缺现象；第二个功能是作为数字地供外部驱动器使用，如构成小数点驱动电路
$a_1 \sim g_1$ $a_2 \sim g_2$ $a_3 \sim g_3$	分别为个位、十位、百位笔段驱动端，依次接液晶显示器的个、十、百位的相应笔段电极。LCD 为 7 段显示（a~g），DP（Digital Point）表示小数点
bc4	千位（即最高位）笔段驱动端，接 LCD 的千位 b、c 段，这两个笔段在内部是连通的，当计数值 $N > 1999$ 时，显示器溢出，仅千位显示"1"，其余位均消隐，以此表示过载
POL	负极性指示驱动端
BP	液晶显示器背面公共电极的驱动端，简称"背电极"
$CSC_1 \sim CSC_3$	时钟振荡器的引出端，与外接阻容元件构成两级反相式阻容振荡器
$V_{REF}+$	基准电压的正端，简称"基准+"，通常从内部基准电压源获取所需要的基准电压，也可采用外部基准电压，以提高基准电压的稳定性
$V_{REF}-$	基准电压的负端，简称"基准−"
$C_{REF}+$、$C_{REF}-$	外接基准电容的正、负端
IN+、IN−	模拟电压输入端，分别接被测直流电压 V_{IN} 的正端与负端
C_{AZ}	外接自动调零电容 C_{AZ} 端，该端接芯片内部积分器的反相输入端
BUF	缓冲放大器的输出端，接积分电阻 R_{INT}
INT	积分器输出端，接积分电容 C_{INT}

10.2.2 ICL7106 工作原理

ICL7106 内部包括模拟电路（即双积分式 A/D 转换器）和数字电路两大部分。模拟电路与数字电路是互相联系的，一方面控制逻辑单元产生控制信号，按照规定的时序控制模拟开关的接通或断开；另一方面模拟电路中的比较输出信号又控制数字电路的工作状态与显示结果。

1. 模拟电路

ICL7106 内部模拟电路（即双积分式 A/D 转换器）主要由基准电压源、缓冲器、积分器、比较器和模拟开关组成，如图 10-5 所示。A/D 转换器的每个测量周期分成三个阶段：自动调零（AZ），正向积分（INT），反向积分（DE）。

第一阶段，自动调零（AZ）（AUTO~ZERO）。在此阶段，S_{AZ} 闭合，S_{INT}、S_{DE} 断开，完成以下工作：①将 IN+，IN-的外部引线断开，并将缓冲器的同相输入端与模拟地短接，使芯片内部的输入电压 $V_{IN}=0V$；②反积分器反相输入端与比较器输出端短接，此时反映到比较器的总失调电压对自动调零电容 C_{AZ} 充电，以补偿缓冲器，积分器和比较器本身的失调电压，可保证输入失调电压小于 $10\mu V$；③基准电压 V_{REF} 向基准电容 C_{REF} 充电，使之被充到 V_{REF}，为反向积分做准备。

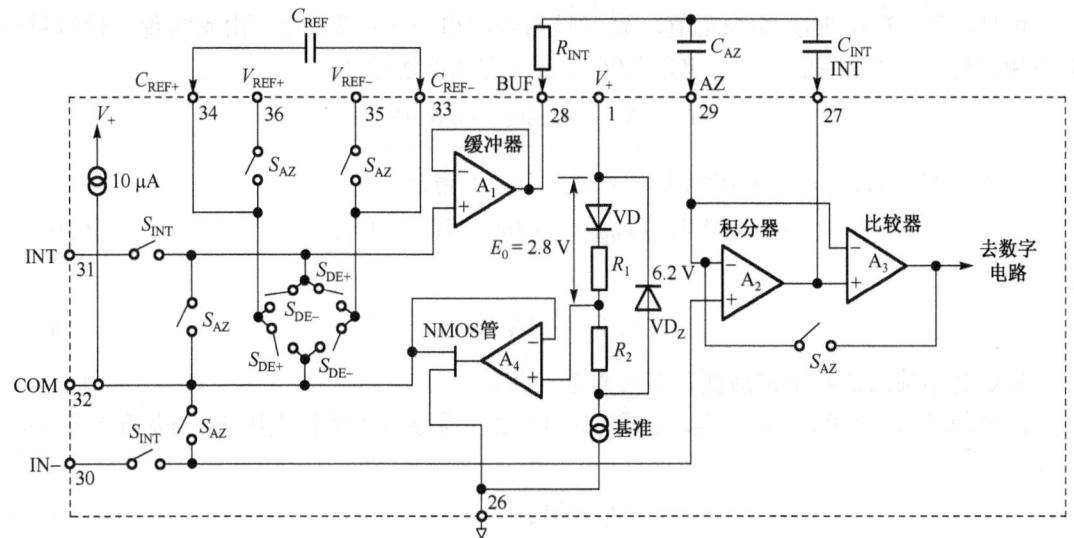

图 10-5　ICL7106 内部模拟电路

第二阶段，正向积分（也称信号积分或采样）INT（Integral）。此时 S_{INT} 闭合，S_{AZ} 和 S_{DE} 断开，切断自动调零电路并去掉短路线，IN+、IN−端分别被接通，积分器和比较器开始工作。被测电压 V_{IN} 经缓冲器和积分电阻后送至积分器。积分器在固定时间 T_1 内，以 $V_{IN}/(R_{INT}·C_{INT})$ 的斜率对 V_{IN} 进行定时积分。令计数脉冲的频率为 F_{CP}，周期为 T_{CP}，则 $T_1 = 1000 T_{CP}$。当计数器计满 1000 个脉冲数时，积分器的输出电压为：

$$V_O = KT_1 * V_{IN} / (R_{INT} C_{INT}) \tag{10-1}$$

式中：K 为缓冲放大器的电压放大系数；T_1 为采样时间。

在正向积分结束时，V_{IN} 的极性即被判定。

第三阶段，反向积分，也称解积分 DE（Decompose Integral）。在此阶段，S_{AZ}、S_{INT} 断开，S_{DE+}、S_{DE-} 闭合。控制逻辑在对 V_{IN} 进行极性判断之后，接通相应极性的模拟开关，将 C_{REF} 上已充好的基准电压接相反极性代替 V_{IN} 进行反向积分。经过时间 T_2，积分器的输出又回零。在反向积分结束时有：

$$V_O = (KT_2 V_{REF}) / (R_{INT} C_{INT}) \tag{10-2}$$

将式（10-1）代入式（10-2）中整理后得

$$T_2 = T_1 V_{IN} / V_{REF} \tag{10-3}$$

假定在 T_2 时间内计数值（即仪表显示值，不计小数点）为 N，则 $T_2 = NT_{CP}$。代入式（10-3）

中得到：

$$N = T_1 V_{IN} / (T_{CP} V_{REF-}) \quad (10\text{-}4)$$

可见，T_1、T_{CP}、V_{REF} 均为定值，故 N 仅与被测电压 V_{IN} 成正比，由此实现了模拟量—数字量的转换。在测量过程中，ICL7106 能自动完成下述循环：

$$\rightarrow 自动调零 \rightarrow 正向积分 \rightarrow 反向积分 \rightarrow$$

将 $T_1 = 1000T_{CP}$，$V_{REF} = 100\text{mV}$ 代入式（10-4）得到：

$$N = 1000 V_{IN} / V_{REF} = 1000 V_{IN} / 100 = 10 V_{IN} \quad (10\text{-}5)$$

即

$$V_{IN} = 0.1 N \quad (10\text{-}6)$$

只要把小数点定在十位后面，即可直读结果。

满量程时 $N = 2000$，$V_{IN} = V_m$，由式（10-4）很容易导出满量程电压 V_m 与基准电压 V_{REF} 的关系：

$$V_m = 2 V_{REF} \quad (10\text{-}7)$$

显然，当 $V_{REF} = 100.0\text{mV}$ 时，$V_m = 200\text{mV}$；$V_{REF} = 1000\text{mV}$ 时，$V_m = 2\text{V}$。上述关系是由 ICL7106 本身特性所决定的，外部无法改变。

$3\frac{1}{2}$ 位数字电压表的最大显示值为 1999，满量程时将显示过载（溢出）符号"1"。

2. 数字电路

ICL7106 的数字电路如图 10-6 所示，主要包括 8 个单元电路：时钟振荡器、分频器、计数器、锁存器、译码器、异或门相位驱动器、控制逻辑、$3\frac{1}{2}$ 位 LCD 显示器，图中虚线框内表示 ICL7106 内部数字电路，框外是外围电路。

时钟振荡器由 7106A 内部的反相器 F1、F2 以及外部阻容元件 R、C 组成，属于两级反相式阻容振荡器，可输出占空比为 $D \approx 50\%$ 的对称方波。振荡频率与振荡周期的估算公式分别为：

$$f_0 \approx 0.455 / RC \quad (10\text{-}8)$$

$$T_0 \approx 2RC \ln 3 = 2.2RC \quad (10\text{-}9)$$

因完成一次 A/D 转换需 16 000 个时钟周期，故测量周期 $T = 16000 T_0$，所对应的测量速率为：

$$MR = f_0 / 16000 \quad (10\text{-}10)$$

对时钟频率进行逐级分频，即可得到所需计数频率 f_{CP}、LCD 背电极方波信号频率 f_{BP}、分频器由一级 4 分频电路和一级 200 分频电路构成,整个分频电路可完成 800 分频。其中的 200 分频电路,实际包含一级 2 分频电路和两级 10 分频电路。假定时钟频率 f_0=40kHz,则计数频率 f_{CP}=f_0/4=40/4=10kHz,背电极信号频率 f_{BP}=f_0/800=40kHz/800=50Hz。

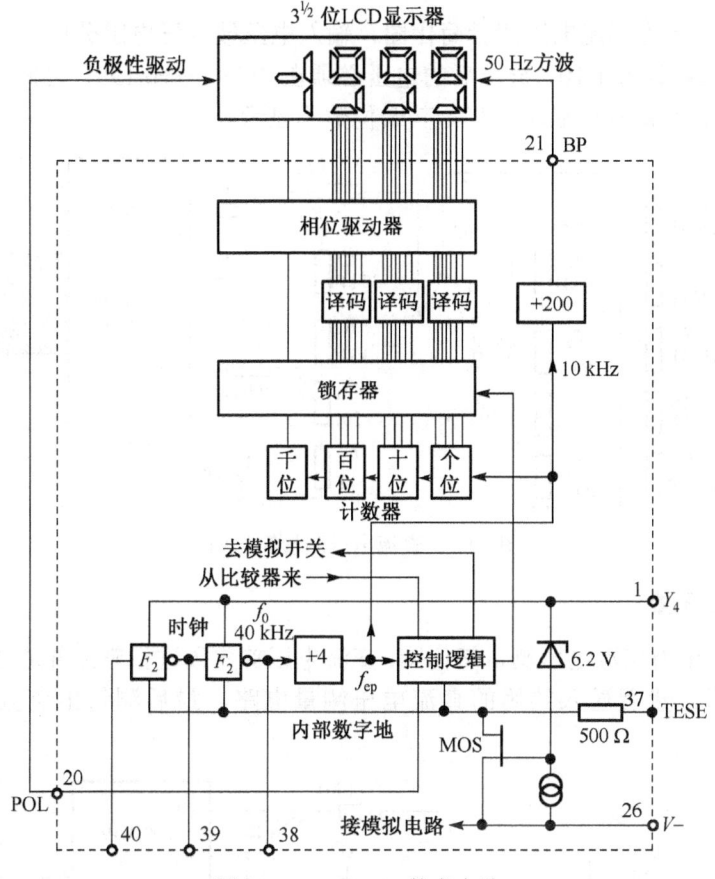

图 10-6 ICL7106 数字电路

ICL7106 采用二—十进制 BCD(Binary Coded Decimal)码计数器。每个整数位的计数器均由 4 级触发器的门电路组成。最高位亦称 1/2 位(千位),只有 0 和 1 两种计数状态,故仅用一级触发器。译码器和译码器之间,仅当控制逻辑发出选通信号时,计数器中的 A/D 转换结果才能在计数过程中不断跳数,便于观察与记录。

控制逻辑具有 3 种功能:第一,识别积分器的工作状态,发出控制信号,使模拟开关按规定顺序接通或断开,确保 A/D 转换正常进行;第二,判定输入电压的极性,并且使 LCD 显示器在负极性 V_{IN} 时显示;第三,当输入电压超量程时发出溢出信号,使千位上显示"1",其余位均消隐。

10.2.3 ICL7106 的典型应用

1. 直流电压测量

如图 10-7 所示为直流电压测量简化图,输入电压被分压电阻分压(分压电阻之和为 1MΩ),每挡分压系数为 1/10,分压后的电压必须在 –0.199～+0.199V 之间,否则将过载显示,过载显示为仅在最高位显示"1",其余位数不显示。

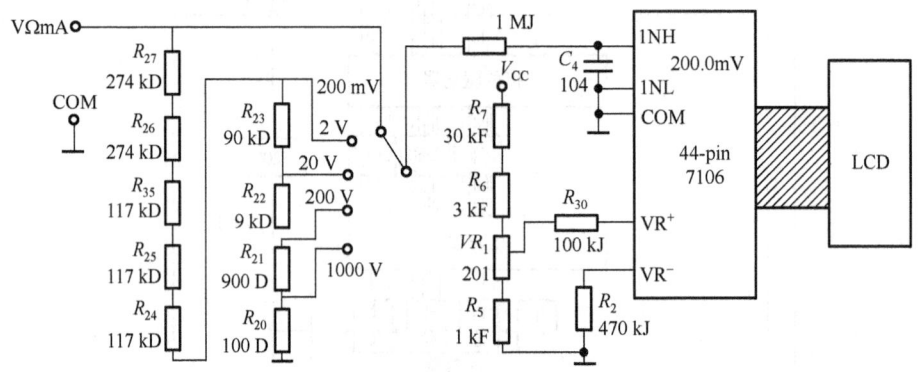

图 10-7 直流电压测量简化图

2. 交流电压测量

如图 10-8 所示为交流电压测量简化图,交流电压首先须进行整流并通过一低通滤波器对波形进行整形,然后送入共用的直流电压测量电路,最后测量出交流电压的有效值(RMS)。

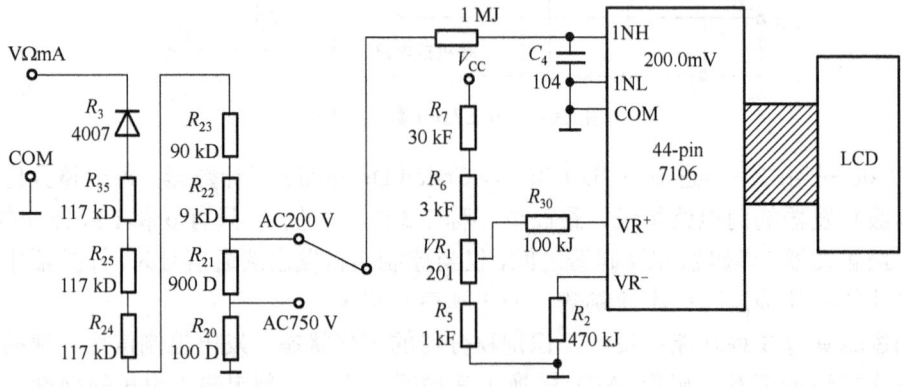

图 10-8 交流电压测量简化图

3. 直流电流测量

如图 10-9 所示为直流电流测量简化图,内部的取样电阻将输入电流转换为 –0.199～

+0.199mV 之间的电压后送入 ICL7106 输入端，当设置在 10A 挡时，输入的电流直接输入 10A 输入孔而不能通过选择开关。

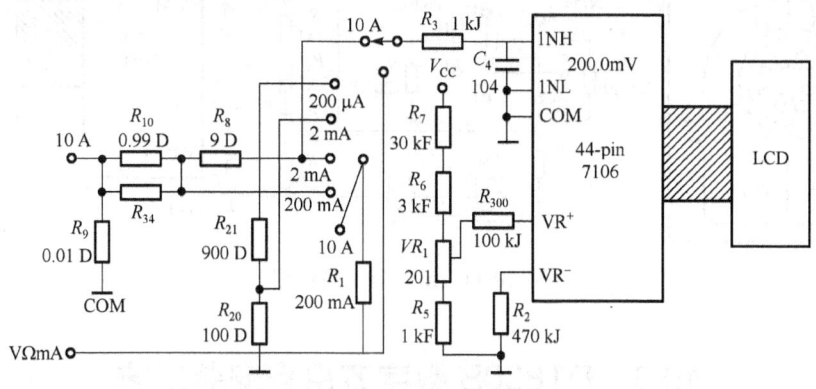

图 10-9　直流电流测量简化图

4. 电阻测量

如图 10-10 所示为电阻测量简化图，这个电路由电压源、标准电阻（这个电阻为分电压电阻，由选择开关转换得到）、被测量电阻（未知）组成，两个电阻的比值等于各自电压降的比值。因此，通过标准电阻及利用标准电阻上的标准电压，即可确定被测电阻的阻值。测量结果直接由 A/D 转换器得到。

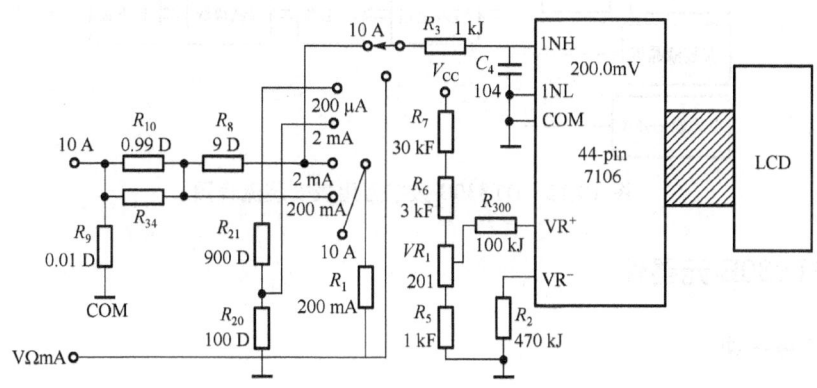

图 10-10　电阻测量简化图

5. hFE 测量

如图 10-11 所示为 hFE 测量简化图，集成电路 ICL7106 的内部电路提供 2.8V 的稳定电压（V+对 COM），当 PNP 晶体管插入晶体管座时，基极到发射极的电流流过电阻 R10，由 R10 上的电压产生集电极电流，在 R23 上得到的电压送入 ICL7106 并同时显示晶体管的 hFE 值。对 NPN 晶体管，发射极电流流过 R11 并同时显示晶体管的 hFE 值。

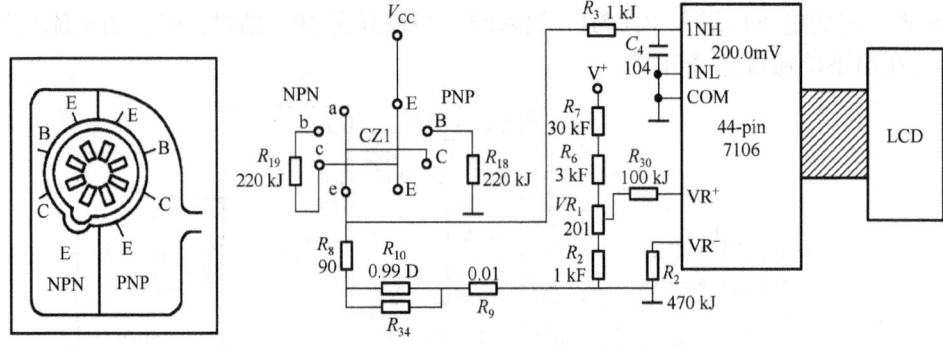

图 10-11 hFE 测量简化图

10.3 DT830B 数字万用表安装工艺

DT830B 数字万用表由机壳塑料件（包括上下盖、旋钮）、印制板部件（包括插口）、液晶屏及表笔等组成，组装成功的关键是装配印制板部件，整机安装流程如图 10-12 所示。

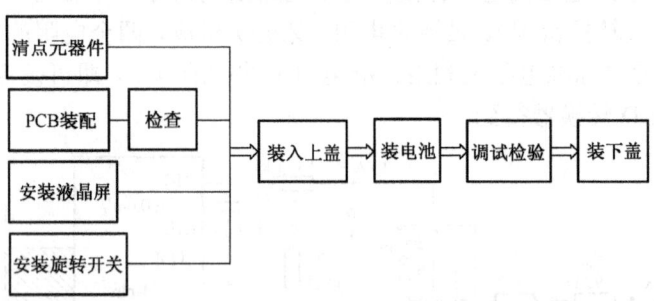

图 10-12 DT830B 数字万用表安装流程图

10.3.1 DT830B 元器件

1. 线路板一块

IC：7106（全检、已装好）。

2. 元件清单

如表 10-3 所示，该部分元件焊接在线路板上。

3. 袋装散件一套

下面的（1）～（7）部分元器件也焊接在线路板上，如图 10-13 所示。余下的（8）～（15）部分为组装元器件。

第 10 章　DT830B 数字万用表安装与调试

表 10-3　元件清单

代号	参数	精度	代号	参数	精度
电阻/Ω			R18	220k	5%
R10	0.99	0.5%	R19	220k	5%
R8	9	0.3%	R12	220k	5%
R20	100	0.3%	R13	220k	5%
R21	900	0.3%	R14	220k	5%
R22	9k	0.3%	R15	220k	5%
R23	90k	0.3%	R2	470k	5%
R24	117k	0.3%	R3	1M	5%
R25	117k	0.3%	R32	1.5～2k	
R35	117k	0.3%	电容		
R26	274k	0.3%	C1	100pF	
R27	274k	0.3%	C2	100nF	
R5	1k	5%	C3	100nF	
R6	3k	1%	C4	100nF	
R7	30k	1%	C5	100nF	
R30	100k	5%	晶体管		
R4	100k	5%	D3	1N4007	
R1	150k	5%	Q1	9013	

（1）HFE 座（晶体管测试插座）1 个；

（2）锰铜丝电阻（R9）1 个；

（3）电位器 221（VR1）1 个；

（4）电池线扣 1 个；

（5）表笔插孔柱 3 个；

（6）接地弹簧 4×13.5　1 个；

（7）熔断器底座 2 个；

（8）熔断器 1 个；

（9）V 形触片 6 片；

（10）9V 电池 1 个；

（11）导电胶条 1 条；

（12）滚珠 2 个；

（13）定位弹簧 2.8×5　2 个；

（14）2×8 自攻螺钉（固定线路板）3 个；

（15）2×10 自攻螺钉（固定底壳）2 个。

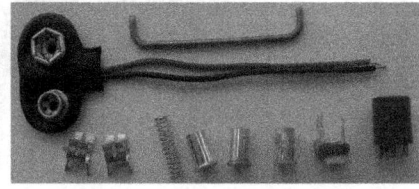

图 10-13　袋装中的焊接器件

4. 其他

（1）正面壳、底面壳各 1 个；

（2）液晶片 1 片；

（3）液晶片支架1个；

（4）旋钮1个；

（5）屏蔽纸1张；

（6）功能面板纸1张。

5. 附件

（1）表笔1副；

（2）说明书1张；

（3）电路图及注意要点1张。

注意，安装前必须对照元件清单，仔细清理、测试元器件。

10.3.2 焊接PCB印制板元器件

线路板如图10-14所示，双面板的A面是焊接面，中间环形印制导线是功能、量程转换开关电路，需小心保护，不得划伤或污染。B面插装元器件。

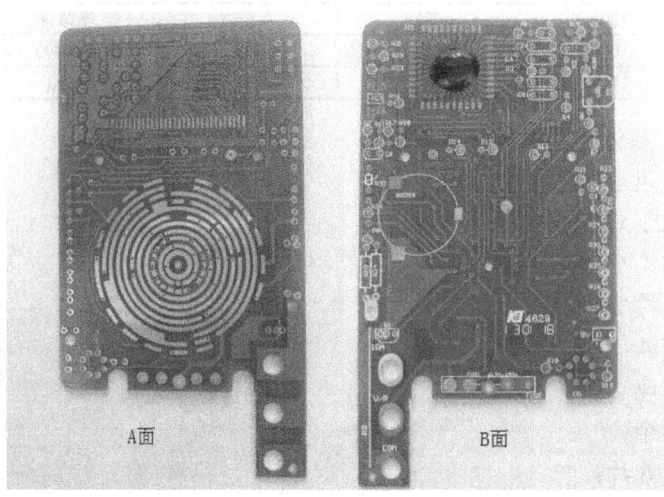

图10-14 DT830B数字万用表PCB印制板

安装步骤如下。

（1）将DT830B数字万用表元件清单中所有元件按顺序插焊到印制电路板相应位置（可参照图10-15所示）。安装电阻、电容、二极管时，安装孔距大于8mm（如R10）的应采用卧式安装；孔距小于5mm的应采用立式安装（板上丝印图画"○"的其他电阻，如R8、R20等）。

（2）安装电位器、晶体管测试插座。注意安装方向：晶体管测试插座装在A面而且应使定位凸点与外壳对准，在B面焊接。如图10-16所示为晶体管测试插座安装。

（3）安装熔断器底座、接地弹簧、锰铜丝电阻R9、表笔插孔柱。这几个器件焊接点大，注意预焊和焊接时间，锰铜丝电阻R9、表笔插孔柱安装如图10-17所示。

第 10 章 DT830B 数字万用表安装与调试

图 10-15 PCB 印制板安装局部符号示例

图 10-16 晶体管测试插座安装

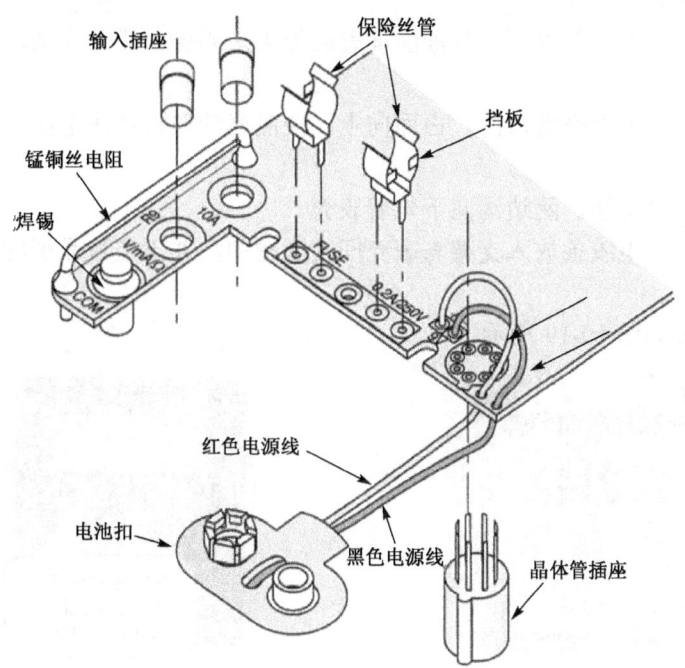

图 10-17 熔断器底座、锰铜丝电阻 R9、表笔插孔柱安装

（4）安装电池线扣。电池线由 A 面穿到 B 面再插入焊孔，在 A 面焊接。红线接 "+"黑线接 "−"。安装完成的印制板 B 面如图 10-18 所示。

焊接 PCB 印制板注意事项如下。

（1）注意三极管、二极管的极性及插装位置。

（2）注意 HFE 座（晶体管测试插座）定位凸点与外壳对准，插在 A 面，在 B 面焊接。

图 10-18 安装完成的印制板 B 面

10.3.3 液晶屏的安装

液晶屏组件由液晶片、支架、导电胶条组成。

液晶片镜面为正面（显示字符），白色面为背面，透明条上可见条状引线为引出线，通过导电胶条与印制板上镀金印制导线实现电连接。由于这种连接靠表面接触导电，因此导电面被污染或接触不良都会引起电路故障，表现为显示缺笔画或显示乱字符。因此安装时务必要保持清洁并仔细对准引线位置。支架是固定液晶片和导电胶条的支撑。

安装步骤如下。

（1）面盖平面向下置于桌面，从液晶屏表面揭去透明保护膜（注意，不要揭去背面的银色衬背）。

（2）将液晶屏放入面壳窗口内，白面向上，液晶屏的厚长边放上面，液晶屏的薄长边放下面。

（3）放入液晶屏支架，两边沟向下勾着表壳。

（4）用镊子把导电胶条放入支架与表壳间的横槽中，并压住液晶屏的薄长边，注意保持导电胶条的清洁。

液晶屏的安装如图 10-19 所示。

导电橡胶与液晶显示屏之间的固定塑料架

图 10-19 液晶屏的安装

10.3.4 旋钮的安装方法

（1）V 形簧片装到旋钮上，共 6 个，如图 10-20 所示。注意，簧片易变形，用力要轻。

（2）装完簧片把旋钮翻面，取一点凡士林油放入拨盘的弹簧孔中，然后将两只定位弹簧装入拨盘弹簧孔中。

（3）将两只钢珠对称放入面盖内的轨道中。

（4）将装好弹簧的旋钮按正确方向放入面盖中，注意拨盘的弹簧孔对准面盖上的钢珠。

图 10-20　旋钮的安装

10.3.5　固定印制板

（1）将印制板对准位置装入面盖中，确保 HFE 插座放入面盖的对应孔中，然后用 3 只 6mm 长螺钉紧固线路板，螺钉紧固位置如图 10-21 所示。

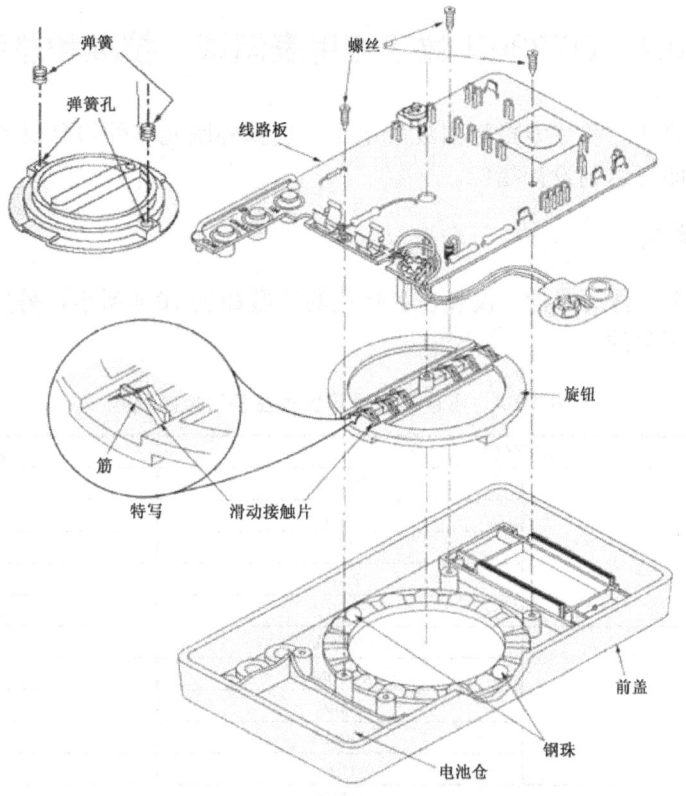

图 10-21　旋钮安装和印制板固定示意图

（2）将 0.5A/250V 熔断器装入熔断器座中。注意，安装螺钉之后再装保险管。

（3）将功能面牌的衬底剥离，然后将功能面牌贴在面盖上。

（4）将 9V 电池盖在电池扣上，并置于电池仓。转动旋钮，液晶屏应正常显示。装好印制板和电池的数字万用表外观结构如图 10-22 所示。

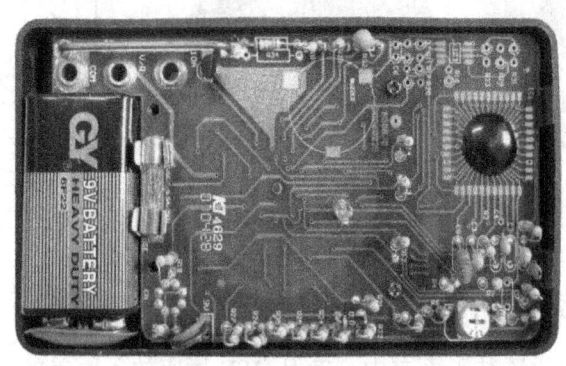

图 10-22　装好印制板和电池的数字万用表外观结构

10.4　DT830B 数字万用表调试、校准和总装

数字万用表的功能和性能指标由集成电路和选择外围元器件得到保证，只要安装无误，仅进行简单调整即可达到设计指标。

10.4.1　显示测试

不连接测试笔，转动拨盘，仪表在各挡位的读数如表 10-4 所示，另外，尾数有一些数字的跳动也是算正常的。

表 10-4　不连接测试笔仪表在各挡位的读数

功能量程		显示数值
DCV	200mV	00.0
	2000mV	000
	20V	0.00
	200V	00.00
	1000V	000HV
DCA	200μA	00.0
	2000μA	.000
	20mA	0.00
	200mA	00.00
	10A	0.00
hFE	三极管	000

续表

功能量程		显示数值
Ω	二极管	1BBB
	200	1BB.B
	2k	1.BBB
	20k	1B.BB
	200k	1BB.B
	2M	1.BBB
V~	750	000HV
	200	00.0

注：B 代表空白

如果万用表各挡位显示与上述所列不符，则检查以下事项。

（1）检查电池电量是否充足，连接是否可靠。
（2）检查各电阻的值是否正确。
（3）检查各电容的值是否正确。
（4）检查线路板焊接是否短路、虚焊、漏焊。
（5）检查滑动连接片是否接触良好。
（6）检查液晶屏、导电条和线路板是否正确连接。

10.4.2 校准

1. A/D 转换器校准

将被测仪表的拨盘开关转到 20V 挡位，插好表笔；用另一块已校准仪表作为监测表，监测一个小于 20V 的直流电源（如 9V 电池），然后用该电源校准装配好的仪表，调整电位器 VR1 直到被校准表与监测表的读数相同（注意不能用被校准表测量自身的电池）。当两个仪表读数一致时，套件安装表就被校准了。将表笔移开电源，拨盘转到关机位。

2. 直流 10A 挡校准

直流 10A 挡校准需要一个负载能力大约为 5A、电压为 5V 左右的直流标准源和一个 10Ω、25W 的电阻。将被校准表的拨盘转到"10A"位置，表笔连接如图 10-23 所示。如果仪表显示高于 5A，焊接锰铜丝使锰铜丝电阻在 10A 和 COM 输入端之间的长度缩短，直到仪表显

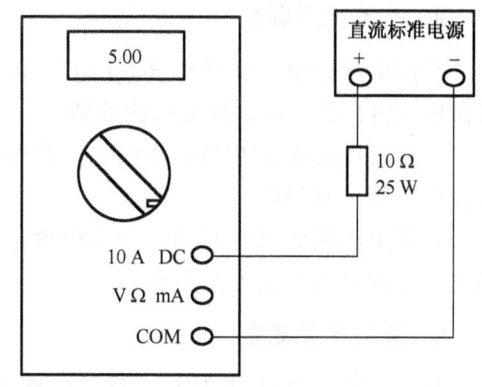

图 10-23　直流 10A 挡校准电路连接

示 5A；如果仪表显示小于 5A，焊接锰铜丝使锰铜丝电阻在 10A 和 COM 输入端之间的长度加长，直到仪表显示 5A。如果校准错误，需检查线路板是否有焊锡短路、焊接不良等现象。

10.4.3 测试

1. 直流电压测试

如果有直流可变电压源，只要将电源分别设置在 DCV 量程各挡的中值，然后对比被测表与监测表测量各挡中值的误差。如果没有可变电源，可以采取以下两种测量方法。

（1）将拨盘转到 2000mV 量程，测量接线图 10-24(a)中 100Ω 电阻两端的电压，与监测表对比读数，此电压约为 820mV。

（2）将拨盘转到 200mV 量程，测量接线图 10-24(b)中 100Ω 电阻两端的电压，与监测表对比读数，此电压约为 90mV。

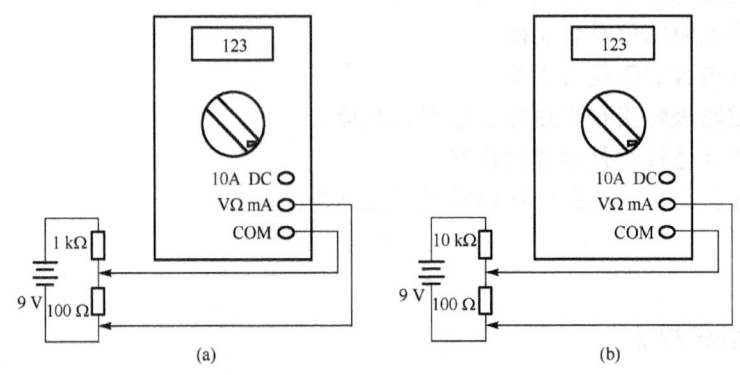

图 10-24 直流电压测试接线图

如果上面的测量有问题，则需重新检查前面的校准，并检查各电阻和电容的焊接和数值。

2. 交流电压测试

交流电压测试，需要交流电压源，市电是最方便的。拨盘转到 750VAC 量程，然后测量市电 220VAC，与监测表对比读数。

注意，用市电 220VAC 作为电压源要特别小心，在表笔连接市电 220VAC 前一定要将拨盘先转到 750VAC。

如果上面的测量有问题，则需检查电阻 R15、R16 的数值和焊接情况，并检查二极管的安装方向及焊接情况是否正常。

3. 直流电流测量

将拨盘转到 200μA 挡位，然后按图 10-25 所示直流电流测量接线图连接仪表，当 R_A 等于 100kΩ时，回路电流约为 90μA，对比被测表与监测表的读数。

将拨盘转到表 10-5 中的各电流挡,同时按表 10-5 所示量程与 R_A 的对应取值改变 R_A 的数值,对比被测表与监测表的读数。

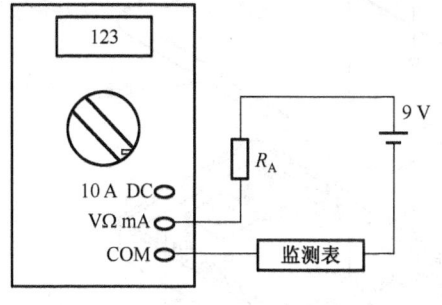

图 10-25　直流电流测量接线图

表 10-5　不同量程与 R_A 的对应取值

量程	R_A	电流（大约）
200μA	100kΩ	90μA
2mA	10kΩ	900μA
20mA	1kΩ	9mA
200mA	470Ω	19mA

如果上面的测量有问题,则需检查熔断器,并检查电阻 R09～R12 的数值和焊接情况。

4．电阻/二极管测试

用每个电阻挡满量程一半数值的电阻测试各挡,对比安装表与监测表各自测量同一个电阻的值。用一个好的硅二极管（如 1N4007）测试二极管挡,读数应约为 600 左右。

如果上面的测量有问题,则需检查各电阻的数值和焊接是否正常。

5．hFE 测试

将拨盘转到 hFE 挡位,用一个小的 NPN（如 9014）和 PNP（如 9015）晶体管,并将发射极、基极、集电极分别插入相应的插孔。被测表显示晶体管的 hFE 值,晶体管的 hFE 值范围较宽,可以参考监测表显示值。

如果上面的测量有问题,则需检查晶体管测试座是否完好、焊接是否正常,有否短路、虚焊、漏焊等;检查电阻 R21、R22、R23 的数值及焊接是否正确。

10.4.4　总装

1．贴屏蔽膜

将屏蔽膜上的保护纸揭去,露出不干胶面,按图 10-26 所示位置贴到后盖内。

2．安装后盖

将后盖装入已调试好的仪表面盖,用两只 10mm 的螺钉紧固后盖,安装后盖示意图如图 10-27 所示。至此安装、校准、检测全部完毕。

图 10-26 贴屏蔽膜

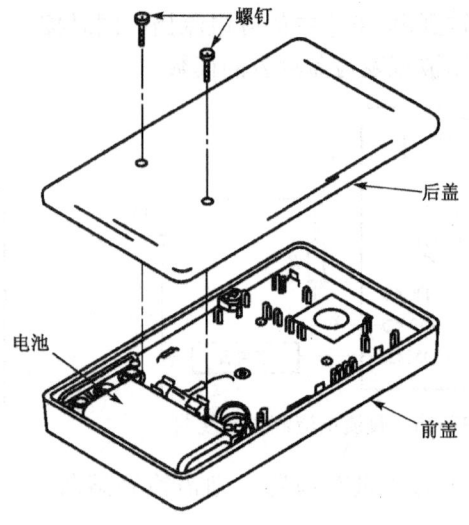

图 10-27 安装后盖示意图

10.5 DT830B 数字万用表的使用

10.5.1 测试前的准备工作

（1）确认电池与电池扣连接可靠并放入电池仓中。
（2）连接测试表笔到电路之前，应确认量程开关在正确挡位。
（3）连接测试表笔到电路之前，应确认测试表笔是否正确插入输入插座。
（4）转换量程开关前，应将测试表笔从被测电路中移开。
（5）应注意不能超出各量程的保护范围。

10.5.2 电压测量

（1）连接黑色测试表笔到"COM"端。
（2）连接红色测试表笔到"VΩmA"端。
（3）设置量程开关到"DCV"或"ACV"位置，如果被测电压是未知的，应将开关设置到最高量程。
（4）连接测试表笔到测试点并在显示屏上读数，如果量程太高，应逐步减小到合适的量程。

10.5.3 直流电流测量

1. 大电流测量（200mA～10A）

（1）连接黑色测试表笔到"COM"端。

（2）连接红色测试表笔到"10ADC"端。
（3）设置量程开关到"10A"位置。
（4）断开被测电路，将测试表笔串联在被测电路中。
（5）合上被测电路，读出显示值，如果显示值小于200mA，按下面的小电流测试步骤测量。
（6）在测试表笔连接到被测电路之前，应切断被测电路中的电源并将所有电容放电。

2．小电流测量（<200mA）

（1）连接黑色测试表笔到"COM"端。
（2）连接红色测试表笔到"VΩmA"端。
（3）设置量程开关到"DCA"位置，如果被测电流是未知的，应将开关设置到最高量程。
（4）断开被测电路，将测试表笔串联在被测电路中。
（5）在显示屏上读数，如果量程太高，读数的高位有一个或数个零，则逐步减小到合适的量程。
（6）在将测试表笔连接到被测电路之前，应切断被测电路中的电源并将所有电容放电。

3．电阻测量

（1）连接黑色测试表笔到"COM"端。
（2）连接红色测试表笔到"VΩmA"端。
（3）设置量程开关到"Ω"位置的合适挡位。
（4）在被测试表笔连接到被测电路之前，应切断被测电路中的电源并将所有电容放电。
（5）将测试表笔连接到被测电阻两端即可直接读出被测电阻阻值，当测量高阻时，测试表笔不要接触到邻近点或手接触表笔导电端，否则将影响测量结果。

4．二极管测量

（1）连接黑色测试表笔到"COM"端。
（2）连接红色测试表笔到"VΩmA"端。
（3）如果被测二极管连接在电路中，应切断被测电路中的电源并将所有电容放电。
（4）设置量程开关到"▶|"挡位。
（5）正向电压测量。连接红色测试表笔到被测二极管正极，连接黑色测试表笔到被测二极管负极，对于硅管，正向电压应在450～750mV之间。
（6）反向电压测量。连接红色测试表笔到被测二极管负极，连接黑色测试表笔到被测二极管正极。如果二极管是好的，应显示超量程；如果二极管是坏的，将显示"000"或其他随机数。

5．晶体管hFE测量

（1）将量程开关旋到hFE挡位并将被测晶体管插入相应的晶体管座。

(2)从显示屏上直接读出被测晶体管的 hFE 值。

6. 电池和保险管的更换

如果""在显示屏中出现,则表明电池电量不足应更换。为了安全更换电池和熔断器(250mA/250V),应将后盖打开并用相同规格的电池和熔断器更换。

10.6　DT830B 数字万用表常见故障及解决方法

DT830B 数字万用表常见故障及解决方法如表 10-6 所示。

表 10-6　DT830B 数字万用表常见故障及解决方法

故障现象	解决方法	备注
缺笔画、笔画不正常	重新组装、7106 坏、笔画线(7106 第 2 脚至第 25 脚与液晶连接器的线)开路	
所有挡位均出 1 或负 1	电阻(20kΩ、220kΩ等)断、7106 坏、线路开路、回零电容坏	
所有挡不回零或者回零跳	7106 坏、回零电容、线路开路、基准电路、V 形簧片未装	
不开机	电源线焊反、V 形簧片未装、正负电源短路	
200mV 不输入	7106 坏、滤波电容坏、线路开路、V 形簧片未装、接触不良	用橡皮擦擦拭线路板的金属圈可以消除线路脏而引起的接触不良
200mA 不输入	熔断器断、线路开路、接触不良	
三极管不输入	220kΩ未插、线路开路	
二极管不输入	电阻未插(1.5kΩ)、7106 坏、V 形簧片未装、接触不良	
220Ω不输入	接触不良、电阻插错、线路开路、积分电容虚焊	
220Ω低	积分电容坏、电阻插错、线路有阻抗	
100kΩ不输入	线路开路、电阻错、电阻未插、接触不良	
二极管低	积分电容插错、电阻插错	
直流高压挡超差	电阻阻值偏(100Ω、352kΩ、548kΩ)、短路、线路板脏	
交流高压超差	电解电容坏、352kΩ和 548kΩ插反、IN4007 坏	
交流出负且超差	二极管插反、二极管两脚间短路	
交流高压不输入	二极管未插、电解电容正端对地短路、线路开路	
交流电压跳	滤波电容坏、滤波电容未插	
200μA 不输入	熔断器未装或断、电阻开路	
200mA 不输入	熔断器断、0.99Ω断、接触不良	
10A 不输入	接触不良、钪铜丝脱焊	

10.7　实　训　项　目

10.7.1　实训一:DT830B 数字万用表的安装与调试

1. 实训目的

(1)掌握电子元件焊接的基本技能。

（2）掌握识别电子元器件的方法。

（3）通过实际制作数字万用表，了解和掌握电子产品的生产工艺、装配与调试的基本知识。

2. 实训材料与工具

（1）普通电烙铁、吸锡器。

（2）电工工具一套。

（3）DT830B 数字万用表组件一套。

3. 实训内容

（1）焊接练习。

通过手工焊接训练，掌握手工焊接的工艺技能。

（2）电阻识别。

根据电阻色环标志表和电阻明细表将几十个电阻对号入座。

（3）元器件识别。

根据有关理论知识熟悉万用表所用的晶体管、运放、液晶、电容、电位器、接插件等。

（4）元器件焊接。

根据元器件在印制电路板上的位置图装焊各个元器件，注意元件的高低、极性，不得有短路（连焊）和断路（铜箔拉断、脱落）现象。

（5）印板清洗。

焊接完毕后用酒精溶剂擦抹量程转换开关等部位，避免今后接触不良和氧化现象的出现。

（6）组装检验。

熟悉一些金属簧片、弹簧、钢珠等的作用，依据有关功能检查的要求对万用表进行初检。

（7）精调验证。

精调好基准电压值，随后按出厂标准各量程的有关技术指标验收万用表。

（8）掌握使用。

熟练掌握万用表各个量程的使用方法和注意要点。

4. 注意事项

（1）要保持线路板的清洁。

（2）把所有要焊的元器件在线路板上插装好，经检查无误后再焊接。

（3）使用万用表时正确选择挡位和量程。

（4）使用万用表测量过程中不能带电转换挡位和量程。

（5）万用表不使用时要关机。

参考资料

[1] 郭连考. 电工技术实习主编[M]. 北京：北京理工大学出版社，2012.
[2] 李贤温. 电工基础与技能[M]. 北京：电子工业出版社，2006.
[3] 金明. 维修电工实训教程[M]. 南京：东南大学出版社，2006.
[4] 沈振乾，史风栋，杜启飞. 电工电子实训教程[M]. 北京：清华大学出版社，2011.
[5] 潘丽萍. 电工电子工程训练[M]. 杭州：浙江大学出版社，2010.
[6] 左丽霞. 实用电工技能训练[M]. 北京：中国水利水电出版社，2006.
[7] 高瑞平. 电工电子实训基础[M]. 上海：同济大学出版社，2009.
[8] 金国砥. 电工实训[M]. 北京：电子工业出版社，2003.
[9] 张仁醒. 电工基本技能实训[M]. 北京：机械工业出版社，2005.
[10] 黄民德. 建筑供配电与照明[M]. 下册，照明与电气安全. 北京：人民交通出版社，2008.
[11] 陈学平. 电工技术基础与技能实训教程[M]. 北京：电子工业出版社，2006.
[12] 曹海平. 电工电子技能实训教程[M]. 北京：电子工业出版社，2011.
[13] 高宁. 电工电子技术工程实践[M]. 北京：国防工业出版社，2012.
[14] 王建平，朱程辉. 电气控制与PLC[M]. 北京：机械工业出版社，2012.
[15] 方健，刘君义. 电气控制与PLC应用技术[M]. 北京：机械工业出版社，2013.
[16] 王仁祥. 现代电气控制与PLC应用教程[M]. 北京：机械工业出版社，2012.